重介质旋流器选煤理论与实践

彭荣任　何青松　杨　喆　编著

北　京

冶金工业出版社

2012

内容简介

　　本书主要介绍了重介质旋流器选煤的理论与实践，具体内容涵盖了重介质旋流器的基本原理、使用要求、影响因素、选型、自动化控制及具体的重介质选煤厂技术管理等内容，并从实践出发着重介绍了大直径、小直径重介质旋流器选煤的发展和应用。

　　本书可供从事重介质旋流器选煤的科研、设计及管理人员参考。

图书在版编目（CIP）数据

重介质旋流器选煤理论与实践/彭荣任，何青松，杨喆编著 . —北京：冶金工业出版社，2012.7
ISBN 978-7-5024-5938-3

Ⅰ.①重… Ⅱ.①彭… ②何… ③杨… Ⅲ.①重选机—重介质选煤 Ⅳ.①TD94

中国版本图书馆 CIP 数据核字（2012）第 155121 号

出 版 人　曹胜利
地　　址　北京北河沿大街嵩祝院北巷 39 号，邮编 100009
电　　话　(010)64027926　电子信箱　yjcbs@cnmip.com.cn
责任编辑　李 雪　卢 敏　美术编辑　彭子赫　版式设计　孙跃红
责任校对　石 静　责任印制　牛晓波
ISBN 978-7-5024-5938-3
三河市双峰印刷装订有限公司印刷；冶金工业出版社出版发行；各地新华书店经销
2012 年 7 月第 1 版；2012 年 7 月第 1 次印刷
787mm×1092mm　1/16；12.5 印张；300 千字；189 页
40.00 元

冶金工业出版社投稿电话：(010)64027932　投稿信箱：tougao@cnmip.com.cn
冶金工业出版社发行部　电话：(010)64044283　传真：(010)64027893
冶金书店　地址：北京东四西大街 46 号(100010)　电话：(010)65289081(兼传真)
　　　　　（本书如有印装质量问题，本社发行部负责退换）

前　言

1998 年彭荣任等编著的《重介质旋流器选煤》一书出版，至今已 14 年了。在这期间，国内外重介质旋流器选煤技术又有了很大的发展，特别是国内大直径重介质旋流器、直接串联三产品旋流器、粉煤重介质旋流器，以及一批新工艺、新设备脱颖而出。然而，系统地介绍重介质旋流器选煤技术方面的图书却没有及时出版。

回顾过去，开拓未来。随着重介质旋流器选煤技术的发展和生产工艺的进步，笔者认为有必要在 1998 年出版的《重介质旋流器选煤》一书的基础上，重新编写一本系统介绍重介质旋流器选煤技术的图书。笔者将从事重介质选煤 50 余年的理论研究、生产实践和工程设计的经验成果搜集和整理相关资料，结合国内外重介质旋流器的新发展，组织编写了这本《重介质旋流器选煤理论与实践》一书。此书在介绍重介质旋流器选煤基本知识的基础上，增加了相关的新技术和新设备，并增加了实践内容，希望本书的出版能为从事重介质旋流器选煤的科研、设计、生产技术和管理人员提供一定的借鉴作用。

全书共 12 章，其中第 1~8 章由彭荣任编写，第 9 章由杨喆、白守义编写，第 10~12 章由何青松、李善业编写。

本书在编写过程中，承蒙科研、设计和生产单位的有关同志，提供大量技术资料和实践数据，特此深表感谢。感谢有关领导给予的大力支持，特别是南桐选煤厂给予了大力支持。受限于作者水平和本书篇幅，书中未尽内容及不妥之处敬请读者批评指正。

彭荣任

2012 年 3 月

目　　录

1 绪 论

1.1 重介质旋流器的发展

重介质旋流器是从分级浓缩旋流器演变而来的，它是用重悬浮液或重液作为介质，在外加压力产生的离心场和密度场中，把轻产物和重产物进行分离的一种特定结构的设备，是目前重力选煤方法中效率最高的一种。

1891 年美国公布了分级浓缩旋流器专利；1945 年荷兰国家矿山局（Duth State Mines）在分级旋流器的基础上，研制成功第一台圆柱圆锥形重介质旋流器，用黄土作加重质配制悬浮液进行了选煤中间试验。因为黄土作加重质不能配成高密度悬浮液，而且回收净化困难，所以在工业生产上未能得到实际应用。只有在采用了磁铁矿粉作为加重质之后，才使这一技术在工业上得到推广。这是因为磁铁矿粉能够配制成适合于选煤使用的不同密度的悬浮液，而且易于用磁力净化回收的缘故。随后，美、德、英、法等国相继购买了这一专利，并在工业使用中，对圆柱圆锥形重介质旋流器做了不同的改进，派生出一批新的、不同型号的重介质旋流器。如 1956 年美国维尔莫特（Wilmont）公司研制成功的无压给煤圆筒形重介质旋流器，简称 DWP；60 年代英国研制成有压给料圆筒形重介质旋流器，即沃赛尔（Vorsyl）旋流器；1966 年苏联研制成功，用一台圆柱形旋流器与另一台圆柱圆锥旋流器并相串联组成"有压"和"无压"三产品旋流器；1967 年日本田川机械厂研制成倒立式圆柱圆锥形重介质旋流器，即涡流（Swirl）旋流器；80 年代初意大利学者研制成用两台圆筒形旋流器轴线串联组成（Tri－Flo）三产品重介质旋流器；80 年代中期英国煤炭局吸收 DWP 和沃赛尔两种旋流器的特点，推出直径为 1200mm 的中心给料圆筒形重介质旋流器（Large Coal Dense Medium），用于分选粒度为 100～0.5mm 的原煤。

中国重介质选煤是从 1958 年在吉林省通化矿务局铁厂选煤厂建成第一个重介选煤车间开始的。1966 年又在辽宁省采屯煤矿选煤厂建成重介质旋流器选煤车间[21,28,43,41]，采用我国自行研究设计的 ϕ500mm 圆柱圆锥形旋流器分选 6～0.5mm 级原煤。1969 年又在河南省平顶山矿务局建成一座 350 万吨/年的田庄选煤厂，采用 ϕ500mm 重介质旋流器处理 13～0.5mm 级原煤。随后，有多处选煤厂使用重介质旋流器再选跳汰机的中煤，并相继研制成功 ϕ600mm、ϕ700mm 二产品圆柱圆锥形重介质旋流器。在此基础上，在 20 世纪 80 年代中至 90 年代中对重介质旋流器选煤工艺与设备进行了一系列的改革和创新。先后推出重介质旋流器分选 50～0mm 不脱泥原煤的工艺；有压给料三产品重介质旋流器；无压给料二产品和三产品重介质旋流器；DBZ 型重介质旋流器；分选粉煤的小直径重介质旋流器以及"单一低密度介质、双段自控选三产品（四产品）的重介质旋流器"选煤新工艺。到 90 年代末，中国的重介质旋流器选煤方法得到飞速发展。2005 年中国的重介质选煤方法比例约占 41%[56]，其中包括从国外引进一批大中型的重介质选煤厂，如山西省平朔安家岭选煤厂，设计能力达 1500 万吨/年。

重介质旋流器具有体积小、本身无运动部件、处理量大、分选效率高等特点，故应用范围比较广泛。特别是对难选、极难选原煤，细粒级较多的氧化煤、高硫煤的分选和脱硫有显著的效果和经济效益[50]。因此，国内外都在广泛推广应用。同时，对重介质旋流器的分选机理与实践继续进行深入的研究。如重介质旋流器内速度场和密度场的模拟测试；重介质旋流器结构改革及分选悬浮液流变特性对分选效果的影响等，特别是近年在扩大入选上限、降低重介质旋流器的分选下限、改革重介质旋流器的分选工艺等方面有了新的突破。这些研究都将进一步推动重介质旋流器选煤技术向高新阶段发展

1.2 重介质旋流器的分类

重介质旋流器分类方法较多，下面介绍几种常规的分类方法：

（1）按其外形结构可分为：圆柱形、圆柱圆锥形重介质旋流器两种。

（2）按其选后产品的种类可分为：二产品重介质旋流器；三产品重介质旋流器。

（3）按给入旋流器的物料方式可分为：周边（有压）给原煤、给介质的重介质旋流器；中心（无压）给原煤、周边（有压）给介质的重介质旋流器。

（4）按旋流器的安装方式可分为：正（直）立式、倒立式和卧式三种。

重介质旋流器的分类见图1-1。

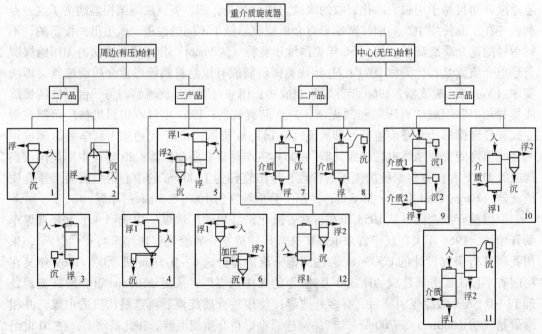

图1-1 重介质旋流器的分类

1—圆柱圆锥形二产品旋流器；2—倒立圆柱圆锥形二产品旋流器；3—沃赛尔圆筒形二产品旋流器；
4—圆柱圆锥形三产品旋流器；5—圆柱圆锥并列串联式三产品旋流器；6—单一低密度介质、双段
自控三产品重介质旋流器；7—圆筒形中心（无压）给料二产品旋流器；8—DWP圆筒形二产品旋流器；
9—双圆筒轴向串联式中心（无压）给料三产品旋流器；10—圆筒圆锥串联式中心（无压）给料三产品旋流器；
11—双圆筒并列串联式中心（无压）给料三产品旋流器；12—PRN煤泥旋流器

以上各种类型的重介质旋流器都有自己的特点。因此，在选择使用时，应根据不同时期不同条件，结合具体需要的产物等生产的要求多方权衡考虑，才能达到理想的效果。

2　重介质旋流器分选基本原理

2.1　重介质旋流器分选机理综述

关于重介质旋流器分选机理的学说[8]很多，第一种学说认为：重介质旋流器与水介质旋流器分选机理是基本相同的，所不同的只是前者介质的密度场和黏度是个变数，而不是一个常数。矿粒是在旋流器中垂直零速面和最大切线速度恒速面的交线处分离的。垂直零速面的一端在溢流口下方的截面上 $0.542R$（R 为旋流器半径）处，另一端与底流口截面上的气柱相交，其半径为气柱半径，其垂直高度为 h。在旋流器溢流口下端，形成的圆锥周线与垂直零速面交线上的径向速度为零，穿过垂直零速面的平均径向速度为：

$$u_P = \frac{Q_o}{S_A} \qquad (2-1)$$

因为：

$$S_A = \pi L(0.542R + 0.083R) = \pi LD \times \frac{0.625}{2} = 0.981LD \qquad (2-2)$$

所以：

$$u_P = \frac{Q_o}{S_A} = \frac{Q_o}{0.981LD} = 1.02\frac{Q_o}{LD} \qquad (2-3)$$

式中　u_P——垂直零速面的平均径向速度，m/s；

Q_o——进入旋流器的溢流总量，m³/s；

S_A——垂直零位界面的总面积，m²；

R——旋流器半径，m；

D——旋流器直径，m；

L——垂直零速分离锥面侧线的长度，m。

而在垂直零速面上，旋流器溢流口下端 $0.38h$ 处的径向速度刚好等于 $u = \frac{2.2Q_o}{hD}$，从而绘出垂直零速锥面的轮廓（见图 2-1）。被选矿粒进入底流口之前，若能越过垂直零速锥面时，则进入溢流，否则进入底流。而恰好处于零速锥面上的矿粒，进入溢流或底流的可能性都有。

第二种学说认为：矿粒在重介质旋流器内受上升和下降液流作用的过程中，是按密度进行分离的，使分离点在重介质旋流器的下部，即底流口附近。因此，重介质旋流器的底流介质密度是决定矿粒在旋流器内分离密度的主要因素。并提出分离密度计算经验公式如下：

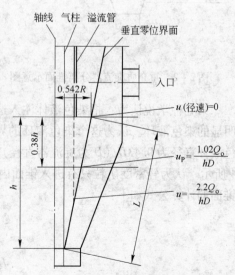

图 2-1　重介质旋流器垂直零速锥面轮廓图

$$\delta_P = \frac{\Delta_U}{1.42} \tag{2-4}$$

式中　δ_P——矿粒的实际分离密度，kg/m^3；

　　　Δ_U——旋流器底流介质密度，kg/m^3。

第三种学说认为：当重介质悬浮液给入旋流器后，可以设想在旋流器内形成如图 2-2 所示的圆锥分离面。锥体的上端在旋流器圆柱的顶部，锥体的下端在旋流器锥部的顶点附近。具体位置与旋流器的锥角、溢流口的大小和插入深度等因素有关。物料进入旋流器后，成等角螺旋线下降到 mH 面（旋流器溢流管下端与分离锥面的交线），由于离心力的作用，一部分密度大的矿粒随液流分离出来，进入底流；另一部分密度小的矿粒随液流进入锥形面内，在内螺旋上升流的作用下进入溢流。其 m 值一般为 0.5。

第四种学说认为：在旋流器中存在一个垂直零速锥形分离面，在这个锥面上液流的轴向速度等于零。认为这个轴向零速面，就是矿粒的分离面。矿粒在离心力的作用下，密度轻的矿粒进入分离锥面内，随上升流从溢流口排出；密度大的矿粒靠近旋流器壁，随着下降液流从底流口排出，如图 2-3 所示。

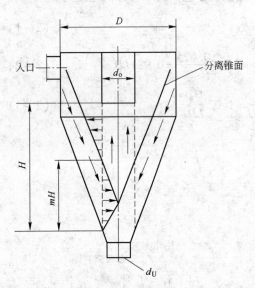

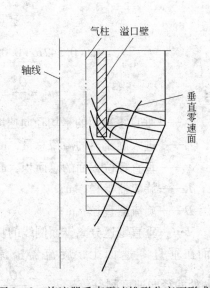

图 2-2　重介质旋流器分离锥面示意图　　　　图 2-3　旋流器垂直零速锥形分离面形成图

第五种学说认为：把染色液体注入透明旋流器中，发现在旋流器锥体上半部出现一个明显的染色液环。认为这个染色液环的界面代表着垂直零速面，同时也是径向零速面。染色液环直径为 $0.43D$（D 为旋流器直径），并在 $0.7D$ 截面下形成矿粒分离锥面，如图 2-4 所示。认为轻密度矿粒只有进入锥面内才能从溢流口排出；否则，从底流口排出。分离锥面的计算公式如下：

$$A = \frac{\pi}{2} \times 0.43 D L_1 \tag{2-5}$$

$$L_1 = \frac{0.43 D}{2\tan\dfrac{\theta}{2}} \tag{2-6}$$

因为：
$$A = \frac{\pi}{2} \times 0.43D \times \frac{0.43D}{2\tan\frac{\theta}{2}} = 0.145\frac{D^2}{\tan\frac{\theta}{2}} \quad (2-7)$$

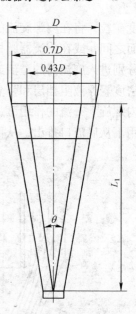

所以，分离锥上的平均径向速度为：

$$u_p = \frac{Q_o}{A} = \frac{Q_o}{0.145D^2}\tan\frac{\theta}{2} \quad (2-8)$$

式中 A ——圆锥分离面积的面积，m^2；

    D ——旋流器的直径，m；

    L_1 ——分离锥的垂直高度，m；

    θ ——分离圆锥的顶角，rad；

    Q_o ——旋流器的溢流总量，m^3/s；

    u_p ——分离锥面上的平均径向速度，m/s。

此外，还有一些学者提出有关旋流器圆柱分离面的学说，以及其他分离锥面的学说，这里不再一一列举。

图2-4 重介质旋流器
分离锥面定位图

矿物在重介质旋流器中的分选机理学说很多，但是，大多数学者都认为：在旋流器中存在一个分离锥面。这个分离面是轻密度与和重密度矿物的分离界面，而且这个界面的周线与旋流器的结构有关。学者们在这方面做了大量的检测、试验和研究。由于检测手段和试验条件不同，加上试验环境的局限性，各位学者的结论差异是难免的。但是，只要从具体条件出发，理论和实践相结合，既重视前人的经验，又不忽视自己的实践，就能使理论不断地提高和完善，成为指导实践的指南。

作者在广泛吸收各派学者在旋流器分选机理方面有价值的学说的基础上，进行了大量的研究、试验和测定工作[1,3]，认为：重介质旋流器的分选机理与水介质旋流器有较大的差别。在重介质旋流器内，由于重悬浮液给入后，在离心场的作用下，旋流器内形成不同密度的"等密度"线（即密度场），密度自上而下、由内而外增加，越靠近锥壁和底口的密度越大；在旋流器溢流管处（即中心空气柱）附近的悬浮液密度最小，从而使旋流器内的底流和溢流悬浮液密度、加重质粒度有所差异。这种差异在一定程度上决定了煤和矸石的分离密度，对分选精度有一定影响。根据作者的试验结果[9,24]，其关系式为：

$$\delta_P = \frac{(\Delta_0/1000)^n + (\Delta_U/1000)^m}{2} \times 1000 \quad (2-9)$$

式中 δ_P ——被选矿粒的分离密度，kg/m^3；

Δ_0，Δ_U ——旋流器溢流、底流密度，kg/m^3；

  n，m ——分离指数，与旋流器的结构、加重质的特性有关，当旋流器的锥角为20°时，一般情况下，$n = 1.5 \sim 2.0$，$m = 0.5 \sim 0.8$。

所以，矿粒在重介质旋流器内的分离，基本上遵循阿基米德原理。当矿粒进入旋流器，逐渐扩散后，可以认为不同密度的矿粒，开始处于相应的等密度上，在离心力的作用下，密度大的矿粒很快奔向器壁，在外螺旋流的作用下，由底口排出；其余矿粒在各自的等密度线上向锥部移动；部分轻密度矿粒进入"分离锥面"内，如图2-5所示。这个界面上的平均悬浮液密度，在理想情况下近似等于矿粒的分离密度。进入分离锥面内的轻密度矿粒，将在内螺旋流的作用下从溢流口排出。部分中间物则位于旋流器的内壁和分离锥面之间，或在旋流器圆柱内壁与溢流管之间形成旋涡流，作一定时间的循环旋转运动后，分别进入旋流器的溢流或底流中，如图2-6所示。余下的矿粒在旋流器底部附近，受高密度悬浮液阻挡层和强烈内旋流器的作用，迫使这部分矿粒进行二次分离。轻密度矿粒在内螺旋上升流的作用下，从溢流口排出；高密度矿粒则穿过高密度介质层，在外旋流的作用下从底流口排出，从而完成全部分选过程。

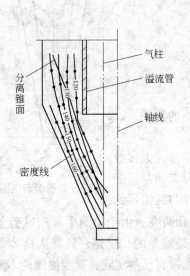

图2-5　重介质旋流器密度场与分离锥面关系图

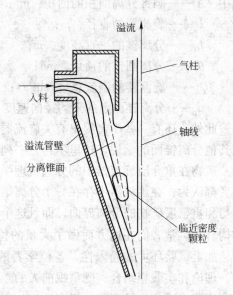

图2-6　重介质旋流器流线示意图

　　关于"分离锥面"的形成，决定于垂直零速面，并与径向零位面有关。而"分离锥面"周界面的确定则与旋流器的结构有关。煤炭科学研究总院唐山分院曾对不同结构的水介质和重介质旋流器内液体流场运动特性进行全面测试，并在煤炭分选的试验结果中得到证实。可以设想"分离锥面"的一端在旋流器入口以下，其直径 D_0 等于旋流器的直径 D 减去 $2d$（d 为旋流器入料口直径）。另一端在旋流器溢流口下端至锥体距 $m_0 L$ 处（见图2-7）。它是垂直零面与最大切线恒速面的相交线。m_0 值的大小，与旋流器的结构参数、入料压力、溢流与底流量分配、旋流器的锥比有关。当旋流器的锥角为 $20°$ 时，m_0 值在 $0.4 \sim 0.6$ 范围之间。

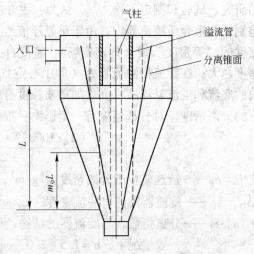

图2-7　重介质旋流器分离锥面构想图

　　但是，被选矿粒在旋流器内旋流的密度场流中受到的作用力，主要是离心力和重力。它们分别是：

$$F_1 = m \frac{v_t^2}{R} = ma_c \qquad (2-10)$$

$$F_2 = mg \qquad (2-11)$$

式中 F_1——离心力，N；

F_2——重力，N；

m——矿粒质量，kg；

g——重力加速度，m/s^2；

a_c——离心加速度，m/s^2；

R——回转半径，m。

矿粒在旋转的密度场中所受到的离心力，比重力大几十倍至几百倍。这种离心力与重力的比值，叫做离心系数（i），并有：

$$i = \frac{F_1}{F_2} = \frac{ma_c}{mg} = \frac{a_c}{g} \qquad (2-12)$$

根据作者的研究结果，为了保证两种不同密度的矿粒（特别是细粒级矿粒）在旋流器内得到有效分离，首要的问题就是要使被选矿粒（主要是细粒级）在旋流器内获得相应高的离心系数[24]。

怎样才能使被选的最小矿粒获得相应高的离心系数呢？首先分析一下粒度较小的矿粒在离心力的作用下，在密度场流中的下降速度 v_c：

$$v_c = \frac{v_t^2 d^2}{18R\mu} (\delta - \Delta) \qquad (2-13)$$

式中 v_t——切线速度，m/s；

d——矿粒直径，m；

R——回转半径，m；

μ——黏滞系数，Pa·s；

δ，Δ——矿粒密度、悬浮液密度，kg/m^3。

因此，被选矿粒从离心力场流中的 r_1 处位移到 r_2 处，所需要的时间（t）可用下述公式计算：

因为：

$$v_c = \frac{dr}{dt} \qquad (2-14)$$

所以：

$$t = \int_{r_1}^{r_2} \frac{1}{v_c} dr \qquad (2-15)$$

将式（2-13）代入式（2-15）得：

$$t = \frac{18\mu}{d^2(\delta - \Delta)} \int_{r_1}^{r_2} \frac{r dr}{v_t^2} \qquad (2-16)$$

又因为：

$$v_t^2 = \frac{c^2}{r^{2n}} \qquad (2-17)$$

式中 c——常数；

n——指数，取 $n = 0.5$。

若将式（2－17）代入式（2－16），整理得：

$$t = \frac{6\mu}{d^2(\delta-\Delta)c^2}(r_2^3 - r_1^3) \tag{2-18}$$

所以，矿粒从旋流器中心到器壁的时间为：

$$t' = \frac{6\mu}{d^2(\delta-\Delta)c^2}R_x^3 \tag{2-19}$$

式中　R_x——旋流器的半径。

　　式（2－19）表明，矿粒在旋流器内的分离时间与旋流器半径的三次方成正比，与矿粒直径的平方成反比，与矿粒密度及悬浮液密度有关，两者密度差值大时分离时间短，密度差值小时分离时间长。试验表明，当入选矿粒密度与悬浮液密度差超过 200kg/m³ 时，矿粒在旋流器内停留时间一般不超过 4s；当悬浮液密度超过矿粒密度时，矿粒向旋流器中心移动；当悬浮液密度与矿粒密度相等时，矿粒在旋流器的"分离锥面"附近作一定时间的循环运动后，分别从旋流器的底流口和溢流口排出。

　　式（2－10）说明，被选矿粒在旋流器内受到的离心力的大小，取决于旋流器给料的切线速度和旋转半径。而切线速度 v_t 又与旋流器的入料压头有关，即：

$$v_t = k\sqrt{2gH} \tag{2-20}$$

式中　H——旋流器的入料压头，mH_2O，$1mH_2O = 9.806Pa$；

　　　g——重力加速度，m/s^2；

　　　k——系数。

　　将式（2－20）代入式（2－10），整理得：

$$F_1 = \frac{2}{3}\frac{\pi d^3 H k^2}{D}(\delta-\Delta)g \tag{2-21}$$

式中　D——重介质旋流器的直径，m。

令　　　　　　　　　　　　$\frac{2}{3}\pi k^2 = k'$

则　　　　　　　　　　$F_1 = k'\frac{Hd^3}{D}(\delta-\Delta)g \tag{2-22}$

　　式（2－22）说明：

　　（1）矿粒在重介质旋流器中受到的离心力，取决于入料压头大小，与旋流器直径成反比，与被选矿粒直径的立方成正比，与矿粒密度和悬浮液密度差成正比。

　　（2）对分选小粒度物料，宜采用小直径旋流器，以获得比大直径旋流器高的离心系数，但是，小直径旋流器的入选上限较小。若采用大直径旋流器，必须适当增加旋流器的入料压头，才能确保小粒度级物料得到有效分选，但是，过多地增加入料压力，将给实际生产带来困难，会造成"顾此失彼"，得不偿失，在经济上也不太合理，因此应当全面考虑。

　　作者对直径 100~700mm 重介质旋流器分选大于 0.5mm 级煤的离心系数和旋流器直径的相关性进行了试验研究，结果见表 2－1。在入料压头为（9~10）D 的情况下，对重介质旋流器的离心系数和直径的关系进行了试验，得出如图 2－8 所示的结果。

表2-1 不同直径的重介质旋流器分选大于0.5mm级煤的离心系数

旋流器直径/mm	100	150	250	350	500	600	700
离心系数	63.14	62.00	54.00	50.60	45.60	39.70	37.00
离心加速度/m·s^{-2}	63.14g	62.00g	54.00g	50.60g	45.60g	39.70g	37.00g

注：$g=9.81\text{m/s}^2$。

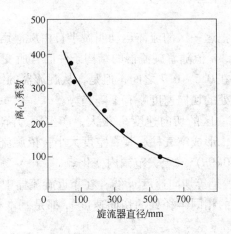

图2-8 重介质旋流器直径与离心系数的关系

2.2 流体在重介质旋流器中的运动规律

重介质旋流器内液体的运动是个较为复杂的漩涡流运动[7,15,41]，可用三元空间的流向进行分析。对旋流器内任一点的速度可分为：切向速度 v_t、径向速度 v_r 以及轴向速度 v_z。从矿物在旋流器内分离的角度看，切向分速度与径向分速度具有较大的实际意义。前者是确定离心力大小的重要因素，后者确定径向液流的动压（力）分布，对向心曳力起重要作用。而离心力和向心曳力是加速物料分离的主要动力。轴向液流决定着被选物料在外螺旋下降流和内螺旋上升流中的位移时间。尽管被选物料在旋流器内由于受阻力的影响，所获得的切向、径向和轴向速度与相应的液流速度并不相同，但在一定程度上，物料的分离是取决于上述三种速度的。

2.2.1 切向速度

旋流器本身的结构比较简单，但是内部液流的运动却是极其复杂的旋转流场。在强大的离心力作用下，中心部分的流体做高速旋转运动，产生了空气柱。根据实测，旋流器内不同断面、不同半径 r 上液流的切向速度 v_t 分布如图2-9所示。并由此得到如下结论：

（1）在旋流器内同一水平断面上的切向速度 v_t

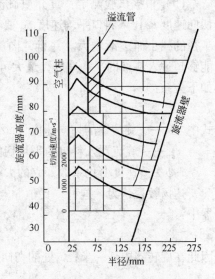

图2-9 旋流器内液流切向速度分布图

随旋流器的半径 r 的减小而加大，直到空气柱附近。其半径 $r = (0.6 \sim 0.7)r_0$（r_0 为溢流口半径）处达到最大。在此区域内，液流的切向速度 v_t 的分布规律基本上符合如下关系式：

$$v_t r^n = c \qquad (2-23)$$

式中　v_t——旋转半径 r 的切向速度；

　　　r——任意点的旋转半径；

　　　n——指数。

从流体动力学观点，把这一区的流体运动叫做半自由旋涡运动。从旋流器内各点切向速度的 n 值测得结果来看，n 值随着旋流器的结构条件而有所变化。通常的圆柱圆锥形重介质旋流器，其 n 值一般在 $0.5 \sim 0.7$ 之间，但是，从旋流器的锥、柱交面往底流口方向，在不同断面上，同一半径处的切向速度略有下降趋势。

（2）由于旋流器内中心区的切向速度 v_t 很大，产生压力降，在旋流器轴心形成负压区，并由底流口吸入空气，形成空气柱。其真空度大小，依旋流器的工作条件不同，可在 $0 \sim 3 \text{mH}_2\text{O}$（$1 \text{mH}_2\text{O} = 9.80 \text{kPa}$）或更大范围内变化。

（3）图 2-9 中的虚线是等切向速度 v_t 线，在靠近旋流器中心区的虚线近于垂直，说明在此区间，不同断面上的相同半径处的切向速度 v_t 都是基本相等的。而不同截面上的切向速度稍有不同。

（4）切向速度在旋流器的径向截面上有变化，在轴向截面上也是变化的。特别是在大锥角旋流器中这种变化更大。在对三种不同锥角（20°、90°、120°）旋流器锥体内壁附近流体的切向速度沿轴向测定的结果表明：对 90° 和 120° 锥角的旋流器来说，切向速度从旋流器圆筒部分向底流口方向急剧增加；对 20° 锥角的旋流器来说，这种变化比较平稳，见图 2-10。

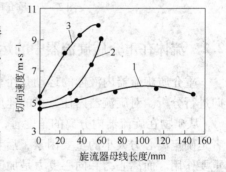

图 2-10　旋流器内壁附近流体切向
速度与锥角的关系图
1—20°；2—90°；3—120°

（5）根据试验测定：重介质旋流器中的外旋流切向速度 v_t 比入料口平均速度 v_{kp} 要小。但随着旋转半径的减小而逐渐增大。并且，内旋流的切向速度能够超过入料口的平均速度，最大可达 $(1.5 \sim 3)v_{kp}$，两者的"比值"与旋流器的结构有如下关系：

$$v_t = \phi v_{kp} \qquad (2-24)$$

式中　v_t——旋流器的切向速度，m/s；

　　　v_{kp}——旋流器入料口的平均切向速度，m/s；

　　　ϕ——速度变化系数，它的大小与旋流器的结构有关，$\phi > 1$。

达扬教授认为：这种"比值"与旋流器的直径 D、溢流口直径 d_0 有关。由于在旋流器中：

$$v_t r^n = c$$

因此在旋转器内任一半径 r 处的切向速度 v_t 与入料口的平均速度 v_{kp} 之间应符合下列关系：

$$v_t = v_{kp}\left(\frac{R}{r}\right)^n \qquad (2-25)$$

式中 R——旋流器半径，m；

　　r——旋流器中任一半径，m；

　　n——指数，取 $0.5 \sim 0.9$。

但是，这种直接以旋流器入料口的平均速度 v_{kp} 来推算旋流器中各点的切向速度 v_t，是不十分全面的。后来，学者里尔奇、吉罔直哉、凯萨尔等提出了一系列修正公式，如表 2-2 所示，但这些公式也只能在一定范围内和条件下适用。

表 2-2　旋流器内的切向速度计算公式

编 号	提出人	公 式
1	里尔奇	$v_t = 5.31 \times \left(\dfrac{d_i}{D}\right)^{0.565} \times \left(\dfrac{R}{r}\right)^n v_{kp}$
2	凯萨尔	$v_t = 3.7 \times \left(\dfrac{d_i}{D}\right)^{0.5} \times \left(\dfrac{R}{r}\right)^n v_{kp}$
3	吉罔直哉	$v_t = 5.52 \times \left(\dfrac{d_i}{D}\right)^{0.7} \times \left(\dfrac{R}{r}\right)^n v_{kp}$

注：d_i 为旋流器入料口直径，m；D 为旋流器圆柱直径，m；n 为指数，在 $0.5 \sim 0.9$ 范围内选取。

2.2.2　轴向速度

旋流器内液流的轴向速度分布如图 2-11 所示。随着半径的减小，轴向速度 v_z 由器壁处的负值（下降液流）逐渐变为正值（上升液流）。这样，将旋流器内液流轴向速度等于零的各点连接起来，可以描绘出一个近似圆锥形网络面。在圆锥形面的内部为上升液流区，在其外部为下降的液流区。就轴向速度的绝对值而言，其内旋流（速度）远大于外旋流（速度）。它在很大程度上决定了旋流器液流从溢流口和底流口排出量的分配，以及物料的分离密度和分级粒度的大小。

在外旋流中，轴向速度由上向下增加，而在内旋流上升流中的等轴向速度线基本与中轴平行。说明在此区间内，不同断面上的相同半径处的轴向速度 v_z 基本上是相等的。其平均轴向速度可通过圆环的总流量来计算。但是，总的来说轴向速度远比切向速度小得多。在重介质旋流器中，最大的轴向速度约为旋流器入料口中平均速度 v_{kp} 的 $0.1 \sim 0.15$ 倍，或更大。

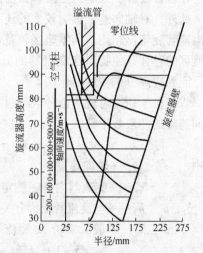

图 2-11　旋流器内液流轴向速度分布图

关于轴向零位面的范围，达扬的试验认为：轴向零位锥面的锥底直径 D_K 与旋流器直径 D、溢流口直径 d_o、底流口直径 d_u 有关，即：

$$D_K = D \times \frac{d_o}{d_o + d_u} \tag{2-26}$$

但是，里尔奇的试验认为：轴向零速圆锥面的顶角在旋流器底流口处与空气柱表面重合，其锥底面直径 D_K 等于空气柱直径 d_B 与旋流器直径 D 之和的平均值，即：

$$D_K = \frac{D + d_B}{2} \qquad (2-27)$$

可是，凯萨尔等人的试验认为：轴向零速圆锥面的锥底在溢流管下端，其锥底面直径 D_K 等于旋流器直径的一半，其锥顶与底流口处的空气柱表面重合。如果以底流口空气柱与液体界面上的各点为原点，作垂直零速线与水平线的夹角为特征参数，则该夹角随着旋流器的锥比、锥角的不同而稍有变化，一般在 70°~80° 左右。锥比小，夹角也小，但变化幅度并不大。

显然，有关轴向零位面的大小，与旋流器的结构参数有密切关系。因此，用不同结构参数和不同条件进行试验测得的结果，得出的结论有差异是难免的。但有一点是统一的，即零位锥面的范围与旋流器的结构参数有关。这一点对设计、选择重介质旋流器的结构与参数有重要的指导意义。

煤炭科学研究总院唐山分院采用激光测速仪对 ϕ100mm 重介质旋流器内液流的轴向速度进行测定[15]，结果表明：在轴向速度由器壁的负值经过零点变为正值时，将各断面的零位速度点连接起来，形成一个圆锥形零速网络面。在入料压力变化时，并不引起轴向零速网络面位置的明显变化，只影响轴向速度的数值。而溢流管直径的变化却使轴向零位网络面位置有较明显的变化。当旋流器溢流口直径由 35mm 增大到 52mm 时，相同半径处轴向速度增大 0.9~3.05 倍，轴向零速半径增大 2.3~8.1mm。说明增大溢流管实际上使零速半径位置往外扩大。但溢流管长度的变化，对轴向零速位置并无明显影响。

此外，对轴向速度影响较大的还有溢流管壁厚薄。试验证明：厚壁溢流管旋流器与薄壁溢流管旋流器相比，其零速区较宽，出现轴向速度由负值变为正值的缓慢过渡区。这一过渡区的存在，使物料在旋流器的分离时间增长，有可能使物料误入相应产品的机会减少，起到提高分选精度的作用。

煤炭科学研究总院唐山分院通过对重介质旋流器锥部轴向速度的测定和试验，提出了轴向速度的一般数学公式：

$$v_\perp = b_3 r^3 + b_2 r^2 + b_1 r + b_0 \qquad (2-28)$$

式中　　　$v_\perp$——轴向速度；

　　　　　r——旋流器内任一测定点的半径；

b_0，b_1，b_2，b_3——与旋流器结构有关的系数，对一般的重介质旋流器各系数为：$b_0 = 5\sim10$，$b_1 = -0.4\sim -0.9$，$b_2 = 0.02\sim0.03$，$b_3 = -0.0004$，当测点断面距旋流器锥、柱交面极远时，取较大值，反之，取较小值。

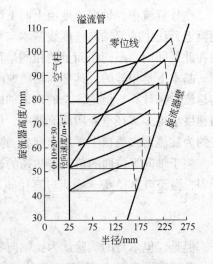

图 2-12　旋流器内液流径向速度分布图

2.2.3　径向速度

根据对水力旋流器内液流速度的测定，其径向速度分布如图 2-12 所示。径向速度在沿旋流器高度各个横断面上的分布形状基本相似。随着旋转半径的减小，径向速度（v_r）也减小，在通过零位后（v_r）为负值。凯萨尔等人认为：径向速度分布在旋流器锥体上部、溢流管下端旋流器半径（$\frac{1}{2}R$）处通过零位。而下部的径向速度在空气柱附近通过零位。因此，径向速度零位线为一斜线。

他认为，若在旋流器内各断面取同轴、同半径上的径向速度平均值作径向平均速度，并由旋流器壁向中心方向液流的径向速度是沿轴向高度均匀分布，即在旋流器内通过同轴圆柱面的总流量是相等的，则在旋流器内任一半径处的径向速度计算公式可写成：

$$v_{rcp} = \frac{Q}{2\pi r h_1} \tag{2-29}$$

因为：
$$Q = v_{kp} d_i^2 \frac{\pi}{4} \tag{2-30}$$

所以：
$$v_{rcp} = \frac{v_{kp} d_i^2}{8 h_1 r} \tag{2-31}$$

但是：
$$h_1 = \frac{R-r}{\tan\frac{\alpha}{2}} \tag{2-32}$$

所以：
$$v_{rcp} = \frac{v_{kp} d_i^2 \tan\frac{\alpha}{2}}{8r(R-r)} \tag{2-33}$$

式中　v_{rcp}——平均径向速度，m/s；

　　　Q——旋流器入料量（体积数），m^3/s；

　　　v_{kp}——旋流器入料口平均速度，m/s；

　　　d_i——旋流器入料口的当量直径，m；

　　　α——旋流器的锥角，（°）；

　　　R——旋流器的半径，m；

　　　r——同轴不同断面的任意半径，m。

由此可知，重介质旋流器的切向速度与径向速度之间的比值关系式可写成：

$$\frac{v_t}{v_{rcp}} = \frac{8R^n r(R-r)}{2r^n d_i^2 \tan\frac{\alpha}{2}} \tag{2-34}$$

在旋流器半径的一半处（$r = \frac{R}{2}$），$n = 0.5$，$\alpha = 20°$，$d_i = 0.4R$ 时，$\frac{v_t}{v_{rcp}} \approx 50$，由此可知，旋流器的切向速度远大于径向速度。

根据诺维柯夫等人测得的资料表明：在重介质旋流器内液流的径向速度梯度 $\mathrm{grad}v_r = 0.8 \sim 1.41 s^{-1}$。也有资料表明：旋流器内最大的径向速度 v_{max} 约为入口平均速度 v_{kp} 的 0.2 ~ 0.3 倍。这说明旋流器内径向速度远低于切向速度。

根据凯萨尔和里吉的测定数值计算时，径向速度 $v_r = 0$ 的位置，在旋流器溢流管下端半径为 0.5415R 的位置，所以，计算平均径向流速可写成：

$$v_{rcp} = \frac{316.6Q_o}{2Rh} \tag{2-35}$$

式中　Q_o——旋流器的溢流量，m^3/s；

R——旋流器的半径，m；

h——旋流器溢流管下端到底流口的距离，m。

但式（2 - 35）与式（2 - 31）并不完全相符。

所以，波瓦罗夫认为：径向速度 $v_r = 0$ 的位置大致在旋流器的圆柱和圆锥交界处到底流口的垂高 1/3 处。当旋流器溢流口下端位于锥、柱交界处时，径向速度 $v_r = 0$ 位置在旋流器锥、柱交界至底流口的垂高 2/3 处。

可是，勃雷特在特制的透明旋流器内注入染料观测到：在旋流器溢流管下较长一段距离内很少或没有内向的径向流，外层下降流在锥体的下端才逆转向上流，即要到锥体横断面的直径等于旋流器圆柱直径的 0.7 倍处才逆转向上流。他还指出，只有在旋流器的溢流管直径大于旋流器直径的 0.43 倍时，在旋流器锥体部分的全长才存在内向的径向流。但是，前苏联用激光对旋流器内径向速度测定的结果表明：即使在旋流器的溢流管直径为旋流器直径的 0.3 倍左右，在旋流器锥体部分的全长都存在着内向的径向流。由于重介质旋流器的溢流管直径一般取旋流器直径的 0.32 ~ 0.4 倍，所以在分析重介质旋流器的液流规律时得到采用。

还有一些学者提出：旋流器内径向速度 $v_r = 0$ 处的联线是一个分界线，在界线外的径向速度方向朝向器壁，形成外向流程；在分界线内的径向速度方向朝内，形成内向流，并指出分界线的位置是随着旋流器的结构，特别是随着旋流器的溢流管直径的改变而变化。

综上所述，关于径向速度零位线至今还没有确切的画法，所以，径向速度的计算也没有完全统一起来。但是，这并不妨碍我们取其精华，吸取前人的经验，理论结合实际，从具体情况和条件出发，对旋流器内液流规律进行分析和测试，并且不断地补充和修正，使其不断地完善。

2.3　重介质旋流器中密度场的分布

重介质旋流器中密度场的分布与旋流器的结构、给料压头、加重质特性，以及旋流器内的紊流强度等多种因素有关[7,37]。当悬浮液给入重介质旋流器之后，在离心力的作用下，产生浓缩而形成密度场，这对物料在旋流器中产生分离起了重要作用。密度自上而下，由内向外增加，越靠近锥壁和底流口的介质密度越大；而靠近旋流器中心处或接近溢流口的介质密度最低，从而使重介质旋流器内底流与溢流的介质密度、加重质粒度的分布产生差异。这种差异在一定程度上决定了轻 - 重物料的分离密度。关系式如下：

$$\delta_p = \frac{\left(\dfrac{\Delta_o}{1000}\right)^n + \left(\dfrac{\Delta_u}{1000}\right)^m}{2} \times 1000 \qquad (2 - 36)$$

式中　δ_p——被选矿粒的分离密度，kg/m^3；

Δ_o，Δ_u——旋流器溢流、底流密度，kg/m^3；

n，m——分离指数。

显然，上式只是宏观上说明旋流器内密度场与"分离密度"之间的关系。对选择和判断被选物料的条件和因素是有价值的。但是，对旋流器内液流的变化规律、密度场的分布等还没有明确指出。福尔奇耶曾经推导出悬浮液在旋流器内相对于轴心做旋转运动时，悬浮液中加重质的平均浓度沿径向方向变化的一般规律的方程式为：

$$\frac{\overline{c_1}}{1-c_1} = \frac{\overline{c_0}}{1-c_0} = \exp\left[\frac{1}{18}\left(\frac{\delta-\Delta}{\Delta}\right)\frac{d^2}{\nu}k_1k_2\left(\frac{v_t}{r}\right)\right] \tag{2-37}$$

式中 $\overline{c_1}$，$\overline{c_0}$——靠近旋流器器壁和旋流器入料口处的悬浮液平均浓度；

     δ，Δ——加重质和悬浮液的密度；

     d——加重质的直径；

     ν——悬浮液的动力黏度；

     k_1，k_2——旋流器内悬浮液的紊流系数；

     v_t——以 r 为半径的圆周速度；

     r——旋流器内任意点的旋转半径。

但是，以上公式中还有很多其他因素未考虑。如径向速度对悬浮液流体动力作用、悬浮液分别从旋流器溢流口和底流口排出的数量比变化，入料压力变化，以及旋流器锥体下部发生固体物料堆积、造成轴向方向的悬浮液浓度发生变化等。这些因素是难以用简单数学公式来全面表达的，因此，到目前为止，还只能根据具体情况采用试验的方法来确定旋流器中固相浓度的分布。

根据对旋流器内液流密度的测定可以看出：悬浮液进入旋流器后，在离心力的作用下，旋流器内形成不同密度的等密度线，图 2-13 所示为 $\phi150\text{mm}$ 圆柱圆锥形和 $\phi200\text{mm}$ 圆柱形重介质旋流器在入料悬浮液密度为 1.43t/m^3 时，旋流器内悬浮液密度场的分布情况。显然，圆柱形重介质旋流器内的介质密度分布，较圆柱圆锥形旋流器锥部的介质密度分布要均匀得多。说明重介质旋流器的结构对其内部密度场的分布有较大的影响。

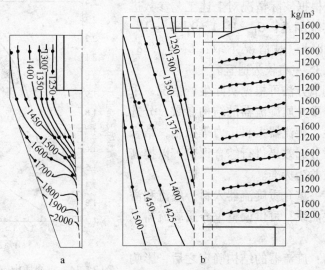

图 2-13   旋流器中悬浮液的密度场

a—圆筒圆锥形旋流器，悬浮液的入料密度变为 1.40t/m^3；

b—圆筒形旋流器，悬浮液的入料密度为 1.40t/m^3

当矿粒进入旋流器后，逐渐扩散，并按矿粒密度不同而处于相应的等密度上。在离心力的作用下，密度大的矸石很快奔向器壁，在外旋流作用下由底流口排出。密度轻的精煤在内旋流的作用下从溢流口排出。显然，分选悬浮液在旋流器内形成密度场，对保证物料在重介质旋流器内按密度进行精确分离是起决定性作用的。因此，研究、分析和控制重介质旋流器内密度场的分布也是很有价值的。实际生产中对重介质旋流器内密度场的检测是很困难的。只能通过实验室进行检测，结合对旋流器的入料点和各排料点悬浮液流变特性的测定，从中找出它们之间的关系，达到对旋流器内密度场的调控。为此，提出四种对旋流器内悬浮液稳定性程度的参数指标：

（1）旋流器内悬浮液的浓缩度 C_1：

$$C_1 = \frac{\rho_u}{\rho_i} \tag{2-38}$$

式中 ρ_i，ρ_u——分别为旋流器入料和底流的悬浮液密度。

（2）旋流器内悬浮液的澄清度 C_2：

$$C_2 = \frac{\rho_i}{\rho_o} \tag{2-39}$$

式中 ρ_i，ρ_o——分别为旋流器入料和溢流的悬浮液密度。

（3）旋流器内悬浮液的分层度 C_3：

$$C_3 = \frac{\rho_u}{\rho_o} \tag{2-40}$$

式中 ρ_o，ρ_u——分别为旋流器溢流和底流的悬浮液密度。

当 $C_1 = C_2 = C_3 = 1$ 时，则 $\rho_i = \rho_o = \rho_u$，即悬浮液在旋流器内不产生浓缩作用，旋流器内液流的密度场为均匀分布。若 $C_1 > 1$，则 C_2、C_3 也大于 1，此时旋流器内液流将为不均匀密度场。由于分选悬浮液在旋流器内密度场的均匀或不均匀程度对选煤效果有较大的影响，因此，在生产中应根据实际情况对上述工艺参数进行调整和控制。其范围是：$C_1 = 1 \sim 1.60$，$C_2 = 1 \sim 1.15$，$C_3 = 1 \sim 1.8$，一般情况下取：$C_1 = 1.28$，$C_2 = 1.07$，$C_3 = 1.35$ 左右较为适宜。

上述参数的调节方法可根据实际生产情况，采取调整工艺流程、重介质旋流器的结构参数、分选悬浮液的流变特性、旋流器入料压力等措施，结合生产技术检查，对分选效果进行综合评价，以提高分选效果和经济效益为标准。

图 2-14 是有关重介质旋流器入料、底流和溢流的介质密度相关曲线，可供调整重介质旋流器工作状况时参考。

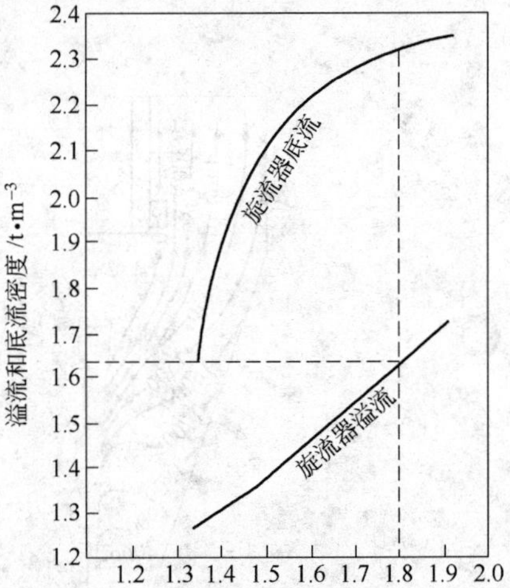

有的学者认为：旋流器的结构确定之后，影响旋流器分离密度的主要因素是旋流器的入料密度和溢流密度，并提出如下数学公式：

图 2-14 重介质旋流器入料、底流和溢流的介质密度相关曲线

$$\Delta = \alpha\rho_i + b\rho_o \tag{2-41}$$

式中 Δ——旋流器实际分离密度，t/m^3；

ρ_i，ρ_o——旋流器入料、溢流介质密度，t/m^3；

α，b——旋流器系数：圆柱圆锥形旋流器 $\alpha = 0.5$，$b = 0.6$；圆柱形旋流器 $\alpha = 0.7$，$b = 0.6$。

总之，重介质旋流器中密度场的分布理论，确定旋流器密度均匀性的外观指标有很多种，这里介绍的只是一部分，也是较为适用的一部分。应当指出：大部分计算公式是在特定条件下取得的，还有待于进一步的生产试验和研究，加以修正和补充。

2.4 重介质旋流器内液流压力分布

从重介质旋流器内液流压力的实测结果可以看出：旋流器内的压力分布[7]（见图 2-15）沿轴向高度自上而下逐渐增加；沿轴向各横断面的压力随着旋流器半径 R 的减小而降低，在旋流器溢流口附近的压力急剧下降，在靠近旋流器中心处生产负压，形成空气柱。旋流器内空气柱的形成和变化对物料分选效果有一定影响。因此，许多学者对它进行了观测和研究，认为它的形成状态和直径大小与旋流器溢流口、底流口的直径有关。当旋流器溢流口和底流口的直径相等时，空气柱的直径在旋流器的整个高度的大小基本一致。如果溢流口直径大于底流口直径，则空气柱的直径由上向下逐渐减小。此外，旋流器内空气柱的变化还与给料压力有关。当给料

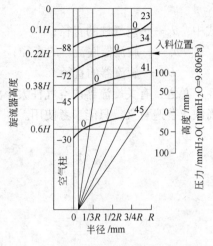

图 2-15 旋流器内悬浮液的压力分布图

压力增加时，空气柱的直径随之增大，但压力超过某一值时，空气柱的直径反而稍有减小。这一观点，也与作者的试验结果基本一致。

如果用贝努利方程来描述旋流器内理想流体的位能、动能与压力分布之间的关系，可写成如下方程：

$$Z + \frac{P}{\Delta} + \frac{v_\tau^2}{2g} = C \tag{2-42}$$

式中　　Z——液流层的标高（位能）；

　　　　P——作用于该液流层的压力；

　　　　Δ——液流的密度；

　　　　v_τ——测定点的切向速度；

　　　　g——重力加速度；

　　　　c——常数。

显然，上式中 $\left(Z + \frac{P}{\Delta}\right)$ 是液流层的静压头，而 $\left(\frac{v_\tau^2}{2g}\right)$ 则为液流层的动压头。对于旋流器内同一液流层来说，Z 是个常数；对同一液流层任一半径点 r 来说，压力 P 随着切向速度 v_τ 的增加而减小。此外，旋流器内切向速度 v_τ 与半径 r 的关系式为：$v_\tau r =$ 常数或 $v_\tau r^n =$ 常数。由此可知：当旋流器半径 r 很小时，其切向速度 v_τ 巨增，压力 P 出现负值。这从理论上说明了在旋流器轴心处空气柱的形成。

关于旋流器内空气柱直径的计算方法可参考德里生试验提出的方程式：

$$r_c = \frac{R_o}{\sqrt{e}} = 0.606R_o \tag{2-43}$$

式中　r_c——空气柱的半径；

　　　R_o——旋流器溢流管半径；

　　　e——自然对数的底。

　　但是，波瓦罗夫提出的数据方程为：

$$d_c = 0.5d_u + 0.83\frac{d_u^2}{D} \qquad (2-44)$$

式中　d_c——空气柱的直径；

　　　d_u——旋流器底流口的直径；

　　　D——旋流器的直径。

　　总之，有关旋流器内空气柱大小的确定有多种，但都是在特定条件下试验观测到的，尚缺乏普遍意义，只能参考使用。

3 重介质旋流器选煤悬浮液的特性和要求

3.1 综述

重介质选煤用的悬浮液是一种固相和液相的两相体，即一种固相微粒分散在另一种液相中构成的体系[6,36]。被分散的固相微粒称为分散相，其周围的液相称为散介质，分属不同的相。在重介质选煤中，把高密度的固相微粒称为加重质，液相一般为水。按分散相粒径的大小，可把分散体系分为三类：分散相粒径小于 $0.001\mu m$ 的分散体系叫真溶液；粒度在 $0.1 \sim 0.001\mu m$ 之间的分散体系叫胶体溶液；粒径大于 $0.1\mu m$ 的分散体系叫悬浮液。

重介质选煤用的悬浮液主要特点：（1）悬浮液中的悬浮颗粒在普通显微镜下，甚至用肉眼都能看到；（2）分散相（水）和悬浮粒子之间有明显的相界面；（3）由于悬浮液中悬浮粒径较大，在重力作用下会产生沉降，具有重力不稳定性。如保持悬浮状态不受破坏，需要有外力作用，如机械力、垂直流、水平流、脉动流、切向流等。

重介质旋流器选煤用的悬浮液分散相（加重质）的粒径一般在 $0.2mm$ 至 $1\mu m$ 之间，需要有外力作用才能保持相对稳定性。

在工业中，可利用原矿石、细砂、黄土、磁铁矿粉、黄铁矿、重晶石、浮选尾矿、高炉灰、矸石粉以及人造材料等粉末作加重质，与水配制成相应密度的悬浮液来进行选煤。表 3 - 1 列举出重介质选煤所有悬浮液的加重质的一般特性。

表 3 - 1 悬浮液加重质原料的一般特性

原料名称	化学式	密度/kg·m^{-3}	化学成分/%	回收特性
重晶石	$BaSO_4$	4300 ~ 4700	BaO 65.70；SO_3 34.30	可浮性好
赤铁矿	Fe_2O_3	4900 ~ 5300	Fe 70；O 30	弱磁性
磁铁矿	Fe_3O_4	4900 ~ 5200	Fe 72.40；O 27.60	强磁性
黄铁矿	FeS_2	4900 ~ 5200	Fe 46.70；S 53.30	可浮性好、弱磁性
石 英	SiO_2	2600	SiO_2 100	易沉降
黄 土		2700	SiO_2 50 ~ 80；Al_2O_3 7 ~ 16；Fe_2O_3 3 ~ 5；CaO 等 1.5 ~ 1.7	易沉降

显然，加重质的性质直接影响到它与水配成悬浮液的性质、介质的制备、回收工艺设备的选型、主选设备的选择以及分选效果和成本。因此，加重质性质的选择是非常重要的一环。

3.2 加重质的选择

选择加重质主要应考虑：密度、粒度组成、机械强度、化学活性、导磁性以及回收特性能否满足重介质选煤工艺提出的各种要求、加重质来源情况等。

3.2.1 加重质的密度

加重质是配制悬浮液的高密度固体微粒。它应能满足重介质选煤对配制悬浮液密度范围的要求。同时，它应使悬浮液中固体的体积浓度保持在一定范围内（一般为 10% ~ 35%）。因此，悬浮液中加重质的体积浓度与悬浮液中加重质的密度有如下关系：

$$\delta = \frac{\Delta - \Delta_0(1 - \lambda)}{\lambda} \qquad (3-1)$$

式中 δ——加重质密度；

Δ——悬浮液密度；

Δ_0——配制悬浮液的液体密度；

λ——加重质在悬浮液中的体积浓度。

当配制悬浮液的液体为水时，$\Delta_0 = 1$，所以：

$$\delta = \frac{\Delta - (1 - \lambda)}{\lambda} \qquad (3-2)$$

或

$$\lambda = \frac{\Delta - 1}{\delta - 1} \qquad (3-3)$$

式（3-3）说明悬浮液密度一定时，加重质的体积浓度随加重质的密度减小而增大。显然，加重质的密度越小，其容积浓度就越大，要提高分选悬浮液密度的难度也就越大。如果 λ 值取小数，一般控制在 0.1 ~ 0.35 范围内较适宜。

在工业生产条件下，悬浮液中还要混入一部分煤泥（杂质），它的性质与混入的数量对悬浮液的流变特性影响较大，因为一般煤泥杂质的密度远低于加重质的密度。它与加重质组成新的固相分散体时，其混合固相体的密度由下式决定：

$$\delta' = \frac{100}{\dfrac{M}{\delta_1} + \dfrac{100 - M}{\delta_2}} \qquad (3-4)$$

式中 δ'——混合固相体的密度，t/m^3；

δ_1——纯加重质的密度，t/m^3；

δ_2——煤泥密度，t/m^3；

M——纯加重质占混合固相体的重量百分数，%。

式（3-4）说明，混合固体的密度取决于加重质和煤泥杂质的密度，以及两者组合的数量。所以在选择加重质的密度时，应结合重介质选煤工艺对分选悬浮液密度范围的要求，以及允许混入悬浮液中煤泥杂质的数量和质量来合理的选择。

此外，在用 DBZ 型号重介质旋流器选煤时，由于悬浮液密度较低，悬浮液的黏度虽高，但对分选效果影响较小，可以采用密度较低的加重质。如选煤厂高灰的浮选尾矿和矸石粉作加重质，因为可就地取材，回收工艺简单。一般情况都采用磁铁矿粉作加重质，它的密度可达 4200 ~ 5500kg/m³，可满足重介质选煤悬浮液密度达到 1250 ~ 2200kg/m³ 的要求，并可采用工艺简单、效率高的磁力回收工艺和磁选设备。但是，对磁铁矿粉（加重质）的特性、磁力回收设备的结构和磁场强度是有特殊要求的，这些后面章节中再述。

3.2.2 加重质的粒度组成特性

重介质选煤对加重质粒度组成有一定的要求。尤其是重介质旋流器选煤时，对加重质粒度组成的要求更严一些。悬浮液中加重质在重力场的沉降速度代表着该悬浮的稳定性。而同种粒度组成的加重质在离心力场沉降速度远大于重力场。重介质旋流器入选物料下限较低（有效分选下限一般可达 0.15mm），其中，固体悬浮粒的粒度、体积浓度与入选物料的粒度之间具有一定关系。这种关系可用以下方法求得。

设悬浮液内被选矿粒所排开的体积中，至少应包含一个固体悬浮粒，以维持矿粒在悬浮液中的自由运动。

设矿粒及固体悬浮粒都是球体，直径 D 的矿粒体积为 $\dfrac{\pi D^3}{6}$。

如果悬浮液中固体悬浮粒的容积浓度（λ）大于固体悬浮粒子体积与矿粒体积之比，则：

$$\lambda > \frac{\dfrac{\pi d^3}{6}}{\dfrac{\pi D^3}{6}} \tag{3-5}$$

或

$$D > d\,\frac{1}{\sqrt[3]{\lambda}} \tag{3-6}$$

根据式（3-5）和式（3-6），从理论上分析，矿粒在悬浮液中达到"自由运动"时，要求加重质的最大粒径由它的临界尺寸来决定。为计算结果更接近实际，式中引入一个修正系数 k 值，即：

$$D \geqslant k\,\frac{d}{\sqrt[3]{\lambda}} \tag{3-7}$$

式中，λ 是悬浮液中加重质的体积浓度，取小数，k 是大于 1 的系数，与加重质特性和选用的主选设备有关。在重介质选煤中，k 值可在 1.6～4.9 范围选取。表 3-2 列出悬浮液中不同加重质的体积浓度与分选矿粒的临界关系尺寸。

表 3-2 加重质的体积浓度与分选矿粒的临界尺寸

加重质的体积浓度 λ/%	10	15	20	25
$\dfrac{矿粒直径}{加重质直径} = \dfrac{D}{d}$	3.44	4.14	5.25	7.79

表 3-2 的数据仅供参考。由于加重质的粒度组成不仅与入选原煤粒度和加重质在悬浮液中的体积浓度有关，还与加重质的回收工艺、主选设备和工艺以及悬浮液的密度等有很大关系，因此，在选择和确定加重质的粒度组成时，还应结合上述具体情况全面考虑。

目前，我国对重介质选煤使用的加重质粒度要求还没有统一的规定。《选煤设计手册》中建议选用磁铁矿粉做加重质时，磁性物含量应在 95% 以上。粒度组成：对于块煤分选机来说，小于 0.074mm 级含量不低于 80%；对于重介质旋流器来说，小于 0.04mm级含量不低于 80%，这个建议基本上是可以的。但在重介质旋流器选小于 0.5mm 粉煤，有效分选下限达 0.075～0.04mm 时，加重质的粒度小于 0.04mm 级含量应达 90%～

100%，而在块煤重介排矸时，由于入选原煤粒度大，悬浮液密度高，加重质的粒度小于0.074mm级含量为60%~70%时，对于分选和磁性加重质的回收都是有利的。表3-3、表3-4、表3-5列举国外几个国家对磁铁矿粉（加重质）的粒度标准。表3-6列举出了中国目前几个生产厂使用和生产磁铁矿粉粒度组成，可供选择，确定加重质粒度时的参考。

表3-3　澳大利亚磁铁矿粉的粒度规格

粒级/mm　　　等　级	粒度组成/%				
	超细	特细	细	中细	粗
>0.15	0.50	0.20	0.40	0.50	8.50
0.15~0.074	1.20	1.80	6.10	12.30	26.50
0.074~0.053	3.10	4.50	4.70	22.20	6.00
0.053~0.045	1.40	5.00	14.80	3.50	9.00
0.0045~0.037	5.10	12.00	9.00	5.00	4.00
0.037~0.03	6.70	4.50	4.00	1.50	6.00
0.03~0.02	17.00	15.00	15.00	17.00	12.00
0.02~0.015	12.00	14.00	11.00	8.00	7.00
0.015~0.01	20.00	13.00	12.00	11.50	7.00
0.01~0.008	8.00	7.50	5.00	3.50	3.00
0.008~0.005	10.00	9.00	7.00	5.50	4.00
<0.005	15.00	13.50	11.00	9.50	7.00
合　计	100.00	100.00	100.00	100.00	100.00

表3-4　美国磁铁矿粉的粒度规格

粒级/mm　　　等　级	粒度组成/%		
	A	B	C
<0.044	56.00	90.00	96.00

表3-5　原苏联磁铁矿粉的粒度规格

粒级/mm　　　等　级	粒度组成/%		
	粗粒级	中粒级	细粒级
>0.15	2~10	2~10	0~5
<0.04	40~50	50~60	60~75
<0.02	3~10	10~25	25~35

表3-6　中国重介质旋流器选煤使用磁铁矿粉粒度组成

粒级/mm　　　等　级	粒度组成/%				
	超细	细	中细	较粗	粗
>0.04	0.50	10~20	20~30	40~50	60~70
<0.04	95~100	80~90	70~80	50~60	30~40

表3-6列出的磁铁矿粉的粒度级别，对于直接串联的三产品旋流器来说，应采用粒

度中细（偏粗）的磁铁矿粉作加重质为宜。由于这类粒度级的磁铁矿粉，能使三产品旋流器的一、二段的分离密度差达到较大，因此，对串联三产品旋流器来说，必须采用中细偏粗的加重质。

3.2.3 加重质的机械强度

加重质的机械强度主要指它的可磨性，即在较长生产时间内循环使用过程的粉碎程度。机械强度越高，可磨性越好。在生产循环使用过程中产生的微粒越少。这对稳定悬浮液的流变性质和降低加重质在回收过程中的损失都是很重要的。

原苏联为确定加重质的可磨性提供一种方法，即将加重质配成密度为 $1700t/m^3$ 的悬浮液，取 25L，使悬浮液以 $3m^3/h$ 的流量通过 4m 的管道循环 4h，取悬浮液试样进行分析。加重质试样中小于 $20\mu m$ 级的增量不超过 10%（以原样中小于 $20\mu m$ 的数量为基数）。符合这一标准的加重质，其机械强度算合格。

我国天然磁铁矿粉的强度按莫氏硬度标准在 5.5 ~ 6.5 范围，可磨性都符合要求，但经过焙烧而成的磁铁矿，其机械强度一般低于天然磁铁矿，必要时要做可磨性对比试验。

3.2.4 磁性加重质的磁性

由于磁性加重质密度较高，能配制适合选煤使用不同密度的悬浮液，而且易于用磁力净化回收，所以至今绝大部分重介质选煤（选矿），都采用磁性加重质来配制分选悬浮液。磁性加重质的磁性强弱，关系到回收设备与工艺选择，以及磁性加重质的耗损。其磁性强弱的确定，一般用相对磁导率、比磁化系数来标定。在重介质旋流器选煤中，选用的磁性加重质的比磁化系数应不小于 $4000 \times 10^{-6} cm^3/g$。而比磁化系数小于 3000×10^{-6} cm^3/g 的磁性加重质，回收用的磁选机的磁场不小于 0.3T，否则会造成生产过程中，磁性加重质的损失加大。这一点常被忽视。

比磁化系数是一个物理量，表征其磁感应，用比磁化系数仪测得。因此，磁性加重质的磁化率的测量样品，必须与实际生产所用的磁性加重质相符。磁性加重质中磁性物含量、密度、平均粒度组成等，都与磁化率有关，见图 3 - 1 和图 3 - 2。

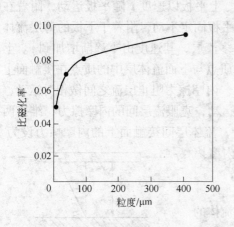

图 3 - 1　磁铁矿粉的粒度与比磁化率关系

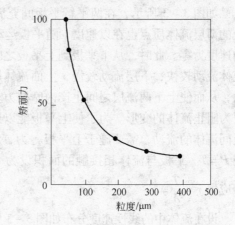

图 3 - 2　磁铁矿粉的粒度与矫顽力关系

但是磁铁矿粉的矫顽力过高,且出现悬浮液中磁性加重质团聚,影响悬浮液的稳定时,应增加退磁器。

3.2.5　加重质的其他特性

加重质对水、对工艺设备的材质应具有化学惰性,即不产生或不易产生化学反应和泥化,且有利于净化回收。

上述加重质中,使用最早的是砂子。1917～1921 年出现水砂悬浮液和强斯圆锥重介质分选机选无烟煤。使用砂子的粒度为 0.25～0.18mm,不仅粒度粗,级别也窄,分选原煤的粒度下限为 1.6mm,加重质净化回收采用重力沉降法。1950 年以后,国内外以使用磁铁矿加重质为主,特别是重介质旋流器选煤工艺中,由于磁铁矿的来源广,又易于制备和磁力净化回收,所以多用磁铁矿作为重质。

我国的磁铁矿床分布很广,磁铁矿选矿厂也不少,所生产的磁铁矿精矿粉一般都可直接用于重介质选块煤作加重质用。但是,用来做重介质旋流器选煤的加重质时,其粒度组成很少符合要求,需要经过加工才能达标。如果我国煤炭、冶金部门进行协商,在不同地区专门建设磁性加重质的加工厂,对发展我国煤炭洗选加工、提高冶金用煤的质量、提高国家整体经济效益都是有益的。

3.3　悬浮液的流变性

重悬浮液选煤过程中,小粒级物料的分离(上浮或下沉)时,所受的阻力与悬浮液的黏滞阻力有关。表征黏滞阻力特征的是黏度。黏度是悬浮液流变特性的主要参数,也是影响小粒级物料分选效果的主要因素。

3.3.1　悬浮液流变黏性[17,19,35]

液体流动时,其内部质点沿流层间的接触面相对运动,产生内摩擦的性质,称为流体的黏性。流体因为具有黏性而对流动呈现出阻力,维持流体的流动,就需要有供给流体一定的能量,所以,黏性是流体的一个重要物理性质。

如图 3-3 所示,在两平行平板间充满流体。上平板以速度 v 随平板运动,附着在板上的薄层流体质点也在以速度 v 随平板运动。下平板固定不动,附着于下板的薄层流体点的速度为零。此时,从下平板到上平板之间有许多流层,其速度由零逐渐增加到 v。上层流体流动较快,下层流动较慢,上面流体层中的质点与下面流体层中的质点在接触面上滑动,从而使上下两流层之间生产内摩擦力。这样,内摩擦力阻止层流之间做相对运动,表征为阻止流体的变形。为了使上平板能以速度 v 运动,克服流层间的内摩擦力,维持两平板间流体的流动,需要施于上平板一力,设为 P,流体层间接触面上的内摩擦力设为 T,则 $P = T$。平板与流体相接触的面积设为 A,则内摩擦切应力 $\tau = \dfrac{T}{A}$。

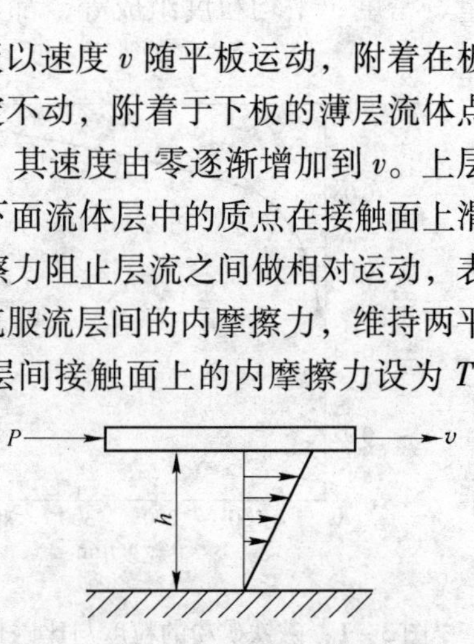

设在流体中的线性速度分布如图 3-3 所示,流体的切变率(单位时间的角变形)为 v/h。根据试验得知:流体的内摩擦切应力与切变率成正比,其比例系数是

图 3-3　流体在平行板间的流动

与流体特性相关的黏滞系数，即：

$$\tau = \mu \frac{v}{h} \tag{3-8}$$

式中　τ——流体内摩擦切应力；

　　　μ——比例系数，亦称黏滞系数；

　　　v——上平板移动速度；

　　　h——两平行板间的垂直距离。

若流体的速度分布为非线性，如图 3-4 所示，则流体中的切应力是逐点变化的。

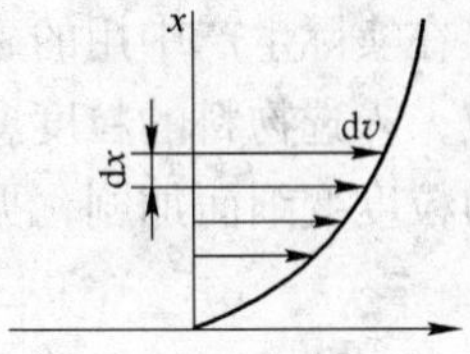

所以：

$$\tau = \mu \frac{\mathrm{d}v}{\mathrm{d}x} \tag{3-9}$$

图 3-4　非线性速度分布

式中　$\dfrac{\mathrm{d}v}{\mathrm{d}x}$——切变率或速度梯度。

若距离 x 增加而速度 v 却减小，或距离 x 减小而速度 v 增加，则 $\dfrac{\mathrm{d}v}{\mathrm{d}x}$ 之前应冠以负号。

式（3-9）是牛顿提出来的，所以称为牛顿内摩擦定律或黏性定律。这个定律表明流体做层流运动时内摩擦力的变化。运动中的流体，其内摩擦力按这个规律变化的称为牛顿流体，否则为非牛顿流体。

黏滞系数 μ 又称为动力黏滞系数，简称动力黏度，是表征流体黏性的物理量，其单位为 P（泊）或 Pa·s（帕·秒）。在重介质选煤文献中常用 cP（厘泊）或 10^{-3}Pa·s（毫帕·秒）作为黏度单位（10^{-3}Pa·s 也可用 mPa·s 表示）。

动力黏度 μ 与悬浮液密度 Δ 的比值称为运动黏度 ν，即：

$$\nu = \frac{\mu}{\Delta} \tag{3-10}$$

在重介质选煤过程中，悬浮液在黏滞系数不是一个定值。所以，常用分散体系的流变特性，即变形与负载的关系来描述。用切变率（法线方向的流速梯度）与切应力的关系曲线来表示分散体系的流变特性时，该曲线称为流变曲线。相应的黏滞系数，即斜率称为流变黏度。

流变曲线的基本类型有五种，如图 3-5 所示。

对于重介质选煤用的磁铁矿粉悬浮液属于何种"体"，目前的认识还不完全统一。

第一种观点认为：其流变曲线是一条通过原点的直线，即 $\tau = \mu \dfrac{\mathrm{d}v}{\mathrm{d}x}$，黏度 μ 是不受剪切率变化而改变的常数，属牛顿流体。

第二种观点认为：其流变曲线是一条与坐标 τ 相截的直线，即 $\tau = \tau_0 + \mu \dfrac{\mathrm{d}v}{\mathrm{d}x}$，$\tau_0$ 称为初屈

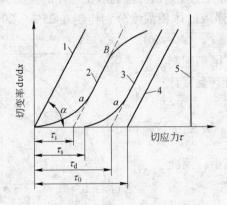

图 3-5　流变曲线的基本类型

1—牛顿流体；2—假塑性液体；3—假塑性体；

4—塑性体；5—脆性体

a—曲线向下延长的虚线；B—曲线向上延长的虚线

服应力，属于塑性体。

第三种观点认为：其流变曲线是一条通过原点的曲线，即 $\tau = k \left(\dfrac{\mathrm{d}v}{\mathrm{d}x} \right)^n$，$k$ 与 n 是两个系数，属于假塑性体。

煤炭科学研究总院唐山分院用不同粒度级的纯磁铁矿悬浮液仿实际生产中混入一定数量煤泥的磁铁悬浮液的流变特性，进行了大量的测定研究后认为[4,30]，重介质旋流器选煤在实际生产中用的磁铁矿粉悬浮液一般近于假塑体液体。其流变特性是剪切速率的函数，入选物料的粒度愈小，剪切速率愈大，承受的流变黏度愈大。这一现象随着磁铁矿粉的粒度变细而加剧，见图 3－6。

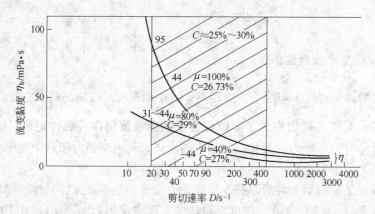

图 3－6　不同细度磁铁粉在 $\Delta = 1.4$、$M = 60\%$ 时的 $\eta_b - D$ 曲线

但是，用磁铁矿粉与水配制的悬浮液密度不很高，又没有泥质等黏性物污染，且在切变率较大时，也可能呈现牛顿流体的流变特性。如在重介质旋流器中悬浮的流速很大，悬浮液的切变率很高，黏度对分选影响较小。但是，在旋流器的下锥部分，由于悬浮液的密度较高，在底流口附近也有可能出现塑性液的黏滞性，其剪切速率有可能使小粒级物料在底流口附近承受的是流变黏度的影响。煤炭科学研究总院唐山分院通过工业性试验及小型煤泥重介质旋流器的试验证实：当在旋流器中悬浮液的体积浓度分别控制在 25%、20% 以下，相应的黏度最小值 μ_{min} 可降到 $6\mathrm{mPa \cdot s}$ 以下。

还应指出：当采用开滦马家沟矿选煤厂浮选尾矿配制成密度为 $1200\mathrm{kg/m^3}$ 的悬浮液，使用德国 RV_2 型旋转黏度计进行测定，可得到如图 3－7 所示的流变曲线。

显然，这种悬浮液属于假塑性液体，切变率 $\dfrac{\mathrm{d}v}{\mathrm{d}x}$ 在 $800\mathrm{s^{-1}}$ 以下时，流变黏度随着切变率的增加而减小，流变曲线的数学表达式为：

$$\tau^n = c \frac{\mathrm{d}v}{\mathrm{d}x} \qquad (3-11)$$

式中　τ——切应力；

$\dfrac{\mathrm{d}v}{\mathrm{d}x}$——切变率；

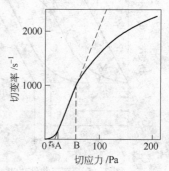

图 3－7　马家沟矿选煤厂浮选
尾矿悬浮液的流变曲线
（悬浮液密度 $\rho_{SU} = 1200\mathrm{kg/m^3}$，
尾矿粒度 < 0.2mm）

n——指数，$n>1$；

c——常数。

上式中的切变率在$800s^{-1}$以上时，黏度随着切变率的增加而增加。公式中，$0<n<1$。

但是，马家沟矿选煤厂的浮选尾矿配制成密度为$1400kg/m^3$的悬浮液时，流动性很差，其流变曲线变成假塑性体，即出现极限切应力τ_S，如图3-8所示。

显然，切应力在40Pa以下时，密度是$1400kg/m^3$的浮选尾矿悬浮液趋于不流动。因此在重介质选煤过程中，黏度值的确定，要考虑悬浮液的特性、密度、加重质种类和流变速度等多种因素。在工业实践中，涉及重介质选煤过程有关流变黏度的影响时，很难准确划分流体的类型及用该流体的几个特征来阐明，必要时，只能依靠专门的仪器测定其流变曲线后，根据实际情况加以分析和应用。

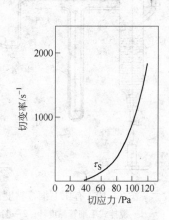

图3-8 马家沟矿选煤厂浮选尾矿悬浮的流变曲线

（悬浮液密度$\rho_{SU}=1400kg/m^3$）

3.3.2 悬浮液流变黏度的测定方法

在实验室中，经常采用搅拌式毛细管黏度计或圆筒式旋转黏度计对悬浮液的流变特性进行研究。用毛细管黏度计时，黏度随着压差的增加而降低，是假塑体的特点。采用旋转黏度计时，黏度随转子旋转速度或是随转子配重的增加而降低，也是假塑性体的特点。这种假塑性体的黏度称为视在黏度或流变黏度。流变黏度不仅与物体的性质有关，而且与试验条件（仪器的尺寸、预搅拌、预热等）有关。一般来说，在没有注明切变率的大小时，所谓黏度是指流变特性曲线中直线段的黏滞系数。

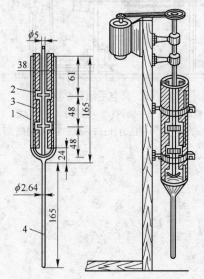

图3-9 舍尔顿—代万黏度计

1—玻璃管；2—搅拌器；

3—筋条；4—毛细管

在实验室条件下测定悬浮液流变黏度用的黏度计很多，其测定方法主要是：测定悬浮液从毛细管中流出的速度（毛细管黏度计）；作用在转子上的力或扭矩（旋转黏度计）；垂球在悬浮液中的下沉速度（落球法）等。采用最广泛的是毛细管黏度计和旋转黏度计。

3.3.2.1 毛细管黏度计

毛细管黏度计是由舍尔顿—代万开始使用的，如图3-9所示。这种毛细管黏度计只能对接近于牛顿流体的悬浮液（如纯磁铁矿悬浮液）进行黏度测定。它的最大缺点是：（1）当搅拌器旋转时，悬浮液的结构遭到破坏；（2）压力是个变值，而且不能调整，因此也就得不出悬浮液的流变特性曲线。

有压毛细管黏度计和真空毛细管黏度计，是在舍尔顿—代万黏度计基础上改进而来的，如图3-10所示。有压毛细管黏度计是将悬浮液通过漏斗2注入密

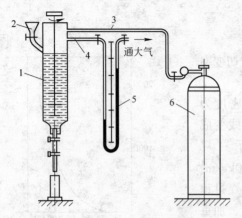

图 3 – 10 有压毛细管黏度计

1—搅拌式毛细管黏度计；2—漏斗；
3，4—短管；5—压差计；6—气瓶

封的搅拌式毛细管黏度计 1 中，然后将漏斗关闭，并经过短管 3 将压缩氮气从气瓶 6 中通入密闭的毛细管黏度计中。短管 4 与容器相通，联按压差计 5，用以测量悬浮液通过毛细管的压力。悬浮液流过毛细管的时间用秒表记录。根据流过一定容量的悬浮液所需的时间计算出黏度值。

真空毛细管黏度计主要由标有刻度的玻璃容器 1 和毛细管组成，如图 3 – 11 所示。毛细管下端浸入圆筒 2 内。用泵 7 以 0.3 ~ 0.4m/s 的速度将悬浮液不断地从漏斗 3 打入圆筒中。圆筒 2 设有流槽。循环悬浮液由接受漏斗 3 返回泵内。容器 1 与装有三通阀 8 的管子相连。

管子的另一端通向贮存器 4 和水柱式压力计 6。用真空泵 5 抽真空，以改变通过毛细管的悬浮液的流速。

毛细管黏度计适用于测量粗分散悬浮液的流变参数。悬浮液中粒度小于 0.074mm 的颗粒含量应不小于 50%，固体体积浓度不大于 30%。

通过切应力和切变率的关系曲线可求得悬浮液的流变黏度，即：

$$\tau = f\left(\frac{\mathrm{d}v}{\mathrm{d}x}\right) \qquad (3-12)$$

切应力的表达式为：

$$\tau = \frac{rP}{2L} \qquad (3-13)$$

切变率的表达式为：

$$\frac{\mathrm{d}v}{\mathrm{d}x} = \frac{4V}{r^3 \pi t} \qquad (3-14)$$

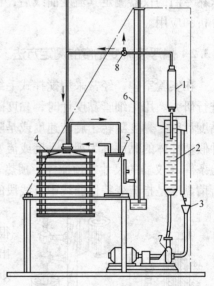

图 3 – 11 真空毛细管黏度计

1—玻璃容器；2—圆筒；3—漏斗；4—贮存器；
5—真空泵；6—压力计；7—泵；8—三通阀

式中 τ——切应力；dyn/cm^2（$1dyn/cm^2 = 0.1Pa$）；

r——毛细管半径，cm；

P——压力或真空度，cmHg（$1cmHg = 1333.22Pa$）；

L——毛细管长度，cm；

$\dfrac{\mathrm{d}v}{\mathrm{d}x}$——切变率，$s^{-1}$；

V——流过毛细管的悬浮液体积，cm^3；

t——悬浮液流过毛细管的时间，s。

因为对已知的黏度来说，数值 $\dfrac{r}{2L} = k_1$ 和 $4\dfrac{V}{\pi r^3} = k_2$ 是常数，所以：

$$\tau = k_1 P \tag{3-15}$$

$$\frac{\mathrm{d}v}{\mathrm{d}x} = \frac{k_2}{t} \tag{3-16}$$

对于有压黏度计来说，平均有效压力 P 为黏度计中悬浮液面差所产生的静液压 P_0 与外加压力 P_1 之和。

由泊苏叶公式求得液体流过毛细管时的平均静液压：

$$P_0 = \frac{0.4343(x_1 - x_2)\delta g}{\lg x_1 - \lg x_2} \tag{3-17}$$

式中　P_0——平均静液压，$\mathrm{dyn/cm^2}$（$1\mathrm{dyn/cm^2} = 0.1\mathrm{Pa}$）；

　　　x_1，x_2——黏度计中液柱的初始高度和最终高度，cm；

　　　　δ——悬浮液密度，$\mathrm{g/cm^3}$；

　　　　g——重力加速度，$\mathrm{cm/s^2}$。

若横坐标为切变率，纵坐标为切应力，则当 $\tau - \dfrac{\mathrm{d}v}{\mathrm{d}x}$ 成线性关系时，黏度 μ 为直线与横坐标的倾角的正切值，而极限切应力 τ_0 则是直线与纵坐标的交点（见图 3-12）。

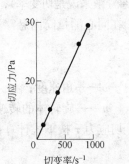

图 3-12　密度为 $2400\mathrm{kg/m^3}$ 的

$\tau - \dfrac{\mathrm{d}v}{\mathrm{d}x}$ 关系曲线

（固相体积浓度为 37.5%，$\mu = 22.8\mathrm{mPa \cdot s}$，$\tau_0 = 10\mathrm{Pa}$）

我国采用的毛细管黏度计是用不同的毛细管长度与半径来改变切应力和切变率的，其搅拌器转速为 700r/min，注入容器内悬浮液的总体积为 $200\mathrm{cm^3}$，测定流出 $100\mathrm{cm^3}$ 悬浮液所需的时间，以 2、4、10 号三种标准油来测定毛细管常数并用以检定误差，测定真溶液的误差在 1% 以内。计算公式为：

$$\mu = \rho_{\mathrm{SU}}\left(at - \frac{B}{t}\right) \tag{3-18}$$

式中　μ——动力黏度，$\mathrm{mPa \cdot s}$；

　　　ρ_{SU}——悬浮液密度，$\mathrm{g/cm^3}$；

　　　t——流出 $100\mathrm{cm^3}$ 悬浮液所需的时间，s；

　　a，B——毛细管常数。

对应于该黏度的切变率的表达式与式（3-14）相同。

我们以半径为 1mm、长为 162mm 的毛细管黏度计来测定以浮选尾矿作加重质的悬浮液（生产试样）所得的结果见表 3-7。

表 3-7　马家沟选煤厂浮选尾矿悬浮液在不同密度时用毛细管黏度计测得的黏度值

悬浮液密度/$\mathrm{kg \cdot cm^{-3}}$	1150	1220	1300	1356	1410
黏度/$\mathrm{mPa \cdot s}$	2.13	2.79	10.67	40.45	259
切变率/$\mathrm{s^{-1}}$	29146	26588	23176	2410	400

显然，低密度悬浮液的黏度值落在膨胀性流体阶段，高密度悬浮液的黏度值则在假塑性体阶段，因此在用一个毛细管测定出的黏度数值来对比不同密度悬浮液的黏滞性时，必须首先考察对应黏度值的切变率是否全部落在流变曲线的牛顿流体阶段，否则，这种对比在数值上是不可靠的。用毛细管黏度计来考察悬浮液的全部流变特性需要做大量的实验室

工作，因此，目前广泛地采用圆筒形旋转黏度计来测定悬浮液的流变性。

3.3.2.2 旋转黏度计

目前各国使用的旋转黏度计有两大类型（见图 3 – 13）；第一类（图 3 – 13a）是内转子型（塞尔型），第二类（图 3 – 13b）是外转子型（库埃特型）。图中 M 表示驱动机构，D 表示减速机构，A 表示外圆筒，I 表示内圆筒，R_1、R_2 分别为旋转圆筒和测量容器的半径，h 为圆筒的高度。

旋转黏度计的工作原理是在同心测量筒内注入要测定的流体，用驱动机构造成速度梯度 D（对悬浮液来说是切变率），测定相应的扭矩，再转换成切应力 τ，而后计算流变黏度值。

在同心测量筒内悬浮液的切变率按下式计算：

$$\frac{\mathrm{d}v}{\mathrm{d}x} = \frac{2\omega R_2^2}{R_2^2 - R_1^2} = \left(\frac{n}{15} \times \frac{R_2^2}{R_2^2 - R_1^2}\right)n \qquad (3-19)$$

式中 ω——角速度；

n——旋转体的转速，$r/\min$。

切应力 τ 按下式计算：

$$\tau = \frac{M}{2nhR_1^2} = \left(\frac{1}{2nhR_1^2}\right)M \qquad (3-20)$$

式中 M——转矩，$N \cdot cm$；

h——测量圆筒的高度，cm。

上述切变率的计算公式是假设内外圆筒间隙处的速度分布是线性的。试验证明：当 $1.0 \leqslant R_2/R_1 \leqslant 1.1$ 时，非线性速度分布所造成的误差可以忽略不计，但重介质选煤所用的悬浮液属粗分散体系，固体的颗粒较大，间隙不能过小，因此要采用不同规格的转子来适应各种悬浮液的黏度测定工作。

在工业性重介质选煤生产中，通常以 $0 \sim 0.5mm$ 级煤泥作为影响分选悬浮液黏度的指标之一。图 3 – 14 表征悬浮液黏度与煤泥含量之间的关系。

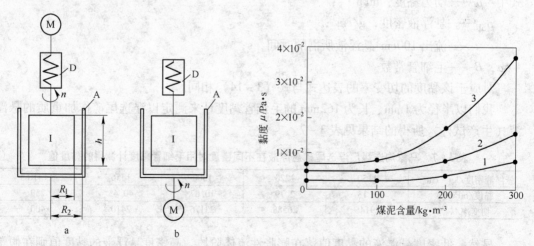

图 3 – 13 旋转黏度计类型 　　图 3 – 14 悬浮液黏度与煤泥含量之间的关系

悬浮液密度：1—1480 ~ 1570kg/m³；2—1740 ~

1850kg/m³；3—2000 ~ 2020kg/m³

当用煤泥代替磁铁矿粉时，煤泥的密度比磁铁矿粉密度小 3 倍，如果分选悬浮液中煤泥含量过高，会导致悬浮液黏度巨增，将破坏重介质旋流器的有效分选，特别是对串联三产品重介质旋流器影响更大。一定密度的悬浮液中固相含量显著增加，其黏度随之快速提高，入选原煤量将大幅下降。

3.4 悬浮液的密度和稳定性

重介质选煤过程使用的悬浮液属于粗分散类型的液固两相体。固相与液相之间具有较大的相界面，促使不同悬浮液在密度和稳定性方面具有不同的性质。由于悬浮液中分散的固体粒子较粗，本身没有保持悬浮状态的能力，借助外来能量才能保持悬浮液各点密度的相对均一性，而这种均一性又与悬浮液的密度、加重质的特性有关。

3.4.1 悬浮液的密度

悬浮液的密度是指单位体积所具有的质量。悬浮液的体积等于其中的液体和固体体积之和。悬浮液的质量等于其中固体与液体质量和。因此，悬浮液的密度为：

$$\Delta_0 = \frac{m_1 + m_2}{V_1 + V_2} \tag{3-21}$$

式中 Δ_0——悬浮液的密度，t/m^3；

m_1，m_2——加重质和液体的重量，t；

V_1，V_2——加重质和液体的体积，m^3。

式（3-21）是把悬浮液中固体（加重质）和液体作为一个整体看待。实际上悬浮液是由两种完全不同的固相和液相组成，是一个不均质的混合体。只有当悬浮液中加重质的粒度很细，容积浓度较高（大于10%），加重质与液相的混合比较均匀，以及在悬浮液中被分选的矿物粒度远远超过加重质的粒度几倍或几十倍时，对被选矿物来说，悬浮液才可作为一个整体（重介质）来看待。显然，悬浮液的密度与加重质的密度及其体积分数有关，悬浮液的密度 Δ_0 等于分散相和分散介质密度加权平均值，即：

$$\Delta_0 = \lambda\delta + (1 - \lambda)\Delta \tag{3-22}$$

$$\Delta_0 = \lambda\delta + (\delta - \Delta) + \Delta \tag{3-23}$$

式中 λ——悬浮液中加重质的体积浓度，以小数计；

δ——加重质的密度，t/m^3；

Δ——分散介质（液相）密度，t/m^3。

如果用水作为分散介质时，上式可改为：

$$\Delta_0 = \lambda(\delta - 1) + 1 \tag{3-24}$$

这时以加重质的质量来计算悬浮液的密度时，可按下式求得：

$$\Delta_0 = \frac{G(\delta - 1)}{\delta V} + 1$$

式中 G——加重质的质量，t；

V——悬浮液的体积，m^3。

此外，配制一定密度和体积所需加重质的质量为：

$$G = \frac{(\Delta_0 - 1)\delta}{\delta - 1} \times V \tag{3-25}$$

式中　G——加重质的质量，t；

　　　　V——悬浮液的体积，m³。

1m³悬浮液中的固体体积 V_1 为：

$$V_1 = \frac{G}{\delta} \tag{3-26}$$

1m³悬浮液中水的体积 V_2 为：

$$V_2 = 1 - \frac{G}{\delta} \tag{3-27}$$

悬浮液的固液重量比 R 为：

$$R = \frac{\delta(\Delta_0 - 1)}{\delta - \Delta_0} \tag{3-28}$$

这时，固体的体积浓度 λ 为：

$$\lambda = \frac{\Delta_0 - 1}{\delta - 1} \times 100\% \tag{3-29}$$

在重介质选煤中，悬浮液的分选密度一般在 1300~2000kg/m³ 范围选用。低密度的悬浮液用于选精煤，高密度的悬浮液用于排矸。

重介质选煤过程中，悬浮液最佳密度选择需要根据对最终产品质量要求、分选设备的工艺参数以及悬浮液特性来确定。例如：重介质旋流器选煤时，工作悬浮液的密度与实际被选物料的分离密度有差异。这种差异的大小与旋流器的结构及结构参数有关，与悬浮液性质及分选条件有关。

3.4.2　悬浮液的稳定性

重介质选煤中，悬浮液的稳定性是指悬浮液在分选容器中，各点的密度在一定时间内保持相对稳定的能力。由于选煤用的悬浮液属于粗分散体系，分散的固体粒子本身没有保持悬浮状态的能力，靠借助外来的能量才能使分选设备内各点的悬浮液密度达到一定的均一性。这种密度均一性称为动态稳定性。

由于悬浮液在分选机中能否保持动态稳定的衡量，在很大程度上对主选设备的选型、工艺参数的选择起决定性的作用，同时也直接影响分选效果，因此它是悬浮液能否用于分选介质的重要指标。

3.4.3　影响悬浮液动态稳定性的因素

总体来说，一切影响悬浮液粒子沉降速度的因素，都影响悬浮液的动态稳定性。

3.4.3.1　加重质（悬浮质）的粒度和密度

加重质的粒度和密度越小，其沉降速度越慢，对悬浮液的动态稳定越有利，但当悬浮液密度较高时，其黏度相应增高，会影响细粒级物料的分选。不同的选介质分选设备，对其影响的程度也不同。如块煤选介质分选过程中，悬浮液的切变率较小，影响较大，重介质旋流器中悬浮液的切变率较大，影响要小。图3-15表征悬浮液黏度与切变率关系。

显然，加重质密度小时，配制成同一密度悬浮液的固体容积分数也越高。对离心力场（重介质旋流器）选煤时，工作悬浮液中加重质的容积分数（包括煤泥）最大不应大于

35%。过大的容积浓度，对物料的分离是极不利的。

对两产品重介质旋流器来说，由于要求分选下限低（达 0.1~0.5mm），应采用细、中细或特细粒级的磁铁矿粉（加重质）。对串联式三产品重介质旋流器，应采用中细偏粗的磁铁矿粉（加重质），因为这种设备要求悬浮液在一段分选时，除保证物料的分选外还应为下一段（第二段）再选旋流器输进分选用的高密度悬浮液。特别是大直径串联三产品旋流器，由于一段旋流器直径大，浓缩作用较小，如果加重质粒度较细时，很难形成足够二段旋流器用的高密度分选悬浮液。加重质粒度过粗，对细粒级物料分离不利。

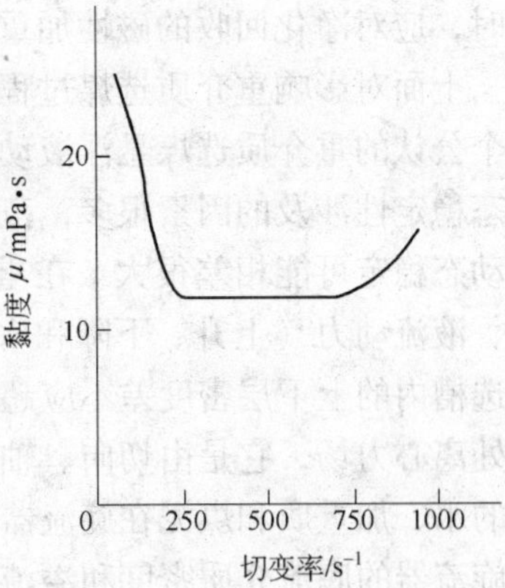

图 3-15　以磁铁矿和煤泥配制的低密度悬浮液的流变曲线

3.4.3.2　悬浮液的密度

同一种加重质配制成悬浮液的密度越高，悬浮液中的固体容积浓度也越大，悬浮液的动态稳定越易达到，但悬浮液的黏度也相应提高。可是在实际生产中，对工作悬浮液的密度有定值要求，不可能依靠改变悬浮液的密度来提高稳定性。因此，使用高密度悬浮液选煤时，主要矛盾是悬浮液的黏度。这时，使用加重质的密度应不小于 $5000kg/m^3$。如果入选物料的粒度下限为 13~20mm 时，还可采用粗粒级的加重质。但是，二产品重介质旋流器选煤时，对加重质粒度有严格要求，一般小于 0.04mm 粒级的量不小于 80%。特别是在低密度重介质旋流器的分选时，主要矛盾是悬浮液的稳定性，而不是黏度。

3.4.3.3　杂质的影响

生产过程中，工作悬浮液中不可避免地要混入部分矿泥（包括煤泥）。矿泥在一定条件下能提高悬浮液的稳定性，对改善分选效果有利。但是，过多地细泥混入，会提高悬浮液的黏度。

在重介质旋流器选煤时，粗煤泥虽然可以得到有效分选，但要根据原煤可选性和煤泥入选的数量和选后产品质量要求，选择适当型号的旋流器。调整好旋流器的结构及工艺参数，以及将分选后的煤泥及时排出分选系统。杜绝煤泥在分选系统中循环，否则会严重影响分选效果或使入选原煤量降低。

根据磁铁矿粉（加重质）的粒度和密度特性，结合国内实际生产情况，当工作悬浮液密度在 1300~1500kg/m³ 时，固体悬浮质中最大煤泥含量应控制在 50%~40% 以下；当工作悬浮液密度在 1600~1800kg/m³ 时，固体悬浮质中的煤泥含量控制在 30%~15% 以下。工作悬浮液的密度越高，煤泥含量应越少。

3.4.3.4　其他

其他影响因素包括：药剂、机械力、电磁力以及水流动力等。

由于悬浮质的粒度较细，表面积很大，悬浮粒子之间易于聚合成团粒，降低了悬浮液的稳定。为了防止这种现象发生，往悬浮液中加入部分分散药剂，如六聚偏磷酸钠等。但药剂的价格较高，不宜用于生产中，可供参考。

对磁性加重质来说，由于悬浮质的粒度较细，表面积大，有磁性，粒子之间易发生团聚。特别是对矫顽力很大的磁性加重质，这种现象最易发生，使悬浮液动态稳定性降低。

这时，应对净化回收的磁性加重质进行退磁。

上面对影响重介质选煤过程悬浮液稳定性的因素作了介绍。但是，截至目前，还没有一个公认的重介质选煤悬浮液动态稳定性的统一标准。因为，影响重介质选煤的悬浮液其动态稳定性涉及的因素很多，范围也较广，例如：对同一种悬浮液在不同的分选设备中，其动态稳定可能相差很大。在重介质选块煤时，悬浮液是在分选槽内重力场中借助机械力、液流动力（上升、下降和水平流速）来维持其动态稳定的。一般要求工作悬浮液在分选槽内的上下层密度差不应超过 $20 \sim 30 kg/m^3$ 范围。在重介质旋流器选煤时，悬浮液主要处离心力场，它是由切向、轴向和径向液流的速度，以及旋流器的结构参数来决定悬浮液的水、加重质和煤泥在旋流器的底流和溢流中的分配数量。表征悬浮液动态稳定的指标是旋流器的底流介质密度和溢流介质的密度差值（A）。根据目前中国重介质旋流器选煤厂的实际情况，这个差值（A）在如下范围内：

$$A = \rho_u - \rho_0 = 200 \sim 500 kg/m^3 \tag{3-30}$$

式中　ρ_u——旋流器底流介质密度，kg/m^3；

　　　ρ_0——旋流器溢流介质密度，kg/m^3。

应指出：差值（A）过大，分选可能偏差值（E_p）会增大，分选效率会降低。

悬浮液稳定性的测定方法很多，常用的测定方法有：

第一种方法：以悬浮液在单位时间内的沉降距离（速度）测定稳定性。在实验室，将悬浮液注入 1000mL 量筒内，搅拌均匀后，静置沉降一定时间后，将量筒中澄清水层高度，视为整个悬浮质在某一时间内下降的距离。试验时，每隔一定时间记录一次澄清水层的高度和相应的时间，将反复多次记录的数据在坐标纸上，以横坐标表示沉降时间，纵坐标表示澄清水层高度，可给出一条表示悬浮液稳定的曲线，如图 3-16 所示。其曲线的斜率是悬浮质的沉降速度。从图中可看出，沉降速度在开始一段时间内是一常数，以后逐渐降低，这是由

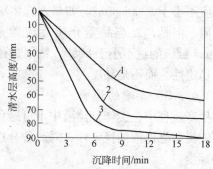

图 3-16　磁铁矿精矿悬浮液的稳定性曲线
1—<0.074mm 级占 85.83%；2—<0.074mm 级占 61.42%；3—<0.074mm 级占 48.73%

于下部悬浮液的浓度增高所致。评定悬浮液的稳定性所用的沉降速度，一般指一段时间内的恒速，即曲线中直线段的斜率。

这种评定悬浮液稳定性方法的缺点在于：它只能用来相对比较不同悬浮液的稳定性，而不能在数量上表明分选过程悬浮液各层密度的变化值。

第二种方法：将悬浮液注入量筒内，搅拌均匀后静置一定时间，再从量筒的上部取出一定距离（一定数量）的悬浮液，求出上下悬浮液的差值，用来计算悬浮液的稳定性。这种测量方法的优点是简单。缺点是：它只能用来对不同悬浮液的静态稳定性进行对比，且测定时间与高度（距离）不同时，其结果也不同，属静态稳定性测定。

第三种方法：采用直径为 50~80mm、长度为 1000mm 左右的有机玻璃管，沿管长方向每隔 100~200mm 开一孔，如图 3-17 所示。

悬浮液以一定压力从下部给入管内，使管内造成一定上升水流，保持悬浮液密度基本

均匀，从管中溢出来的溢流再返回系统。测量可以采
用两种方法：

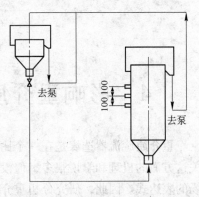

图 3 – 17　悬浮液稳定性测定装置

（1）待管内上下悬浮液密度均匀后，关闭下部阀
门，停止悬浮液的给入。经过一定时间，取各点悬浮
液的密度，用来计算各点悬浮液的密度差值，从而达
到评定不同悬浮液的静态稳定性的目的。

（2）待管内上下悬浮液密度均匀，其溢流密度等
于上升（入料）密度时，测定悬浮液在管内的上升水
流速度，用来评定悬浮液稳定性。也可用改变上液流
速度，测定不同高度悬浮液密度差值来评定悬浮液的
稳定性，这种测定方法的优点，能够基本反映在上冲
水流作用下，悬浮液在分选槽内各层密度的变化。其缺点是：1）它与实际生产中悬浮液
的动态稳定相差很大。2）对于不同分选设备中悬浮液的动态稳定，不能作出相应的正确
评价。

　　显然，上述用沉降速度和密度差来评价悬浮液稳定性的方法，都是相对的和有条件
的，使用时应根据具体条件、目的和要求，选用测量方法，对选用的悬浮液的相对稳定性
作出评价。

4 影响重介质旋流器工作的主要因素

重介质旋流器选煤是在一个比较复杂的旋转流场和密度场进行的。从第2章可知，有关这方面的机理和学说很多，但没有形成一种统一的数学方法来推导出全部密度场和速度场的表达式。因此，研究分析重介质旋流器的分选效果与影响因素之间的关系，大都是通过试验研究总结出来的经验公式，或者根据流体力学理论对旋流器内液流与分选效果作出分析和推导，结合试验进行修正补充形成公式。

影响重介质旋流器的工作因素很多，可归纳为如下四大部分。

4.1 重介质旋流器的结构参数

重介质旋流器的结构参数包括：旋流器的圆柱直径、给矿口的形状和尺寸、溢流口直径、底流口直径、圆柱部分长度、溢流管插入深度、旋流器的锥角和锥比等[1,28,29]。

4.1.1 重介质旋流器的圆柱直径

重介质旋流器的直径是标定旋流器规格和生产能力的主要尺寸，可用一个简单的经验公式说明：

$$Q_1 = A_1 D^n \tag{4-1}$$

$$Q_2 = A_2 D^m \tag{4-2}$$

式中　Q_1——给入旋流器的悬浮液流量，m^3/h；

　　　Q_2——给入旋流器的原煤量，t/h；

　　　A_1——系数，一般取 700~800；

　　　A_2——系数，一般取 200；

　　　D——旋流器的圆柱直径，m；

　　　n——指数，取 2.5；

　　　m——指数，取 2.0。

式（4-1）和式（4-2）中的煤与悬浮液的给入比可取 1t 煤：2.5~3m^3 的悬浮液。如果原煤和悬浮液是混合后用泵给入旋流器，为防止发生堵泵事故，煤和悬浮液的比应取 1t 煤：3~4m^3 的悬浮液较适宜。如果原煤和悬浮液采用定压箱混合定压给入时，原煤与悬浮液的比值可取 1t 煤：2.5~3m^3 的悬浮液。从式（4-1）和式（4-2）可初步了解重介质旋流器的直径与生产量的关系。

此外，重介质旋流器的直径也是决定重介质旋流器其他参数的重要因素，对旋流器的入选上限和有效分选下限有直接影响。

从第2章可知，矿粒在重介质旋流器中受到的离心力 F_1 与旋流器的直径 D 成反比，即：

$$F_1 = k' \frac{d^3 H}{D} (\delta - \Delta) g \qquad (4-3)$$

而矿粒在旋流器内分离的时间 t' 与旋流器的半径 R_x 的三次方成正比，即：

$$t' = \frac{6\mu}{d^2 (\delta - \Delta) c^2} R_x^3 \qquad (4-4)$$

上述两公式都说明矿粒在重介质旋流器内分离时，与旋流器的直径有密切关系。对分选小粒度物料，宜采用小直径旋流器，以获得比大直径旋流器更高的离心力。但是，小直径旋流器的入选上限小，一般入选上限为：

$$d_{max} \leqslant 0.06 \sim 0.08 D \qquad (4-5)$$

式中 d_{max}——旋流器入选最大粒度上限；

　　　　D——旋流器的直径。

要扩大旋流器的入选粒度上限，只有扩大旋流器的直径。要保证小粒级物料得到有效分选，需要提高旋流器入料的压头。

根据有关文献和作者对直径 $100 \sim 700$mm 重介质旋流器分选大于 0.5mm 级原煤的离心系数和旋流器直径相关性的研究结果[13,18]，在入料压头为（$9 \sim 10$）D 下，旋流器的离心系数和旋流器直径的关系进行试验结果（见图 $2-8$）。可见，在选择、确定重介质旋流器的直径时，必须根据所要处理的原煤数量、性质和要求进行权衡。目前国内外生产中采用的旋流器的直径一般多为：500（510）mm、600（610）mm、700（710）mm，最大直径达到 1500mm。

但是，绝大部分学者认为和生产实践证明，重介质旋流器的直径超过 750mm 时，对小于 $6 \sim 3$mm 级物料的可能偏差值（E_p）明显增大，特别是对分选难和极难选煤，选煤效率会大幅下降。表 $4-1$ 表征圆柱圆锥形二产品重介质旋流器的直径与入选细粒级（末）原煤的粒度和 E_p 值的关系。

表 $4-1$　旋流器的直径入选煤粒度和 E_p 值

序　号		1	2	3	4	5	6	7	8
旋流器直径/mm		250	360	410	500	600	660	710	800
入选粒度上下限	上限	3	3	3	3	3	3	3	3
	下限	0.5	0.5	0.5	0.5	0.5	0.5	0.5	0.5
E_p 值		0.012	0.018	0.02	0.025	0.03	0.032	0.035	0.045

但是，至今还有人主张把重介质旋流器的直径扩大，达到扩大旋流器的入选上限、提高单台的产量和简化工艺的目的。

4.1.2　旋流器的圆柱长度

对于圆柱圆锥形旋流器来说，锥角确定后旋流器的长度和容积主要取决于重介质旋流器的圆柱尺寸。随着旋流器锥角的加大，圆柱长度也要相应增长。对圆柱形旋流器来说，圆柱部分的长度更为重要，因为它是保证入选物料在旋流器内有足够的滞留时间的重要参数。圆柱圆锥形重介质旋流器的试验表明：圆柱长度在某一范围内的增长，能够提高被选物料的实际分离密度，选煤效果也得到改善。这是因为，圆柱部分过短，会造成液流的不

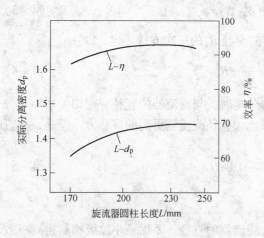

图 4-1 圆柱长度与分离密度及效率的关系

稳定，使选煤效率降低，但是，圆柱过长也会使分选效果变坏。图 4-1 是笔者在直径为 200mm 时重介质旋流器的试验结果。

因此，正确地选择旋流器的圆柱长度的原则是：根据用途及被选物料的性质和对产品质量的要求来定。一般来说，20°锥角的圆柱圆锥形重介质旋流器的圆柱长度为 (0.6~0.7)D。对大于 20°锥角的圆柱圆锥形旋流器的圆柱长度在 (0.7~2)D 范围内选取。对于圆柱形旋流器圆柱长度在 (2~6)D 范围来选取，其中 D 是旋流器直径。一般来说，旋流器直径与圆柱长的比值，直径大的靠小值选取；直径小的靠大值选取。

4.1.3 重介质旋流器的溢流口直径

从旋流器溢流口直径变化与分选可能偏差及分离密度曲线图 4-2 来看，旋流器溢流口的直径过大或过小都是不利的。当旋流器的溢流口直径增大时，使旋流器内相同半径处的轴向速度增大，轴向零速半径也增大，使被选物料的实际分离密度也增大，溢流口的流量也增加，精煤产量提高。但是，过大时，精煤质量要变坏。反之，精煤出量减少，精煤质量可提高。在一定（标准）入料压力下，旋流器的溢流口直径可在 (0.32~0.5)D 范围内选取。一般对易选原煤旋流器的溢流口直径可取大些；对难选原煤溢流口直径可适当小一些。还要考虑到所选用的加重质特性。实践证明，使用粗粒度磁铁矿粉作加重质时，溢流口的直径应小于 0.4D。

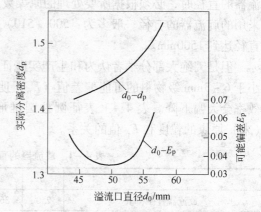

图 4-2 溢流口直径与分离密度及可能偏差的关系

此外，旋流器的直径确定后，其旋流器的溢流口直径和旋流器的生产能力成正比。关系式如下：

$$Q = 0.3 d_i d_0 \sqrt{gH} \times \frac{1.82}{\beta^{0.2}} \tag{4-6}$$

式中 Q——旋流器的生产能力，m^3/h；

d_i——入料口直径，cm；

d_0——旋流器的溢流口直径，cm；

g——重力加速度，m/s^2；

H——旋流器的入料压头，kg/cm^2；

β——旋流器锥顶角，(°)。

4.1.4 旋流器溢流管长和器壁

从重介质旋流器内液流速度场的测定表明，溢流管长度的变化，对切向速度无明显影响，但对精煤质量和分选精度有较大的影响。溢流管增长时，使溢流管下端至锥体下部的距离缩短，促使被选物料的实际分离密度增大，从而使精煤质量变坏。反之，可提高精煤质量，但精煤数量减少。对圆柱圆锥形二产品旋流器来说：一般可在 $(0.8 \sim 1.0)h$ 范围内选取，h 为圆柱长度。

煤炭科学研究总院唐山分院曾在对直径 100mm 的重介质旋流器内速度场的测试研究中发现[15]：溢流管壁的厚薄，对旋流器内的切向速度影响很大。旋流器溢流管直径为35mm、壁厚为 4mm 与同直径、壁厚为 12mm 的溢流管，在同样条件下进行对比测试，发现由于溢流管壁加厚，各断面上的切向速度增大，沿径向的切向速度梯度也增大，在相同半径处的切向速度，厚壁管较薄壁管大 $0.42 \sim 1.03$m/s，但厚壁溢流管旋流器各断面上同一半径处的速度值差别甚小。这可能是溢流管壁增厚，使溢流管与器壁之间的空间变小、流层减薄的缘故。

从旋流器的轴向速度测定发现，厚壁溢流管与薄壁溢流管旋流器相比，厚壁溢流管的零速区较宽，出现速度由负值变正值的缓慢过渡区，并从上到下过渡区逐渐减小，直至变为一点，形成一个楔形的旋转体。这一过渡区的存在，将使分选精度提高，但过大地增加旋流器溢流管壁的厚度，将使旋流器重量增加，容积减小，对分选效果也是不利的。

4.1.5 旋流器底流口直径

从重介质旋流器底流口直径变化与入选后产品的可能偏差曲线图 4-3 看出，底流口尺寸大小，对分选产品的精度及效率影响较大。当底流口缩小时，被选物料的实际分离密度明显增大，底流口密度也相应增大，精煤产品增多。底流口直径过小时，下沉物料不能畅通外排，造成挤压分离，分选效果变坏，严重时造成旋流器底流口堵塞。因此，选择重介质旋流器底流口直径时，要根据入选原煤性质，考虑加重质特性。当入选难选煤或中煤再选时，底流口直径要比入选易选煤的小，反之，可取大一点。一般可在 $(0.24 \sim 0.32)D$ 范围选取。另外，还要考虑到底流口直径 $d_u \geqslant 3d$（d 为入料中最大粒度直径）。

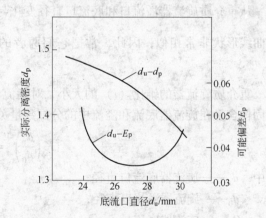

图 4-3 底流口直径与分离密度及可能偏差的关系

此外，重介质旋流器底流口直径变化对生产能力的影响，虽然不如溢流口明显，但也不能忽视它的作用。其数学关系式如下：

$$Q' = 0.3k_1k_2d_0d_u\sqrt{gH} \qquad (4-7)$$

式中　Q'——旋流器的生产能力，m³/h；

d_0，d_u——旋流器溢流口直径和底流口直径，cm；

    g——重力加速度，m/s^2；

    H——旋流器入料口压力，kg/cm^2；

k_1，k_2——系数，并有：

$$k_1 = \frac{0.08D+2}{0.1D+1}, \quad k_2 = 0.79 + \frac{0.044}{0.379 + \tan\frac{\beta}{2}}$$

式中　D——旋流器直径，cm；

    β——旋流器锥顶角，(°)。

式（4-6）和式（4-7）是相似的，可以相互核对。

4.1.6　旋流器入料口的形状和尺寸

旋流器入料口的形状有圆形、矩形和扇形等多种。入料流线有切线、摆线和渐开线等多种方式。多数学者的试验结果表明，这些因素对分选效果的影响不大，也有学者认为，入料流线对入料压头的损失和液流的稳定有一定的作用。可以根据不同需要进行选择。入料口的尺寸大小是有一定影响的，过大会使给料流线很难保证；过小会使入料上限受到限制，且易发生堵卡和增加入口阻力。选择入料口尺寸时，应根据入选物料性质以及入料速度（离心系数）的要求来定。目前，国内外使用重介质选煤的平均入料速度为 4 ~ 5m/s，旋流器入料口的当量直径在 (0.2 ~ 0.3)D 范围选取。此外，式（4-6）说明入料口的大小也影响旋流器生产量。

4.1.7　重介质旋流器的锥比

从重介质旋流器溢流口和底流口直径变化与选后产品可能偏差的关系曲线看出，两者的曲线形状非常相似，因此，常把它们两者的比例$\frac{d_u}{d_0}$关系，叫做重介质旋流器的锥比（i）。

重介质旋流器的锥比（i）的大小，对旋流器的工作指标影响较大，对工作悬浮液及其固体含量在旋流器底流和溢流中的分配数量关系很大，可用经验公式表示：

$$K\left(\frac{d_u}{d_0}\right)^3 = \frac{Q_u}{Q_0} \tag{4-8}$$

式中　d_u——旋流器底流口直径；

    d_0——旋流器溢流口直径；

    Q_u——旋流器底流量；

    Q_0——旋流器溢流量；

    K——系数，可取 1.1。

同一密度工作悬浮液进入旋流器后，由于锥比不同，形成的分选密度也不同。锥比越小，分选密度越高；反之，分选密度越低。

因此，确定旋流器的锥比时，首先应考虑入选原煤的性质、工作悬浮液的流变特性等。当入选原煤属于难选煤时，锥比宜选小一点，反之，锥比宜大一点。一般在重介质旋流器选煤时，其锥比在 0.5～0.8 范围内选用。在工业生产中，旋流器底流口或溢流口被磨损后，造成锥比变化，若不及时更换，其分选效果将显著下降。生产经验证明：旋流器底流口和溢流口直径，由于磨损而增大的部分不能超过原来直径的 3%，最好在 2% 以下。

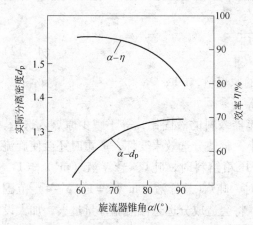

图 4-4 锥角与分离密度及效率的关系

4.1.8　旋流器圆锥角

随着旋流器锥角的增大，被选物料在旋流器中的实际分离密度迅速增大，但锥角增到 80° 后，变化显著变小，而选煤效率急剧下降，如图 4-4 所示。

4.1.9　重介质旋流器的安装角

不同结构类型的重介质旋流器安装角有不同的要求，主要出于工艺的需要，以及有利于旋流器给料、排料的方便和畅通，如：锥角为 20° 的圆柱圆锥形重介质旋流器的安装角要求为 10°；DBZ 型重介质旋流器的安装角要求为 35°～40°；中心给料圆柱形重介质旋流器的安装角度为 15°～35°。

4.2　重介质旋流器的入料压头

重介质旋流器的入料压头是保证细粒及矿粒在旋流器内有效分离的重要因素。图 4-5 是 $\phi250mm$ 圆柱圆锥形重介质旋流器分选 10～0.5mm 原煤的试验结果。从曲线图可以看出：旋流器的入料压头与分选效果、生产能力有密切关系。

曲线 1 表明重介质旋流器的给煤量一定时，增加悬浮液与原煤量的比值，等于增加旋流器给料量。这时，它的压头也要相应提高，其关系与曲线 2 相同。所以两条曲线的形状基本一致。其数学方程式为：

$$Q_i = \frac{\pi d_i^2}{4} v_i \times 3600 = 2826 d_i^2 v_i \quad (4-9)$$

$$v_i = k \sqrt{2gP} \quad (4-10)$$

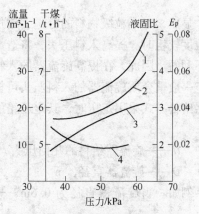

图 4-5　$\phi250mm$ 重介质旋流器
入料压头与分选效果的关系
曲线 1—压力与液固比的关系；
曲线 2—压力与流量的关系；
曲线 3—压力与处理的关系；
曲线 4—压力与可能偏差的关系

式中　Q_i——旋流器的入料量，m^3/h；

　　　d_i——旋流器入口的当量直径，m；

　　　v_i——旋流器入料的平均速度，m/s；

　　　g——重力加速度，取 9.81m/s²；

　　　P——旋流器入料压头，mH_2O（$1mH_2O = 9.806kPa$）；

　　　k——系数。

当旋流器的结构参数一定时，上式可变换成如下公式：

$$Q_i = k'P^{\frac{1}{2}} \tag{4-11}$$

式（4-11）说明：旋流器的入料量与压头的平方根成正比。在相同条件下，如果要提高旋流器的产量，可用公式：

$$\frac{Q_1}{Q_2} = \sqrt{\frac{P_1}{P_2}} \tag{4-12}$$

式中 Q_1，Q_2——已入选的原煤量和需要调整的原煤量，t/h；

  P_1，P_2——未调前和需要调的压力，kPa。

还应指出：在同一压力下，过大地增加旋流器入料的液固比，等于减少原煤入选量，增加了每吨原煤的生产费用，但是，液固比过小，将使分选效果变坏，严重时还会使旋流器入料、排料发生堵塞事故。在生产中采用定压箱给料时，吨煤:悬浮液（m³）=1:（2.5~3）范围；当煤与悬浮液混合，用泵给料时，吨煤:悬浮液（m³）=1:（3~4）范围较宜。低于最小值，不利于分选；高于最大值，将会造成分选悬浮液循环量过大，加大设备的磨损，使生产成本增高。

曲线4说明：重介质旋流器入料压头增加时，可改善分选效果。特别是对3~0.5mm级原煤的分选有明显效果。细粒级原煤在离心力作用下的密度场流中的沉降速度为：

$$v_c = \frac{v_\tau^2 d^2(\delta - \Delta)}{18R\mu} \tag{4-13}$$

而旋流器的切向速度 v_τ 又与旋流器入料压头有关，即：

$$v_\tau = k'\sqrt{2gP} \tag{4-14}$$

显然，对小粒级物料的分选，增加入料压头可使分选效果得到改善。但是，如果加重质粒度较粗时，提高入料压头，将造成旋流器内底流和溢流介质密度差加大，对分选也是很不利的。因此，在提高旋流器的入料压头时，还应考虑悬浮液的稳定性是否能与其相适应。一般重介质旋流器的入料压头可根据旋流器的直径大小和入选物料性质来选定。当旋流器给料方式采用定压时，其定压箱的几何高度范围为：

$$H = (9~11)D \tag{4-15}$$

式中 H——旋流器给料的几何压头，m；

  D——旋流器直径，m。

例如：当旋流器直径为0.6m，悬浮液密度为1400kg/m³时，则旋流器的入口压力 P 为：

$$P = 10 \times 0.6 \times 1400 = 0.84 \times 10^5 (Pa)$$

如果旋流器用泵给料，则旋流器入口的压力应达到 0.84×10^5 Pa，即：

$$P = (9~10)D \times \Delta \times 10^5 \tag{4-16}$$

式中 P——入口压力，Pa；

  Δ——悬浮液密度，kg/m³。

4.3 分选悬浮液密度

在生产中，分选悬浮液密度值确定后，保持循环悬浮液密度的稳定是保证选煤质量稳定的关键。在低密度分选炼焦煤时，悬浮液密度的波动一般控制在 ±10kg/m³ 以内。在高密度分选时，悬浮液密度的波动范围可酌情放宽一些。在低密度分选极难选煤时，也有要求把悬浮液密度波动控制在 ±5kg 以内。当重介质旋流器的结构、入料压力和其他工艺参数确定后，悬浮液密度波动超出一定范围，直接影响选煤效果。因此，重介质选煤工艺中，悬浮液密度的自动测量与控制是非常重要的。

在同一条件下，分选密度越高，旋流器的分选可能偏差值越大。因为悬浮液中固体含量越高，固体的体积浓度也越大，对细粒级物料的有效分离影响越大。对直径不大于 700 (710) mm 的两产品圆柱圆锥形重介质旋流器选末煤（13mm 或 25 ~ 0.5mm）来说，可用经验公式表示：

$$E_p = 0.03\delta_p - 0.015 \tag{4-17}$$

式中　E_p——分选可能偏差，kg/L；

　　　δ_p——分选密度，kg/L。

式（4-17）说明同一重介质旋流器在同一工作条件下，其分选可能偏差与分选密度的关系。由于影响重介质旋流器的可能偏差值的因素较多，如旋流器的类型结构、入料压力、入选原煤粒度以及其他工艺参数等，所以式（4-17）是不完善的，为此，又提出在分选密度 $\delta_p < 1.6$kg/L，其可能偏差 E_p 值与悬浮液密度的关系式：

$$E_p = (\delta_p \times 0.014) + 0.01 \times F_1 \times F_2 \tag{4-18}$$

式中　δ_p——分选密度，kg/L；

　　　F_1——重介质旋流器的直径系数，见表 4-2；

　　　F_2——入选原煤粒度系数，见表 4-3。

表 4-2　旋流器的直径系数

旋流器直径/mm	250	350	500	600	700
系数 F_1	0.92	0.98	1.00	1.04	1.08

表 4-3　入选原煤的粒度系数

原煤粒度/mm	6 ~ 0.5	13 ~ 0.5	30 ~ 0.5	38 ~ 0.5	50 ~ 0.5
系数 F_2	1.2	1.1	1.0	0.9	0.8

显然，式（4-18）还有片面性，包含的因素还不够，但是，式（4-17）和式（4-18）都说明：悬浮液的密度与 E_p 值有密切的关联。

4.4　分选悬浮液中煤泥含量

由于磁铁矿粉（加重质）的粒度较粗，循环悬浮液中保持一定数量的煤泥，对增加悬浮液的稳定，提高选煤效果是有益处的。表 4-4 列举了采用较粗的磁铁矿粒时，悬浮液中煤泥含量对重介质旋流器选煤效果的影响。说明循环悬浮液中煤泥含量大于 60% 时，由于煤泥量的增加，可能偏差 E_p 值随之减少。但随着煤泥含量的继续增加，1 ~ 0.5mm 级煤的可能偏差随之增大。这是因为悬浮液中固体浓度过高，增加了小粒级物料上浮或下沉的阻力，使小粒级物料的分选效果变坏。

但是，改用细介质（< 0.04mm 磁铁矿粉）占 90% 以上时，如果悬浮液中煤泥含量

过高，分选效果将会下降，见表 4 – 5。

表 4 – 4　悬浮液中煤泥含量与分选效果的关系

磁铁矿粒度/mm		<0.04（占 40% ~ 45%）		
入选原煤粒度/mm		13 ~ 0.5		
悬浮液固体中煤泥含量/%		40	50	60
各粒级可能偏差 E_p	>3	0.039	0.037	0.035
	3 ~ 1	0.085	0.062	0.067
	1 ~ 0.5	0.12	0.09	0.11

表 4 – 5　不同磁铁矿粒度的悬浮液中煤泥含量对分选的影响

磁铁矿的细粒级 0.04mm 含量/%	悬浮液固体中煤泥量 /%	各粒级的可能偏差		
		>3mm	3 ~ 1mm	1 ~ 0.5mm
70 ~ 80	35	0.022	0.066	0.08
	45	0.021	0.062	0.10
	55	0.030	0.067	0.10
90 ~ 95	35	0.022	0.030	0.055
	45	0.022	0.032	0.060
入选原煤粒度/mm		13 ~ 0.5		

选用粒度较粗的加重质，用增加悬浮液中煤泥含量的办法，虽然也能达到较好的效果，但与选用的细粒度的加重质相比，前者选煤效果明显不如后者。而且选用粗粒度加重质时，由于需要加入大量的煤泥来保证悬浮液的稳定性，给产品脱介、清洗带来很大困难。严重时造成产品脱介筛跑水，磁铁矿加重质损失较大，给悬浮液控制造成困难。因此，在重介质旋流器选煤时，宜采用粒度较细的介质。然而，加重质粒度过细，也会给加重质的净化回收带来一定困难。因此，在采用特细加重质时，同时也要考虑设计与其相应的加重质回收工艺与设备。

表 4 – 6 列出的煤泥最大允许值，可供参考。在实际生产中，要根据加重质（磁铁矿粉）和煤泥的粒度、密度特性以及配成分选悬浮液的流变性，合理调配，以求降低 E_p 值，提高分选效率。

表 4 – 6　悬浮液中固相的煤泥含量最大允许值

悬浮液密度/kg·m^{-3}	1400	1500	1600	1700	1800	1900	2000
煤泥含量/%	60	50	40	30	20	<10	<5

5 重介质旋流器类型结构和效果

从第一台圆柱圆锥形重介质旋流器问世，迄今已近70年了。随着选煤（矿）技术的发展，重介质旋流器选煤技术也在不断发展和创新。一批又一批不同类型、结构新颖的重介质旋流器不断呈现，并在生产中得到应用或推广。本章将分阶段，对不同类型和结构的重介质旋流器特征作介绍。

5.1 圆柱圆锥形重介质旋流器

圆柱圆锥形重介质旋流器是目前国内外使用最广泛、问世最早、选末煤效率最高的一种选煤设备。

5.1.1 D.S.M 型圆柱圆锥形旋流器

D.S.M 型圆柱圆锥形旋流器的基本结构主体由圆筒、圆锥、溢流室三部分组成。故称圆柱圆锥形旋流器（如图 5-1 所示）。在旋流器的圆柱上部开设入料口 1，筒体内有溢流管通向溢流室将溢流排出，或采用带锥度的溢流管直接外排溢流，圆锥角为 20°，锥体下部设有可更换的沉物排出口，机体本身无运动部件。

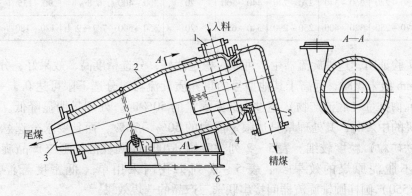

图 5-1　圆柱圆锥开重介质旋流器

1—入料口；2—锥体；3—底流口；4—溢流管；5—溢流室；6—机架

它的工作原理：悬浮液与被选物料混合，采用定压箱或固液泵以一定的压力由入料口 1 沿筒体周边成切线给入。在旋流器内形成内外螺旋流和中心空气柱。被选物料在离心力和特殊的密度场作用下，促使重产物（矸石）奔向器壁，向旋流器的锥体下部移动，由底流口 3 排出。密度小的精煤则向中心靠近，由中心溢流管 4 经溢流室 5 排出，从而完成整个分选过程。

从 1945 年第一台圆柱圆锥（D.S.M）型重介质旋流器问世，至今近 70 年，这类旋流器的外形变化不大，但其结构尺寸，随世界各国型号不同而有差异，如入料的流线有切线形、摆线形、渐开线形和弧线形，以及旋流器的各部件尺寸的差异。还有旋流器的制造材质的耐磨、抗压等性能差别较大。这种旋流器的安装方式原为立式、后多为卧式，即旋流器的轴线与水平夹角一般为 10°。其理论基础见第 2 章。旋流器的规格已成系列，见表 5 – 1。

表 5 – 1 两产品圆柱圆锥形重介质旋流器的技术规格系列

旋流器直径/mm	入料口当量直径/mm	溢流口直径/mm	底流口直径/mm	圆柱长/mm	圆锥顶角/ (°)	处理能力/m³·h⁻¹	定压给料几何高度/m	处理干煤量/t·h⁻¹	最大入选粒度上限/mm
150	30 ~ 40	50 ~ 65	30 ~ 40	150 ~ 200	20	16 ~ 22	≤3	3 ~ 8	10
200	40 ~ 50	72 ~ 85	55 ~ 65	200 ~ 210	20	20 ~ 25	3 ~ 3.3	6 ~ 10	13
250	50 ~ 70	87 ~ 110	60 ~ 80	200 ~ 220	20	30 ~ 40	3 ~ 4	8 ~ 13	17
300	60 ~ 80	105 ~ 125	75 ~ 90	210 ~ 230	20	50 ~ 60	3 ~ 4	12 ~ 18	20
350	70 ~ 90	120 ~ 160	85 ~ 105	220 ~ 250	20	70 ~ 80	3.5 ~ 4	17 ~ 25	22
400	80 ~ 100	140 ~ 170	100 ~ 120	240 ~ 280	20	90 ~ 100	4 ~ 4.5	22 ~ 32	25
450	90 ~ 110	160 ~ 180	120 ~ 140	270 ~ 300	20	105 ~ 120	4 ~ 5	28 ~ 40	30
500	100 ~ 120	180 ~ 210	140 ~ 160	300 ~ 350	20	125 ~ 160	4.5 ~ 5.5	35 ~ 50	30 ~ 35
600	120 ~ 150	220 ~ 240	180 ~ 220	360 ~ 400	20	190 ~ 250	5.4 ~ 6.5	65 ~ 80	40 ~ 50
700	140 ~ 150	250 ~ 290	200 ~ 230	420 ~ 450	20	265 ~ 320	6.4 ~ 7.5	80 ~ 110	50
750	150 ~ 220	260 ~ 340	220 ~ 240	440 ~ 500	20	300 ~ 400	6.8 ~ 8	90 ~ 135	50 ~ 55
860	170 ~ 250	320 ~ 400	250 ~ 290	540 ~ 620	20	350 ~ 500	7.7 ~ 9.1	120 ~ 180	50 ~ 65

生产实验证明，这种旋流器生产可靠，稳定性好，分选精度高，效果好，分选不大于 13 （25） mm 级末煤时，远高于其他型号的重介质旋流器，分选下限可达 0.1 ~ 0.15mm。但是，当沉物排量（底流产物）超过入选原煤量的 50% 时，处理量明显降低。如果用于处理跳汰机的中煤时，其处理量只达限定能力的 50% ~ 70%，而且要求分选悬浮液中加重质（磁铁矿粒）粒度较细。表 5 – 2 列举我国 φ700mm 圆柱圆锥形二产品旋流器分选 50 ~ 0mm 不脱泥原煤的效果[9]。表 5 – 3 列举我国采用单一低密度悬浮液，双段（φ600 × 2/550）圆柱圆锥旋流器间接串联选三产品的选煤效果[25]。

表 5 – 2 φ700mm 重介质旋流器选 50 ~ 0mm 不脱泥原煤分选结果

粒度/mm	原煤产率/%	灰分/%	精煤产率/%	灰分/%	尾煤产率/%	灰分/%	实际分选密度/kg·m⁻³	数量效率/%	可能偏差 E_p
50 ~ 13	100	34.93	44.41	9.31	55.59	54.40	1460	97.80	0.015
13 ~ 6	100	25.52	57.47	11.78	42.53	44.44	1460	91.98	0.020
6 ~ 3	100	21.63	66.32	10.65	33.68	43.26	1495	96.21	0.030
3 ~ 0.5	100	17.99	78.09	10.84	21.91	43.61	1638	92.24	0.035
>0.5	100	25.77	60.93	10.81	39.07	48.31	1480	93.29	0.030

表 5 – 3　$\phi 600 \times 2/550$ 圆柱圆锥重介质旋流器选 25 ~ 0mm 原煤结果

粒度 /mm	原煤		精煤		中煤		矸石		实际分选密度 /kg·m⁻³		数量效率/%		可能偏差 E_p	
	产率 /%	灰分 /%	产率 /%	灰分 /%	产率 /%	灰分 /%	产率 /%	灰分 /%	一段	二段	一段	二段	一段	二段
25 ~ 3	100	30.31	54.50	10.27	17.66	28.96	27.84	70.45	1450	1750	98.70	97.46	0.015	0.03
3 ~ 0.5	100	19.52	75.23	10.28	11.57	27.22	13.20	65.39	1530	1730	97.39	93.63	0.03	0.035
(25 ~ 0.5)	100	25.90	62.35	10.26	14.70	28.10	22.30	69.32	1460	1740	98.0	96.29	0.025	0.032

5.1.2　涡流旋流器

1967 年, 日本田川机械厂研制倒立圆柱圆锥形旋流器, 并称涡流旋流器。

如图 5 – 2 所示, 将旋流器的圆锥顶口向上垂直倒立安装。重产物从顶部排出, 轻产物从下部排出, 原煤与悬浮液混合后, 用泵或定压箱沿旋流器圆柱壁成切线压入旋流器内。

在倒立旋流器的内部安装一条与大气相通的空气柱调节管, 目的是使旋流器内空气柱压力与外部大气压相等, 用来消除给料量和给料速度变化给旋流器内空气柱带来的影响。在距离旋流器溢流管近处的空气导管为喇叭形, 调节它与溢流管的距离, 可改变旋流器内轻、重产物的分配产率。这种重介质旋流器的特点为: 旋流器的底流口直径比通常的

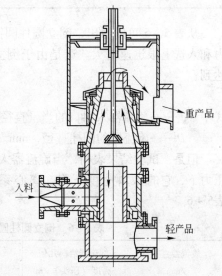

图 5 – 2　倒立旋流器

旋流器底流口直径大, 最大可与旋流器溢流口直径相等。故入选粒度上限可适当加大, 使用的加重质粒度也可稍粗一点 (见表 5 – 4), 生产能力也较大。但是, 入料压力也较一般重介质旋流器的要大一些, 分选悬浮液的循环量也大。其技术规格特征见表 5 – 5。

表 5 – 4　倒立圆柱圆锥形重介质旋流器使用磁铁矿 (加重质) 的粒度组成

粒度/mm	产率/%	累计产率/%
40 ~ 60	8.80	8.80
60 ~ 80	9.50	18.20
80 ~ 100	9.90	28.20
100 ~ 150	19.40	47.60
150 ~ 200	13.00	60.60
200 ~ 325	28.80	89.40
< 325	10.60	
合　计	100.00	100.00

表 5 – 5 倒立圆柱圆锥形重介质旋流器技术规格

旋流器直径/mm	处理原煤量/t·h⁻¹	入选原煤粒度/mm	循环悬浮液量/m³·h⁻¹
200	5	10 ~ 0.25	27
250	8	15 ~ 0.3	50
300	15	20 ~ 0.3	89
350	30	40 ~ 0.5	146
400	45	45 ~ 0.5	222
450	60	53 ~ 0.5	312
500	80	60 ~ 0.5	375

从表 5 – 5 可以看出，倒立圆柱圆锥形重介质旋流器的直径大于 350mm 时，其生产能力和入选上限迅速增大。这是由于倒立圆柱圆锥形旋流器入料口的当量是直径可加大，达到：

$$d_i = 0.35D \tag{5 – 1}$$

式中 d_i——旋流器入料口的当量直径，mm；

　　　D——旋流器的圆柱直径，mm。

但是，试验结果表明，当旋流器入料口直径过大时，会使旋流器内紊流增大，在同一压力下，它的入料速度下降，离心系数也减小，对小粒度物料的分选是不利的，见表5 – 6。

表 5 – 6 倒立圆柱圆锥形旋流器入料口直径与离心系数

旋流器直径/mm	旋流器给料几何高度（压头）/m	给料量/m³·h⁻¹	旋流器给料口当量直径/mm	旋流器的离心系数
350	6.0	185	106	20.60
350	6.0	185	109	16.70
450	6.0	270	130	10.32
450	6.0	270	156	7.08

还应指出：旋流器溢流口和底流口的直径大小、圆柱长短等，对分选效果的影响也是不能忽视的，一般可以旋流器圆柱直径 D 为基本参数，根据工艺要求选择：

（1）入料口直径（d_i）：$d_i = (0.3 \sim 0.35)D$；

（2）溢流口直径（d_0）：$d_0 = (0.42 \sim 0.50)D$；

（3）底流口直径（d_u）：$d_u = (0.35 \sim 0.42)D$；

（4）圆柱高（L）：$L = (1.0 \sim 1.2)D$；

（5）圆柱顶角（α）：$\alpha = 20°$。

此外，在低密度分选细粒级煤时，加重质粒度也不可能过粗。前面已经提到，对悬浮液的稳定性来说，这种结构的旋流器的加重质可以粗一点。但是对分选粒度下限来说，加重质过粗，对分选小粒度物料的效果是不利的，见表5 – 7。

还应指出，由于涡流旋流器成倒立安装，当旋流器停止工作时，旋流器溢流端常积沉物料，且溢流板易磨损，其结构也比一般圆柱圆锥形旋流器复杂。

表5-7　φ350mm 倒立圆柱圆锥形重介质旋流器分选效果

旋流器直径/mm	加重质（磁铁矿）粒度<0.044mm 所占比例/%	入选原煤粒度/mm	处理量/t·h⁻¹	精煤理论产率/%	精煤实际产率/%	数量效率/%	可能偏差 E_p
350	63.1	25~0.5	30	23.85	21.23	89.02	0.0225
350	10	15~0.2	30	84.49	83.65	99.00	0.035

5.1.3　DBZ 形圆柱圆锥形重介质旋流器

1982 年，我国自行研制成功 DBZ 型重介质旋流器[1,12]亦属于圆柱圆锥形旋流器的一种。其结构特点是：圆锥顶角较大（70°~80°），圆柱较长，可使用低密度悬浮液达到高密度分选，即入料悬浮液密度与被选物料的实际密度差可达 600kg/m³，故可使用选煤厂浮选尾矿、矸石粉等密度较低的非磁性加重质配制悬浮液，见表5-8和表5-9，也可利用粒度较粗的磁性加重质。其结构如图5-3所示。

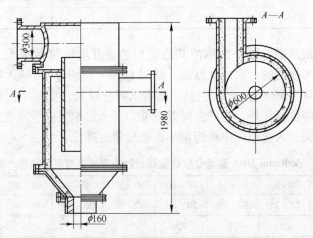

图5-3　φ600mm DBZ 型重介质旋流器结构图

第一台 DBZ 型重介质旋流器，在我国开滦矿务局马家沟矿选煤厂用浮选尾矿配制成悬浮液，用 DBZ 型重介质旋流器从跳汰机中煤和矸石中回收热值较高的煤炭获得了很好的技术经济效果。分选可能偏差可达 0.045~0.08，见表5-10，并得到推广。

表5-8　开滦矿务局马家沟矿选煤厂浮选尾矿特性

化学成分	重量/%	粒度/mm	产率/%	灰分/%
SiO_2	32.40	>0.35	0.58	10.40
Fe_2O_3	3.93	0.35~0.18	1.29	13.96
Al_2O_3	22.39	0.18~0.125	7.71	38.53
MgO	1.12	0.125~0.1	3.45	55.47
CaO	6.72	0.1~0.074	4.88	58.95
灼失量（可燃物）	31.32	0.074~0.063	1.13	56.61
其他成分	1.62	0.063~0.05	2.27	61.23
合计	100.00	0.05~0.04	3.73	72.03
真密度/kg·m⁻³	2260	<0.04	74.96	66.20

表5-9　开滦矿务局马家沟选煤厂矸石粉（加重质）的粒度组成特性

粒度组成/mm	>0.25	0.25~0.15	0.15~0.1	0.1~0.074	0.074~0.04	<0.04	合计
各粒级产率/%	21.29	20.00	5.97	9.68	6.61	36.45	100.00
各粒级灰分/%	61.97	62.00	63.12	62.31	63.10	62.53	62.36
真密度/kg·m^{-3}				2200			

表5-10　ϕ600mm DBZ型重介质旋流器选50~0.5mm跳汰中煤的结果

粒级/mm	原料煤/%		洗混煤/%		矸石/%		分离密度/kg·m^{-3}	分选效果/%				
	产率	灰分	产率	灰分	产率	灰分		混煤理论产率	混煤实际产率	数量效率	安德逊效率	可能偏差 E_p
50~13	16.51	48.63	22.40	28.37	18.19	80.44	1900	9.75	9.56	98.36	96.00	0.03
13~3	42.59	50.77	36.68	25.35	54.70	77.52	1880	22.71	21.61	95.146	91.20	0.06
3~0.5	40.90	39.84	40.92	23.44	27.11	74.26	1900	30.04	27.27	90.78	89.69	0.075
50~0.5	100.0	45.94	100.0	25.24	100.0	77.17	1890	62.50	58.44	93.51	93.20	0.045

DBZ型重介质旋流器与同一规格的其他类型的重介质旋流器相比，它的台时处理能力、分选效果是基本相同的。它的优点是：能以1250~1280kg/m^{3}的入料悬浮液密度，达到实际分选密度1800~1900kg/m^3。但是，随着入料悬浮液密度与实际分离密度的继续扩大，分选精度随之降低。此外，它的台时处理能力与入选原煤的性质有关。入选原煤中精煤量大，生产能力大；入选原煤中精煤量小，处理量要降低，见表5-11。

表5-11　ϕ600mm DBZ型重介质旋流器台时处理能力与原煤精煤产率的关系

精煤产率/%	90~80	80~70	70~60	60~50	50~40	40~30	30~20	20~10
入选原煤/t·h^{-1}	65~75	60~70	50~60	40~50	35~45	30~40	25~35	20~30
瞬时允许载荷/t	80	75	70	55	50	45	40	35

ϕ600mm DBZ型重介质旋流器的入料压力一般为70~100kPa，介质循环量为220~270m^3/h。其他结构参数见表5-12。

表5-12　DBZ型旋流器基本结构参数

直径/mm	锥角/(°)	圆柱高/mm	入料口直径/mm	底流口直径/mm	溢流口直径/mm	安装方式	安装角度/(°)
600	70~80	800~900	140~150	130~170	200~300	卧式	30~40

有关DBZ型重介质旋流器结构及工艺参数的确定，一般以旋流器的直径D为基数，按下列原则选择：

(1) 入料口当量直径（d_i）：$d_i = (0.2~0.3)D$；

(2) 溢流口直径（d_0）：$d_0 = (0.35~0.52)D$；

(3) 底流口直径（d_u）：$d_u = (0.21~0.3)D$；

(4) 圆柱体高度（L）：$L = (1.3~1.6)D$；

(5) 圆锥顶角（α）：$\alpha = 70°~80°$；

（6）入料压力（H）：$H = (10 \sim 14)D$。

5.2 圆柱形重介质旋流器

圆柱形重介质旋流器与圆柱圆锥形重介质旋流器从外形来看，圆柱形重介质旋流器是不带圆锥体的，机体主要是一圆筒。按其给料方式的不同，圆柱形重介质旋流器可分成：周边有压给煤和中心无压给煤两种[11,21,34]。

5.2.1 周边（有压）给料圆柱形二产品旋流器

图 5-4 是英国煤炭管理局研制的一种周边（有压）给料圆柱形（沃赛尔）重介质旋流器。其主体为一垂直的圆筒，在筒体上部设有入料口，下部设有两个排料口。原煤与悬浮液混合后，用泵或定压箱沿渐开线经入料口压入旋流器的筒体上部分选室内，在密度场与离心力场的作用下，大于悬浮液密度的矸石则奔向筒壁，成螺旋线向下部的环形口移动，与部分悬浮液一直通过排料口 1 进入沉物室 2，再由沉物室的周边切线进入旋涡排料室 3，通过调整沉物室的环形断面口和旋涡室的排料口的大小，可调节沉物用悬浮液的排放数量。小于悬浮液密度的轻物料在密度场和内旋流的作用下，往圆筒中心移动，并与一部分悬浮液一起进入设在圆筒中心向下垂直的溢流管 4 排出。该设备的特点是：（1）旋流器内没有径向速度为零的死区；（2）圆筒下部的环形沉物排出的断面积，可根据沉物排出的数理进行调整。缺点是：溢流管过长，溢流管进料端距入料口较近，部分细粒

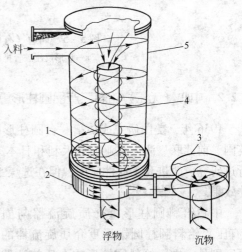

图 5-4 沃赛尔选介质旋流器
1—可调排料口；2—沉物室；3—旋涡排料室；
4—旋涡溢流管；5—主分选室

级矸石容易混入精煤，选煤效果不如 D.S.M 圆柱圆锥形旋流器。

第一台工业用的沃赛尔旋流器的直径为 610mm，入选的原料粒度为 30～0.5mm，处理能力为 75t/h，入料口为切线形，后改成渐开线形。旋流器直径增加到 720～750mm，但是，直径扩大到 750mm 后，分选效果明显变坏。改进后的 ϕ720mm 的沃赛尔旋流器的入料粒度为 50～0.5mm，处理能力可达 100t/h。沃赛尔旋流器的直径确定后，它的其他工艺参数，可参照圆柱圆锥形重介质旋流器的参数选择。其分选效果见表 5-13。

表 5-13　ϕ610mm 沃赛尔重介质旋流器分选 30～0.5mm 级原煤

粒度/mm	30～13	13～3	3～0.5
精煤产率/%	77.80	77.5	74.6
矸石产率/%	22.20	22.50	25.40
分选悬浮液密度/kg·m^{-3}	1740	1740	1740
实际分离密度/kg·m^{-3}	1766	1755	1756
可能偏差 E_p	0.04	0.044	0.065

还有另一种圆柱形重介质旋流器，它的给料方式和精煤排出方式和圆柱圆锥形重介质旋流器一样，但沉物排出方式采用了 U 形反压胶管（箱）或旋涡排料室，如图 5-5 所示。

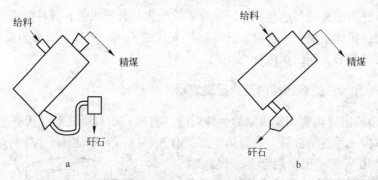

图 5-5 周边（有压）圆柱形重介质旋流器

a—U 形反压胶管排料； b—旋涡排料室排料

5.2.2 中心（无压）给料二产品圆柱形重介质旋流器

1956 年，美国研究成功第一台圆柱形中心（无压）给料二产品重介质旋流器。随后英国、前苏联、澳大利亚、意大利和日本等国，都对中心（无压）给料圆柱形旋流器进行过研究、改进和工业性应用，但在选煤工业生产上，至今未达到圆柱圆锥形旋流器的最佳效果。

中心给料圆柱形重介质旋流器与周边（有压）给料圆柱圆锥形重介质旋流器的主要区别是：中心给料圆柱形重介质旋流器的悬浮液与物料是分别（从周边和中心）给入旋流器内。被选物料进入旋流器内，在离心力的作用下由中心向器壁按密度分层。高密度的重产物很快到达器壁，并从给料端的周边沿切线（底流口）排出，如图 5-6 所示。而中间密度的物料在距离旋流器周边排出口不远处形成了一动平衡的阻挡层，部分物料在这里进行二次分选，迫使一部分接近或低于分选密度的颗粒返回中心流，与其他低密度物料一起由下部的中心（精煤）溢流管排出。

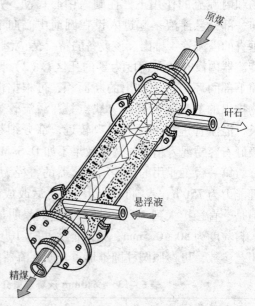

图 5-6 中心（无压）给料圆柱形
重介质旋流器结构图

从中心（无压）给料圆柱形旋流器内速度场的测定图 5-7 可知，这种旋流器的切向速度变化梯度较周边（有压）圆柱圆锥形重介质旋流器小得多，但还是遵循切向速度由器壁向中心逐步增大和 $v_\tau r^n = c$ 的变化规律。其轴向速度约为切向速度的 1/10，由于旋流器是圆柱形的，因此，其轴向零速面接近圆柱形。径向速度也随旋流器的半径的减小而变小，数值与轴向速度接近。但测定中未发现径向零速面。这也是与周边（有压）给料圆柱圆锥形重介质旋流器有相同和不同之处。

由于中心（无压）给料圆柱形重介质旋流器在远离中心而靠近器壁的切向速度较低，故在物料进行二次分选时，作用于颗粒的离心力明显低于第一次在中心处分选时的离心力，容易造成细粒矸石或中间物与精煤的分离精度降低，轻、重产物易于相互混杂，导致中心（无压）给料圆柱形重介质旋流器分选细料级煤的精度差、效率降低。

从中心（无压）给料旋流器的径向速度图5-7a的分布情况看，对在该旋流器器壁处的物料进行二次分选是有利的，但这种旋流器的悬浮液给入的压力不能过大，压力过大则分选效果随之变坏，见图5-8。在激光测速中发现由于给入压力的变化，影响中心（无压）给料圆柱形旋流器内空气柱大小的变化较大，使空气柱面形成极不稳定、极不匀称的气液界面，对物料分选起到干扰作用。当悬浮液入口压力增大时，空气柱随之增大，其稳定性、不匀称性加剧，致使被选物料的分选效果变坏。

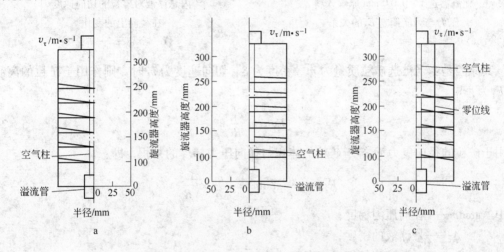

图5-7 中心（无压）给料圆柱形重介质旋流器内速度分布图
a—径向速度分布图；b—切向速度分布图；c—轴向速度分布图

而周边（有压）给料圆柱圆锥形重介质旋流器却不是这样。特别是在分选细粒级煤时，随着旋流器的入料压力增大，不仅处理量增加了，而且对细粒级煤的分选效果有明显的改善，见图5-9。

此外，前苏联用示踪粒子对$\phi200mm$中心（无压）给料圆柱形重介质旋流器的测试表明：由于中心（无压）给料圆柱形重介质旋流器的入选物料与分选悬浮液是分开进入，其中80%~90%的分选悬浮液是有压给入，10%~20%的分选悬浮液随原煤无压轴向给入，故开始被选物料的切向速度为零，尔后随着被选物料在径向的位移，才逐渐达到悬浮液的切向速度，如图5-10所示。这就造成被选物料与悬浮液在旋转速度上有较大的差异。这种差异使径向曳力和被选矿粒的惯性力产生额外

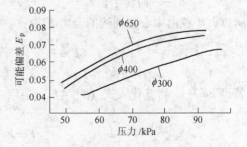

图5-8 $\phi650$、$\phi400$、$\phi300$ 无压中心给料重介质旋流器选13~0.5mm级原煤悬浮液给入压力与可能偏差 E_p 的关系

的（径向）压力梯度。对入选物料产生实际分离密度增大的影响，尤其是对细粒物料影响最为明显。

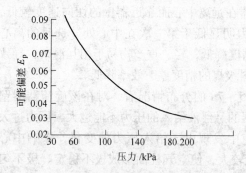

图 5 - 9 φ100mm 有压圆柱圆锥形重介质
旋流器选 1 ~ 0.075mm 原煤入料
压力与可能偏差 E_p 的关系

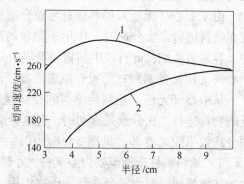

图 5 - 10 中心（无压）给料圆柱形旋流器
内悬浮液对矿粒的切向速度
在径向上的变化
1—悬浮液；2—矿粒

其原因是：当被选矿粒质量为 m、密度为 δ、切向速度为 v_1 时，则作用于矿粒的离心力 F_1 为：

$$F_1 = m \frac{v_1^2}{R} \tag{5-2}$$

作用于矿粒的径向曳力 F_2 等于矿粒的体积与径向压力梯度的乘积，即：

$$F_2 = -\frac{m}{\delta} \mathrm{grad} p = -\frac{m}{\delta} \times \frac{\Delta v_2^2}{R} \tag{5-3}$$

式中　$\mathrm{grad} p$——径向压力梯度；

　　　Δ——悬浮液的密度；

　　　v_2——悬浮液流的切向速度；

　　　δ——入选矿粒的密度；

　　　R——回转半径。

所以，矿粒由中心到周边的合力 F 为：

$$F = F_1 + F^2 = m \frac{v_t^2}{R} + \left(-\frac{m}{\delta} \times \frac{\Delta v_2^2}{R} \right) \tag{5-4}$$

若设 $k = \frac{v_t^2}{R}$，将其代入式（5-4），则：

$$F = k \frac{m}{\delta} \left(\delta - \Delta \frac{v_2^2}{v_t^2} \right) \tag{5-5}$$

或

$$F = k \frac{m}{\delta g} \left(\delta - \Delta \frac{v_2^2}{v_t^2} \right) g \tag{5-6}$$

设 $\Delta' = \Delta \left(\frac{v_2^2}{v_t} \right)$，代入式（5-6），则：

$$F = k \frac{m}{\delta} (\delta - \Delta') \tag{5-7}$$

上式说明，当矿粒速度落后于液流速度时，$\Delta' > \Delta$，这时物料的实际分选密度高于分选悬浮液密度。只有当 $v_1 = v_2$ 时，矿粒的实际分离密度才等于分选悬浮液密度。

显然，随着矿粒在径向上的位移，在逐步达到悬浮液的切向速度过程中，也造成了矿粒在旋流器中实际的分离密度变化的过程，致使部分不属于精煤的矸石和中煤混入精煤，或部分精煤混入矸石中。这种现象对 3（6）mm 以上的矿粒影响较小，但对 3（6）mm 以下的矿粒影响很大。因为造成这种实际分离密度与分选悬浮液的密度差，是在分选过程中形成的，是一个变数。

为了验证上式，用示踪粒子对中心（无压）给料圆柱形重介质旋流器内悬浮液和入选 5 ~ 0.5mm 矿粒的切向速度进行测定发现，由于矿粒速度落后造成实际分离密度与分选悬浮液密度差可达 20% ~ 30%，即：

$$\Delta' = (1.2 ~ 1.3)\Delta \tag{5-8}$$

式中 Δ——测定点的悬浮液密度。

此外，中心（无压）给料圆柱形旋流器的悬浮液给入压力不能过高，故旋流器内悬浮液的浓缩作用较小，旋流器内密度分布较周边（有压）给料圆柱圆锥形旋流器悬浮液密度分布均匀（见图 2 - 13），对使用粒度较粗的加重质是有利的。但分选下限受到限制。因为细粒级煤需要较高的离心力才能得到有效分选，否则，其可能偏差 E_p 值显著增大。这在周边（有压）给料圆柱圆锥形重介质旋流器分选煤泥的试验中得到证实。

由于该旋流器的悬浮液给入压力不能过高，其生产能力也受到限制，如果要提高处理能力，将以牺牲分选效果为代价，见表 5 - 14。

表 5 - 14 ϕ400mm 中心给料圆柱形旋流器选 13 ~ 0.5mm 煤的处理量与分选效果

处理量/t·h^{-1}	14.66	36.00	47.00
分选悬浮液密度/kg·m^{-3}	1385	1385	1385
可能偏差 E_p	0.034	0.050	0.065

还有，在悬浮液选煤过程中，小粒级物料的上浮或下沉时，所受的阻力还与悬浮液的黏滞阻力有关。表征黏滞阻力的特征是黏度，黏度也是影响小粒级物料分选效率的重要因素之一。

在悬浮液选煤过程中，分选悬浮液的黏度不是一个常数，它不仅取决于悬浮液的性质，而且与悬浮液的流速有关。随着悬浮液流速梯度的减少，其黏度值增大，如图 5 - 11 所示。

结合无压给料旋流器内的切向速度分布图 5 - 5b，综合分析，不难看出，中心（无压）给料圆柱形旋流器的切向速度梯度较周边（有压）给料圆柱圆锥形旋流器的切向速度小得多。在相同的悬浮液性质下，中心（无压）给料圆柱形旋流器中悬浮液的"流变"黏度，要比周边（有压）给料圆柱圆锥

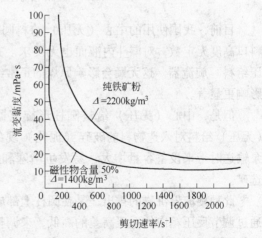

图 5 - 11 磁铁矿粉悬浮液流变黏度曲线

形旋流器中悬浮液的黏度大得多，这一点往往被忽视。实际上它也是对细粒级煤分选不好的一个重要原因。

为了给中心（无压）给料圆柱形旋流器创造一条较好的分选条件，最好设旋流器中心给料混合漏斗（仓），且漏斗到旋流器的入口高度应不小于 $4D$（旋流器直径）。使原煤在入选前得到充分润湿、分散，并在一定压力下得到稳定、均匀给入，见图 5-12。

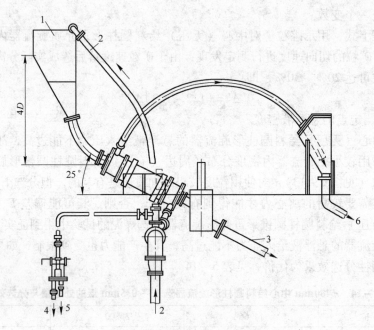

图 5-12　DWP 旋流器布置图

1—原煤仓；2—悬浮液管路；3—精煤排料管；4—去磁选机管路；

5—去悬浮液桶管路；6—砖石排料溜槽

目前，我国使用的中心（无压）给料圆柱形重介质旋流器的给料漏斗，到旋流器入料口高度无定数，对漏斗内液面也无要求。并将中心给料圆柱形重介质旋流器，称"无压给料"旋流器。这无疑会影响原煤的正常给入，特别是当悬浮液给入的总压力增大时，影响更显著。

但是，中心（无压）给料圆柱形旋流器还是有一定优点和使用的市场。由于中心（无压）给料对入选物料的破碎（泥化）现象较小，对分选高密度（矿石）可免除采用泵输送时带来设备容量增大，易发生堵塞和磨损问题，因此，该种旋流器多用于金属矿选矿。

此种旋流器沉物的排出，是在圆柱上部成切线通过软胶管与一定高差的反压箱联通。通过调节反压箱内的反压高差的高低，来调整和控制沉物的排出数量和质量。但是，用反压箱调整反压的高差是极有限的。当反压差调节范围过大时，其分选效果变坏。故在实际生产中，当反压高度确定后，一般很少调整。

中心（无压）给料圆柱形旋流器的分选区主要在圆柱部分。圆柱直径与圆柱长度构成主体。其结构的技术特征见表 5-15。

表5-15 中心（无压）给料圆柱形重介质旋流器的技术特征

直径 D/mm	100	200	300	400	500
圆柱长 L/mm	580	1050	1650	1710	2000
介质入料口当量直径/mm	30	48	100	140	175
沉物排出口直径/mm	30	48	73	95	120
浮物排出口直径/mm	50	66	120	140～165	175～206
中心给料管直径/mm	42	68	140	140	175～200
安装倾角/（°）	25～30	25～30	25～30	25	25～30

20世纪80年代中期，英国煤炭局研制成功一台直径为1200mm大型中心（无压）给煤重介质旋流器，并将沉物排料由U形反压箱改成旋涡排料，见图5-13。类似这种结构的旋流器，还有中国煤炭科学研究总院唐山分院于1991年研制成功直径达650mm的旋流器[10]。但是，旋流器的直径过大，对分选细粒级煤是很不利的，特别是对中心（无压）给料圆柱形旋流器是一个要害的问题，这已被实践所证实，见图5-14。

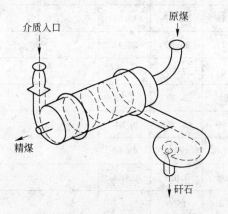

图5-13 大粒级煤重介质旋流器

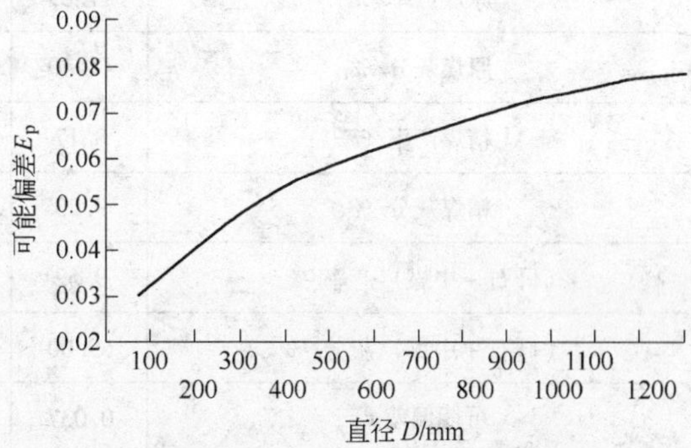

图5-14 不同直径的中心（无压）给料重介质
旋流器分选3～0.5mm原煤的结果

上述两种沉物排料方式的中心（无压）给料圆柱形重介质旋流器，在我国选煤厂中也有，但台数不多。旋流器的直径最大达710mm，单台处理能力可达80t/h，表5-16、表5-17、表5-18列举出了不同直径的中心（无压）给料圆柱形旋流器的分选结果。

表5-16 ϕ300mm 中心（无压）给料旋流器选25～0.5mm原煤结果

粒级/mm	25～4	4～2	2～0.5
原煤产率/%	46.16	25.69	28.15
原煤灰分/%	31.71	47.69	60.69
精煤产率/%	65.88	46.78	33.60
精煤灰分/%	9.23	8.26	9.04
（矸石＋中煤）产率/%	34.12	53.78	66.40
（矸石＋中煤）灰分/%	75.11	82.34	87.23
分选可能偏差 E_p	0.037	0.040	0.055
每台生产量/t·h⁻¹		10	
分选悬浮液密度/kg·m⁻³		1380	

表 5 – 17 ϕ650mm 中心（无压）给料旋流器选 13 ~ 0.5mm 原煤结果

粒度/mm	原　煤		精　煤		中煤 + 矸石		分选可能偏差 E_p	数量效率 /%	悬浮液密度 /kg·m^{-3}	处理量 /t·h^{-1}
	产率 /%	灰分 /%	产率 /%	灰分 /%	产率 /%	灰分 /%				
13 ~ 6	100	22.67	68.94	9.22	31.06	50.65	0.037	96.04		
6 ~ 3	100	21.31	69.00	9.02	31.00	47.64	0.045	95.07	1400	79.75
3 ~ 0.5	100	19.71	70.48	9.27	29.52	43.67	0.06	93.85		
>0.5	100	20.24	70.08	10.22	29.92	46.15	0.0533	94.55		

表 5 – 18 ϕ1200mm 中心（无压）给料圆柱形旋流器选 100 ~ 0.5mm 原煤

粒级/mm	100 ~ 25	25 ~ 4	4 ~ 2	2 ~ 0.5		< 0.5
原煤产率/%	17.69	50.10	12.47	13.64		6.10
原煤灰分/%	41.40	31.71	25.69	28.15		
精煤产率/%	8.17	33.01	7.20	6.80		
精煤灰分/%	9.23	8.98	8.26	7.52		
（矸石 + 中煤）产率/%	9.52	17.09	5.27	6.84		
（矸石 + 中煤）灰分/%	69.00	75.61	49.50	48.66		
可能偏差 E_p	0.037	0.038	0.051	0.084		
分选悬浮液密度/kg·m^{-3}			1500			

图 5 – 15 是另一种结构的中心给料圆柱形重介质二产旋流器。它的特点是：在旋流器中心给料入口端，沿切线增给部分悬浮液，达到增加原煤给入压力，促进原煤润湿和分散、提高原生产能。由于这股液流是从分选悬浮液总管的分支而来，稳定性较差原因，效果不明显，且分选悬浮液显著增大，较同规格的二产圆柱圆锥形旋流器增加 50% ~ 70%。

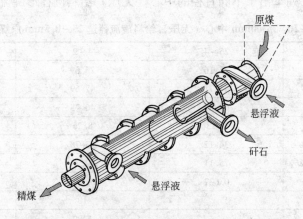

图 5 – 15   中心（加压）给料圆柱形重介质旋流器

其技术规格如表 5 - 19 所示。

表 5 - 19　中心（加压）给料圆柱形重介质旋流器技术规格

旋流器直径 D/mm	500
安装倾角/（°）	15 ~ 30
悬浮液给入压力/kPa	100 ~ 120
悬浮液给入量/m³·h⁻¹	200 ~ 250
处理原煤量/t·h⁻¹	50
入选原煤粒度/mm	0.5 ~ 2.5

5.3　三产品重介质旋流器

　　三产品重介质旋流器是从二产品旋流器演变过来的，是由二产品重介质旋流器直接串联组成的，依据给料方式的不同，可分成中心（无压）给料和周边（有压）给料；若按旋流器的结构不同来区分又可分成多种，分述如下。

5.3.1　周边（有压）给料圆筒、圆锥旋流器串联选三产品的重介质旋流器

　　如图 5 - 16 所示，利用一台周边（有压）给料圆筒形旋流器与另一台周边给料圆柱圆锥形并式串联，组成一台选三种产品的重介质旋流器，它是由前苏联推出的。它用低密度分选悬浮液与入选原煤混合后，用定压箱或固液泵沿一段（主选）旋流器 2 的圆筒上部入料口 1 成切线给入旋流器内。被选物料在离心力与密度场作用下，首先从一段圆筒形旋流器中分离出轻产物（精煤），并伴随着部分低密度悬浮液经溢流口 3 排出机外。同时为下段（再选）旋流器 5 准备了高密度分选悬浮液，并与重产物（中煤和矸石）一起经连接管 4 进入二段（再选）旋流器中煤从二段（再选）旋流器溢流口排出，矸石从底流口 6 排出，将中煤和矸石进行分离。

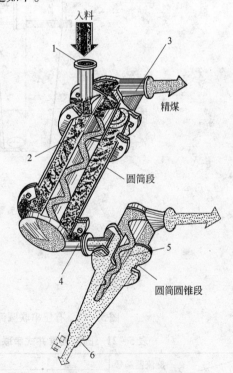

图 5 - 16　周边给料并式串联圆柱
和圆锥形三产品旋流器

　　一段（主选）旋流器有圆柱形和带斜度的圆筒形两种。二段（再选）旋流器一般为圆柱圆锥形。表 5 - 20 列举前苏联研制的圆筒、圆锥三产品旋流器的技术规格。

表 5-20 圆筒、圆锥形三产品重介质旋流器的技术规格

旋流器编号	1		2		3	
形式参数	一段 圆筒形	二段 圆锥形	一段 圆筒形	二段 圆锥形	一段 圆筒形	二段 圆锥形
圆筒（柱）直径/mm	350	250	630	450	710	500
圆筒倾角或圆锥顶角/(°)	8	20	—	20	—	20
定压给料（几何）高度/mm	4.5	—	6.0	—	7.2	—
处理量/m³·h⁻¹	60（80）	40	200（300）	130	350（400）	170
处理原煤量/t·h⁻¹	20	10	80~60	35	100~75	40
入选原煤粒度/mm	13~0.5	13~0.5	25~0.5	25~0.5	30~0.5	30~0.5

这种三产品重介质旋流器，我国 20 世纪 80 年代从前苏联引进，在山西晋阳选煤厂使用，该厂 1990 年投产，投产后细粒级煤分选效果不佳[58]。

我国煤炭科学研究总院唐山分院也研制成功了 ϕ250/150、ϕ500/350 和 ϕ710/500 三种规格的圆筒、圆锥形三产品重介质旋流器[14,16]，其结构如图 5-17 所示。其技术规格见表 5-21。

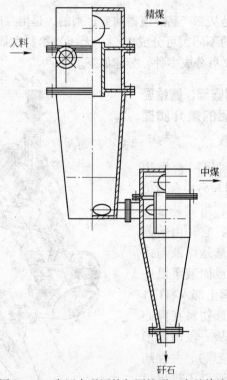

图 5-17 有压串联圆筒与圆锥形三产品旋流器

表 5-21 圆筒圆锥并式串联三产品重介质旋流器技术规格

旋流器编号	1		2		3	
形式参数	一段 圆筒形	二段 圆锥形	一段 圆筒形	二段 圆锥形	一段 圆筒形	二段 圆锥形
圆筒（柱）直径/mm	200	140	500	350	710	500
圆筒倾角、圆锥顶角/(°)	0~10	20	10	20	0	20
一段旋流器入料压力/kPa	50~60		65~75		100~150	
处理量/m³·h⁻¹	30	15	210		350~450	
处理原煤量/t·h⁻¹	5	2	40	15~20	70~100	30~40
入选原煤粒度/mm	8~0.5	8~0.5	15~0.5	15~0.5	35~0.5	35~0.5

圆柱圆锥并联式串联三产品旋流器，与二产品重介质旋流器相比，有相同之处，也有不同之点。串联式三产品旋流器，用一种低密度（＜1.6kg/L）悬浮液，分选出精煤、中煤和矸石三种产品，与采用两台独立的二产品旋流器，分选三种产品的工艺相比，可去掉一套高密度（＞1.7kg/L）悬浮液系统，使重介选煤工艺简化，生产操作管理方便、重介质旋流器车间的基建投资相应减少10%左右。但是，三产品重介质旋流器第一段（主选）、第二段（再选）的分选效果（效率）都达不到同类二产品重介质旋流器的效果。其原因有：（1）二产品旋流器是一次选出轻、重二种产品，需要细粒度加重质，达到促进末煤在离心力的密度中高效分选。对串联三产品旋流器，则相反。悬浮液中加重质不能过细，要偏粗一点，因为在一段（主选）除要求得到合格的精煤外，还要求给二段（再选）提供高密度（浓缩）悬浮液。这无疑会给末煤分选带来不利影响。（2）由于三产品旋流器，是由两个二产品直接串联，当一段（主选）或二段（再选）旋流器的参数调整时，会产生相互影响。（3）第二段（再选）旋流器的分选悬浮液密度、压力无法检测和调整。（4）串联式三产品重介质旋流器的悬浮液循环量，较二产品重介质旋流器悬浮液循环大得多，基本上等于或稍高于两台二产品旋流器的循环量的总和。因为它要为二段旋流器提供足够的分选悬浮液量。但是，三产品旋流器的第一段（主选）的溢流量与其总入料（悬浮液）之比，远低于二产品旋流器。这样会造成部分精煤损失于沉物中。为此更要加大一段（主选）旋流器的悬浮液量，来降低精煤损失。有关二产品和串联三产品旋流器的悬浮液分配如下。

（1）两产品旋流器：

精煤（溢流）悬浮液占总循环量70%~80%；

矸石（底流）悬浮液占总循环量20%~30%。

（2）串联式三产品旋流器：

精煤（一段溢流）悬浮液占总循环量50%~60%；

中煤（二段溢流）悬浮液占总循环量30%~40%；

矸石（二段底流）悬浮液占总循环量10%~20%。

并式串联三产品圆柱、圆锥旋流器的生产能力、结构工艺参数的选择和确定，与同类二产品旋流器也有不同之处。在选择确定一段（主选）旋流器的直径（D_1）后，可通过式（5-9）确定二段（再选）旋流器的直径（D_2）：

$$D_2 = \frac{\sqrt{2}}{2}D_1 \qquad\qquad (5-9)$$

或 $$D_2 = 0.71D_1$$

在特殊情况下，二段（再选）旋流器直径（D_2）选定后，还应根据入选原煤的中煤、矸石数量，是否与二段（再选）能力相配。因为式（5-9）的基础是：二段（再选）旋流器圆柱直径（D_2）的面积为一段（主选）圆柱直径面积的$\frac{1}{2}$，且二段旋流器的入料压力是通过一段而来，约为一段压力的$\frac{1}{2}$或更小，生产能力低于单独二产品，所以当入选原煤中的矸石和中煤量不小于55%时，一段和二段旋流器的直径都需要再调整。然后再参考表5-22，选择、确定一段和二段旋流器的各种参数。旋流器的入选上限，应以二段

（再选）的直径和结构参数来确定。

表 5 - 22 并式串联有压给料圆筒、圆锥三产品重介质旋流器的结构参数

以旋流器直径 D 为基数				
一段（主选）旋流器直径（D_1）		二段（再选）旋流器直径（D_2）		两段间连接管
入料口当量直径 d_i	溢流口直径 d_{01}	溢流口直径 d_{02}	底流口直径 d_{u2}	d_{i2}
$(0.20 \sim 0.25)D_1$	$(0.25 \sim 0.45)D_1$	$(0.75 \sim 0.85)d_{01}$	$\leq 0.8d_{02}$	$(0.22 \sim 0.26)D_2$

由于这种有压三产品旋流器有优点，也存在一弊端。对细粒级煤的分选效果，不及圆柱圆锥形二产品好。前苏联采用 500/350mm 有压串联三产品旋流器，分选 8～0.5mm 粒级的原煤，结果见表 5 - 23。

表 5 - 23 ϕ500/350mm 圆筒、圆锥并式串联三产品旋流器选 8～0.5mm 原煤

入选原煤		分选效果			
		一段		二段	
粒度/mm	±0.1 含量/%	可能偏差 E_p	数量产率/%	可能偏差 E_p	数量产率/%
8～6	23.77	0.03	98.11	0.065	98.75
6～3	31.64	0.04	95.03	0.073	98.19
3～1	24.70	0.05	91.00	0.08	95.57
1～0.5	16.31	0.097	87.08	0.14	91.42
8～0.5	27.47	0.048	93.80	0.075	96.42

5.3.2 中心（无压）给料圆柱、圆锥旋流器并式串联三产品重介质旋流器

如图 5 - 18 所示，利用一台中心（无压）给料圆柱形旋流器和另一台圆锥形旋流器并式串联组成一台选三种产品的重介质旋流器。

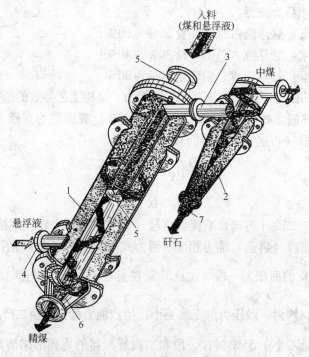

图 5 - 18 中心给料并式串联三产品旋流器

分选过程是：入选原煤和10%～20%分选悬浮液（总量），从一段圆柱形旋流器1的顶端中心管5给入。另外80%～90%分选悬浮液（总量）用定压箱或固液泵，从一段旋流器圆柱下部沿筒体内壁切线管4给入。被选物料在旋流器内受离心力和密度场的作用下，轻产物（精煤）伴随一部分低密度悬浮液从一段圆柱旋流器下端中心管6排出。重产物（中煤、矸石）与部分高密度悬浮液在外旋流的作用下，沿一段旋流器的内壁向上，通过一段与二段旋流器的连接管3进入二段（再选）圆锥形旋流器2，中煤从二段（再选）旋流器溢流口排出，矸石经底流口7排出，选出中煤和矸石。

这种结构的三产品旋流器，也是前苏联在20世纪70年代研制的。其技术特性见表5–24。

表5–24 ϕ400/300mm 中心（无压）给料三产品旋流器的技术特性

项 目	一段	二段
直径/mm	400	300
锥角/（°）	0	20
循环悬浮液量/m³·h⁻¹	160	—
悬浮液给入压力/kPa	100～150	—
处理原煤量/t·h⁻¹	32	17～20
入选原煤粒度/mm	25～0.5	25～0.5

一段（主选）采用中心（无压）给料圆柱形重介质旋流器，其分选原理和效果，与同类型号的中心（无压）给料二产品重介质旋流器应该基本相同。从二产品与串联三产品 E_p 值得知：串联（无压）三产品对细粒级煤的分选效果更差。二段（再选）旋流器入料，虽然变成周边（有压）给料圆锥形旋流器，但二段（再选）旋流器的分选悬浮液也是无法检测和调控的。生产过程主选（一段）和再选（二段）的产品质量波动较大。分选悬浮液的循环量较串联有压旋流器还要大。

图5–19是我国煤炭科学研究总院唐山分院研制的ND710/500中心（无压）给料三

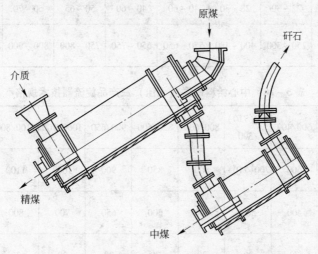

图5–19 中心给料双圆柱并式串联三产品旋流器

产品旋流器。它是用两台圆柱形旋流器并式串联组成的。原煤和部分悬浮液由一段旋流器顶端中心（无压）给入。80%～90%的悬浮液用固液泵或定压箱从一段旋流器圆柱下部沿着筒体内壁切线给入。选出的精煤伴随着一部分低密度悬浮液从一段旋流器下端中心管排出。重产物（中煤、矸石）与部分高密度悬浮液，在外旋流的作用下，沿一段旋流器的内壁向上，通过一段与二段旋流器的切线形连接管压入二段旋流器内，选出中煤和矸石。

这种类型的三产品旋流器的特点是第二段旋流器采用有压给料圆柱形旋流器。二段旋流器的排料方式，采用了中心（无压）给料圆柱形二产品旋流器的 U 形胶管反压排料装置。通过反压高差来调节矸石的排出量，但是调节范围很小。调节过大，则分选效果变坏，处理量下降，且反压高差的调节与排出产品之间无法实现自动调控，用人工调节非常困难，极易发生矸石排不畅和堵塞。随后二段（再选）也改成圆锥形旋流器，与图 5-18 相同。目前我国有压、无压串联三产品已有系列，见表 5-25 和表 5-26。

表 5-25 周边给料串联有压三产品旋流器技术规格

型　号	500/350	600/400	700(710)/500	800/570	850/600	900/650	1000/700	1200/850	1400/1000
一段直径 /mm	500	600	700 (710)	800	850	900	1000	1200	1400
二段直径 /mm	350	400	500	600	600	650	700	850	1000
二段角度 /(°)	20	20	20	20	20	20	20	20	20
入料上限 /mm	≤25	≤30	≤40	≤45	≤45	≤50	≤50	≤60	≤80
处理干煤 /t·h⁻¹ 一段	30～50	50～80	65～100	75～120	80～130	120～210	140～200	200～350	274～430
二段	15～20	22～30	28～30	40～60	40～60	50～65	60～70	70～80	100～140
循环介质量 /m³·h⁻¹	180～250	250～300	400～480	550～650	650～750	750～800	800～900	1400～1900	1700～2500

表 5-26 中心给料串联（无压）三产品旋流器技术规格

型　号	500/350	600/400	700(710)/500	800/600	850/600	900/650	1000/700	1100/800	1200/850	1400/1000
一段直径 /mm	500	600	700(710)	800	850	900	1000	1100	1200	1400
二段直径 /mm	350	400	500	600	600	650	700	800	850	1000
二段角度 /(°)	20	20	20	20	20	20	20	20	20	20

型　号	500/350	600/400	700(710) /500	800/600	850/600	900/650	1000/700	1100/800	1200/850	1400/1000
入料上限 /mm	≤25	≤30	≤40	≤45	≤45	≤50	≤50	≤50	≤60	≤80
处理干煤 /t·h⁻¹ 一段	30~50	45~75	70~100	75~120	80~130	120~200	140~200	150~250	220~300	274~430
二段	15~20	20~25	30~40	40~50	40~50	50~60	60~80	60~80	60~80	100~140
循环悬浮液量 /m³·h⁻¹	180~250	250~300	400~500	550~650	650~750	750~850	850~950	1200~ 1400	1500~ 1900	1800~ 2500

5.3.3　中心（无压）给料双圆柱轴式串联选三种产品重介质旋流器

　　20世纪80年代初，意大利成功研制了一台中心（无压）给料双圆柱轴式串联三产品重介质旋流器。此旋流器1982年首次在西德用于分选萤石矿。它由两台二产品中心（无压）给料圆柱形旋流器轴式串联而成，如图5–20所示。

　　原煤与少部分悬浮液从一段旋流器的顶端中心管给入，绝大部分悬浮液分成两股沿一段和二段旋流器的筒体成切线（渐开线）以一定压力给入旋流器。在各段旋流器上设有可微调（高度）的、供沉物排出的反压排料管（箱）。通过调节反压排料的高度，达到控制和调整沉物排出的分离密度和数量。轻产物则从二段旋流器的（下端）中心管排出，如图5–21所示。

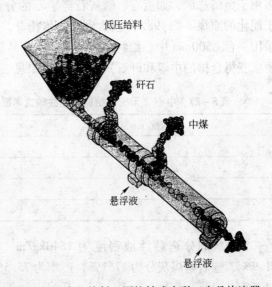

图5–20　中心给料双圆柱轴式串联三产品旋流器

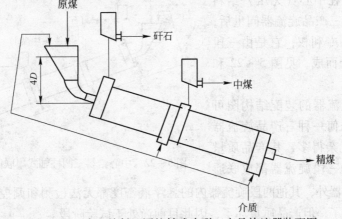

图5–21　中心给料双圆柱轴式串联三产品旋流器装配图

这种三产品旋流器的特点是：

（1）先用高密度悬浮液从一段旋流器中排出重产物（精矿），二段旋流器为低密度分选，选出轻产品和中矿。

（2）也可用两种不同密度的悬浮液分别给入一、二段旋流器，来灵活调整各段所需要的悬浮液密度。

这种三产品旋流器的结构是由同类型的二产品旋流器派生出来的。它的分选原理、分选效果和弊端基本与同类型二产品旋流器相同。它的结构是由两台圆柱型旋流器串联组成的联通器、故各段旋流器内的悬浮液密度很难调节和控制，特别是二段（再选）旋流器内的密度无法检测也难以调控。故二段产品质量很难稳定，尤其是中间产品的质量波动较大。

此外，这种结构的三产品旋流器对细粒级煤的分选效果不佳，且悬浮液循环量较大。但是，中心（无压）给料对入选物料的破碎（泥化）现象较少，对分选高密度（矿石）可免除采用泵输送物料时带来设备容量增大，易发生堵塞和磨损问题。因此，这种旋流器多用于金属选矿，如萤石、磷灰石等矿石的分选。也适用于入选粒度大于 3（6）mm 易于泥化的原煤。如1982 年澳大利亚塞尔托奇、科莱伯奇博 GHBH 公司（塞科奇）选煤厂采用一台 ϕ500mm 中心给料双圆柱串联三产品旋流器处理 37 ~ 7mm 易于泥化的褐煤（不要求获得合格的中煤和矸石），其分选结果见表 5 – 27。

表 5 – 27　中心（无压）给料双圆柱轴式串联三产品旋流器分选 37 ~ 0.5mm 物料结果

粒度/mm	可能偏差 E_p
35 ~ 5	0.045
5 ~ 3.2	0.050
3.2 ~ 2	0.115
2 ~ 1	0.135

该系统的分选悬浮液密度为 1540kg/m³，每台处理量为 74t/h，入选原煤灰分为 31.9%，选后精煤灰分为 17.1%，产率为 75.5%，中煤和矸石的灰分为 77.51%，产率为 24.5%。

还有报道，在中心（无压）给料双圆柱轴式串联三产品旋流器问世后，又派生出四产品专利权，它是由三段旋流器串联组合而成，见图 5 – 22 和图 5 – 23。

由四产品旋流器的装配结构图可以看出，它较任何一种三产品旋流器操作和控制要复杂得多，其产品质量波动更大。因为三段旋流器都成联通

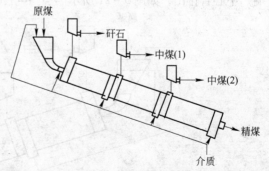

图 5 – 22　中心给料三圆柱轴式串联四产品旋流器

器，除一段旋流器外，其他两段旋流器内的悬浮液密度都无法检测和调控，且相互影响。可以说，产品多了，但产品质量坏了，因此目前尚处于试验阶段。

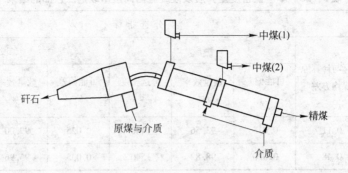

图 5 - 23 中心给料双圆柱加圆锥旋流器轴式串联四产品旋流器

5.3.4 单一密度悬浮液、双段旋流器间接串联三产品的重介质旋流器

为了进一步简化重介质旋流器选三产品的工艺，提高重介质旋流器的分选效果，笔者在总结用两台二产品旋流器，分别用高、低两种不同密度的二产品旋流器选三产品和两台二产品旋流器直接串联（联通器）选三种产品的设备和工艺的优缺点基础上，研究成功了单一低密度介质、双段二产品旋流器分段串联、自动调控、选三产品的重介质旋流器分选设备和工艺[25,46,49]，见图 5 - 24。于 1995 年，由煤炭科学研究总院分院与四川省（原）南桐矿务局合作，在南桐选煤厂完成了工业性试验，投入正常生产，至今选煤效率在 95% ~98%（按照全年生产统计），入选的原煤为高硫难选煤，入选原煤粒度为 25(30) ~0mm，其中小于 3mm 粒度级的原煤占 60% 以上。选后的产品 100% 合格，获得"全国十佳选煤厂"、"优质高效选煤厂"、"全国'五一'劳动奖状"等多项奖和光荣称号。

如图 5 - 24 所示，整个重介质旋流器选三种产品的工艺中，分选（循环）介质系统只有一个（包括煤泥分选）。主选（一段）为两台 φ600mm 圆柱圆锥形旋流器选出精煤，中煤和矸石（悬浮液）直接自流入定压漏斗，在这里用磁选机排出的精矿和加水来调整二段（再选）的悬浮液密度和数量（特殊情况还可以从二段再选中煤合格介质补充悬浮液量），再以压头不小于 9D（二段旋流直径）进入一台 φ550mm 再选（二段）圆柱圆锥形旋流器选出中煤和矸石。

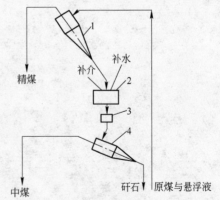

图 5 - 24 单一低密度双段旋流器间接串联
选三产品的旋流器
1—主选旋流器；2—定压箱；
3—密度检测；4—二段旋流器

生产结果表明，采用这种二产品旋流器组配的三产品选煤工艺，产品质量非常稳定，合格率达 100%，选煤效率高，主选（一段）选精煤的可能偏差为 $E_p = 0.015 ~ 0.025$，再选（二段选中煤和矸石）的可能偏差为 $E_p = 0.03 ~ 0.035$，见表 5 - 28。

表5-28 单一低密度重介质双段旋流器间接串联选三产品的结果

粒度 /mm	实际与计算原煤均方差	分选指标					
		一段			二段		
		可能偏差 E_p	数量效率 /%	分选密度 /kg·m^{-3}	可能偏差 E_p	数量效率 /%	分离密度 /kg·m^{-3}
25~0.5	0.11	0.015	93.56	1440	0.025	99.00	1800
25~0.5	0.48	0.020	98.82	1540	0.035	95.96	1820

6　大直径重介质旋流器的发展和应用

6.1　大直径重介质旋流器的发展

从 20 世纪 50 年代到 60 年代，重介质旋流器的直径基本为 500（510）mm，主要用于分选粒度为 13（25）~ 0.5mm 的末煤，大于 13（6）mm 级块煤采用块煤重介质分选机，如"斜轮、立轮和浅槽（刮板）"等进行分选。重介质旋流器入料，一般采用定压箱将原煤与悬浮液均匀混合，以定压高不小于（9 - 10）D（旋流器直径）高差输入旋流器中。

进入 70 年代到 80 年代，重介质旋流器的直径扩大到 600（610）~ 700（710）mm，旋流器的入选上限由 25mm 扩大到 40（50）mm。分选下限达到 0.15mm。20 世纪 80 年代，还出现重介质旋流器分选 40（50）~ 0mm 不脱泥原煤的工艺。

随着大型（特大型）选煤厂的建设，要求重介质旋流器处理量猛增。出现 2 台或多台 φ500 ~ φ700mm 旋流器组，来扩大旋流器的生产能力。生产证明，二台以上的旋流器组，各台旋流器的入料均匀分配出现了问题，经过一段时间生产后，各台旋流器内部磨损不一，同一分选密度下，各台旋流器选出的产品质量和数量也不完全相同，以及各台旋流器的磨损部位不同，维修不便等。多台旋流器组合的弱点显示出来。

为了满足选煤厂日益大型化和进一步简化重介质旋流器选煤工艺要求。一大批先进、可靠、高效大型化，重介质选煤用的主要辅助设备，如磁选机、煤介（固液）泵、分级、脱泥及脱介筛、破碎机等踊跃出现，也为推动大直径旋流器的发展创造了必要条件。

20 世纪 80 年代中期英国煤炭局首先推出一台直径为 1200mm 大型中心（无压）给料两产品重介质旋流器，见图 5 - 13。随后在澳大利亚推出直径为 1000mm、1200mm 和 1500mm 的大型圆柱圆锥形二产品重介质旋流器。

进入 20 世纪 90 年代，我国自主成功研制直径达 1200mm 中心（无压）给料三产品旋流器。又从澳大利亚引进直径达 1500（1400）mm 的圆柱圆锥形两产品旋流器，随后还相继引进了其他规格的两产品圆柱圆锥形旋流器。目前我国自主研制的二产品重介质旋流器最大直径达 1000mm 左右，且多为圆柱圆锥形，三产品旋流器的直径最大达 1400/1000mm，包括周边有压给料串联三产品旋流器，和中心（无压）给料串联三产品旋流器。并继续向直径 1500mm 方向迈进，见表 5 - 25 和表 5 - 26。

还应指出：我国向外国引进的大直径旋流器，多为圆柱圆锥形两产品重介质旋流器，都是采用脱泥或分级入选工艺。入重介质旋流器的原煤粒度为 80（50）~ 4（2）mm，小于 4（2）mm 粒级的煤，用螺旋溜槽，水介质旋流器等设备分选。而我国自行研制的大直径旋流器，入选原煤的粒度为 50（80）~ 0.5（0）mm。

6.2 大直径旋流器的应用

西方国家，大直径旋流器的使用至今已近 20 多年了，但至今绝大多数选煤厂，使用的重介质旋流器的直径都在 700～800mm。其原因是：大直径旋流器，虽然有许多优点，但旋流器的直径过大、分选粒级过宽，达 100(60)～0.5(0)mm，而分选过程离心系数较小，对 3(6)～0.5mm 级末煤分选效果很差。而离心系数的增加，不是简单增加旋流器的入料压力所能解决的。图 6-1 是澳大利亚提供表征圆柱圆锥形二产品旋流器的直径与入选原煤粒度和 E_p 值的关系[58]。

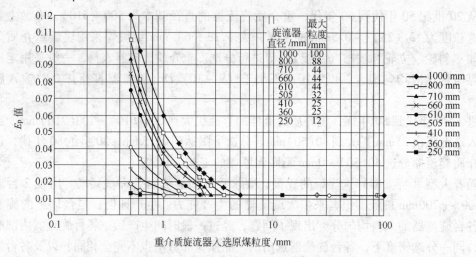

图 6-1 重介质旋流器直径与入选原煤粒度和 E_p 值关系

由此可见：重介质旋流器的直径增大，对分选细粒级原煤是极不利的，E_p 值巨增，特别是原煤中大于 13(25)mm 级块煤较少，而末煤较大的情况，若采用大直径旋流器，分选 100(50)～0mm 级煤时，会造成精煤损失大，国家资源浪费或不合理利用。

近十年来，我国选煤厂日益大型化，在研制、应用和国外引进大直径重介质旋流器的基础上，大直径重介质旋流器得到了迅速推广应用。特别引人注目的是大型直接串联的三产品旋流器的发展，可称世界"之最"。尤其是中心（无压）给料三产品旋流器应用之广，可称世界独一无二。

应该说明的，这种直接串联的"有压"和"无压"三产品旋流器，是前苏联在 20 世纪 70 年代研制成功的，至今也没能在世界各国得到推广和应用，目前俄罗斯应用也很少，特别是中心（无压）给料更少。

据前苏联对直接串联有压和"无压"三产品旋流器的大量试验资料表明。有压和"无压"三产品旋流器分选末煤的效果，远不及圆柱圆锥形二产品旋流器。并推出如下表征计算公式[67]：

二产品重介质旋流器选末煤时：

$$E_p = 0.03\delta_p - 15 \tag{6-1}$$

三产品重介质旋流器选末煤时：

$$E_{p1}（一段）= 0.04\delta_p - 10 \tag{6-2}$$

$$E_{p2}（二段）= 0.045\delta_p - 15 \qquad\qquad (6-3)$$

式中 δ_p——分离密度，kg/m^3。

设一段分离密度 $= 1400kg/m^3$，二段分离密度 $= 1800kg/m^3$，则

二产品重介质旋流器选末煤时：

$$E_{p1}（一段）= 0.03 \times 1400 - 15 = 27kg/m^3 = 0.027t/m^3$$

$$E_{p2}（再选）= 0.03 \times 1800 - 15 = 37kg/m^3 = 0.039t/m^3$$

串联三产品旋流器选末煤时：

$$E_{p1}（一段）= 0.04 \times 1400 - 10 = 46kg/m^3 = 0.046t/m^3$$

$$E_{p2}（串联二段）= 0.045 \times 1800 - 15 = 66kg/m^3 = 0.066t/m^3$$

由此可见，直接串联三产品旋流器，与二产品旋流器的分选效果差别是很大的。本书在 5.3 节中从理论上对此已作了充分阐述。

直接串联大型三产品旋流器在中国的应用、发展和推广，有人说是中国特色，笔者认为是畸形。

早在 1965 年，煤炭科学研究总院唐山分院与辽宁省（原）本溪矿务局合作，在采屯选煤厂，首次完成 ϕ500mm 二产品重介质旋流器分选 10（6）~0.5mm 原煤工业性生产试点，建成了我国首个重介质旋流器选煤厂，获得较好的效益，为重介质旋流器在我国的应用奠定了基础。但受当时的设备和技术条件所限，遗留了一些尚需解决的问题：（1）再选（二段）旋流器入料，缺乏能输送高密度、高固体含量、运转可靠的固液泵。致使二段（再选）旋流器未能投入生产。（2）当时使用的磁铁矿粉（加重质），为选矿厂的磁选精矿，粒度较粗，靠增加悬浮液中煤泥含量，来维持悬浮液的稳定，致使分选效率和处理能力打了折扣，但仍然取得了较好的效果。（3）重介质旋流器选煤工艺中，主要辅助设备、磁选机、各类筛机和固液泵等基本上是老式的，效能较低。（4）悬浮液密度、液位、磁性物含量等自动检测和监控尚处于工业性试验和研究阶段。（5）设备和管道、溜槽磨损严重。

1966 年，由（原）国家科委等多个部委牵头，责成煤炭科学研究总院唐山分院，与（原）平顶山矿务局、平顶山选煤设计院等多个研究设计单位协作，自行研究设计我国第一座年处理量 350 万吨大型选煤厂。其工艺是：200（300）~13mm 的块煤用斜轮（块煤）分选机，13~0.5mm 末煤用 ϕ500mm 直径的二产品旋流器，小于 0.5mm 的粉煤去浮选。选煤厂全套设备，包括自动监控系统，全部国产化。期间虽受到干扰，但已给中国重介质选煤的发展开起了先河。

1985 年，煤炭科研究总院唐山分院，与山西原太原五一机械厂协作，在山西古交市首次建成采用直径为 700mm 二产品重介质旋流器分选 40（50）~0mm 原煤（不脱泥）的选煤厂，取得很好的效果[9,12,13]，见表 5-2。简化重介质旋流器的工艺，使我国重介质选煤技术，向国际迈进了一大步。一批新颖、可靠和效能较高的重介选煤用的主要辅设备，如磁选机、固液泵及各类筛机脱颖而出。

相继煤炭科学研究总院唐山分院，又与多个厂矿完成了直接串联"有压"和"无压"三产品旋流器，分选 30（50）~0.5（0）mm 级原煤工业性生产试点。

应该指出：在完成直接串联"有压"和"无压"三产品工业性试点前，未能获得前苏联研究（设计）三产品旋流器有价值的技术资料，事后也未对国际应用直接串联三产

品旋流器的发展动向做全面系统的了解和分析，有意或无意地过于夸大了三产品旋流器的优点。当时中国经济正处于改革大发展时期，钢铁、化工和机械等工业正在全面、高速发展，优质精煤量需求猛增，一大批国营、地方私营煤矿，要求改扩建和新建选煤厂，如潮水般涌来。这时三产品旋流器以"崭新的选煤设备和工艺"出现，为大批投资者所接受。随继一批大直径的三产品旋流器也涌现出来。

但是，随着改革开放的深入，国际交流和生产实践的表征及选煤技术的普遍提高。回头展望，值得深思。

6.3 今后的方向

生产实践表明：采用扩大旋流器直径，特别是扩大直接串联三产品旋流器的直径，来分选大粒级（块）原煤的经济效益，远低于块煤重介质分选机。其原因是：

(1) 二产品重介质旋流器，每入选1t原煤需用的（循环）悬浮液量为块煤重介质分选的 2.5～3.5 倍。串联三产品旋流器需的（循环）悬浮液更大，为块煤重介分选机的 4～5 倍。

(2) 产品脱介喷水量旋流器要大 2～3 倍。

(3) 其他主要辅助设备都要扩大。

(4) 电耗、水耗都要增加。

(5) 大直径旋流器选末煤的效率低，E_p 值扩大，见图 6-1 和表 6-1。

表 6-1 不同型号和规格（直径）的重介质旋流器选末煤的 E_p 值

型号规格	圆柱圆锥形二产品 φ700mm		中心给料二产品 φ400mm		中心给料二产品 φ650mm		有压三产品 φ500/350mm		中心给料三产品 φ1200/850mm		圆柱圆锥二产品 φ600mm		中心给料三产品 φ1400/1000mm		中心给料双压给介三产品 φ1100/800mm		圆柱圆锥二产品 φ860mm		中心给料三产品 φ1000/700mm	
入选原煤粒度/mm	3～0.5		3～0.5		3～0.5		3(8)～0.5		3～0.5		3～0.5		13～0.5		3～0.5		3～0.5		13～0.5	
指标	E_p	δ_p/kg·L^{-1}	E_p	δ_p/kg·L^{-1}	E_p	δ_p/kg·L^{-1}	E_p	δ_p/kg·L^{-1}	E_p	δ_p/kg·L^{-1}	E_p	δ_p/kg·L^{-1}	E_p	δ_p/kg·L^{-1}	E_p	δ_p/kg·L^{-1}	E_p	δ_p/kg·L^{-1}	E_p	δ_p/kg·L^{-1}
范围	0.035/0.04	1.478	0.064	1.47	0.065/0.08	1.448	0.065/0.083	1.445	0.077/0.085	1.438	0.03/0.035	1.53	0.1/0.2	1.46	≥0.2	1.5	0.04/0.05	1.48	0.1/0.15	1.46
平均	0.038	1.478	0.064	1.47	0.07	1.448	0.074	1.455	0.081	1.438	0.0325	1.530	0.15	1.46	≥0.2	1.5	0.045	1.48	0.125	1.46
数据来源	检测报告		检测报告		检测报告及核对		检测报告		检测报告及核对		检测报告及核对		月综合计算		月综合计算		月综合计算		月综合计算	

因此，笔者认为：要面对现实，深化改革创新未来，提出下列方案：

(1) 对现有全重介质旋流器选煤厂，本着科学、务实、求真的原则，对高能耗，高消费，效益低的选煤厂要据情改造。针对中心给料（无压）三产品旋流器、大直径旋流器效能低，可采取缩小旋流器的直径，增加分选1(2)~0.074mm煤泥分选工艺和设备。

（2）中心给料三产品重介质旋流器，称为"无压给料"三产品旋流器，让人误认为这种旋流器无需外加动力，分选过程对原煤无破碎作用，不产生次生煤泥。让人对其需用的介质循环量和电耗比二产品旋流器大30%~50%不了解；对中心给料旋流器的分选过程，如何形成离心力场不清楚；此外对次生煤泥的产生了解有片面性，对入选原煤粒度越大，运输转载多、落差大粉碎就越大，而粒度越细粉碎越少，以及采用"煤介"泵输煤过程，入选原煤粒度小"煤介"混合浓度大，输煤时间短、产生次生煤泥少没有做具体分析。如南桐选煤厂，用重介质旋流器分选35(25)~0mm级原煤，煤与悬浮液混合的浓度不低于50%，采用固液泵输送，全厂次生煤泥产生在1%~3%（多年统计）。而吕家坨选煤厂，采用块煤重介分选13(25)~200mm，13(25)~0.5mm用中心给料三产品旋流器分选，全厂次生煤泥大于5%。主要是块原煤和产品在运输转载多，落差大，造成粉碎严重，因此有必要对中心给料三产品旋流器的误导进行纠正。

（3）对新建全重介质旋流器厂，应根据入选原煤性质，处理能力和产品数量及质量要求，可考虑下列方案：

1）对小型全重介质旋流器厂，宜采用直径500~700(750)mm二产品有压重介旋流器，或选用直径为550×2和650×2的二产品旋流器。需要选三种产品时，参考本书第5章介绍的"单一密度双段旋流器自控选三产旋流器工艺"分选35(50)~0(0.5)mm原煤，见图6-2。在入选原煤可选性难度不大（中等偏难），也可选用直接串联有压三产品旋流器分选30(35)~0.5(0)mm级原煤。但要注意，二段（再选）旋流器缩小了，二段旋流器的入料压力只有一段（主选）入料压力的$0.4~0.5(P_1)$，较同规格二产品旋流器标准入料压力小，故二段（再选）的处理量和效率要低一点。在考虑一段（主选）旋流器的原煤入选量和粒度上限时，也要考虑二段（再选）承受能力。小于0.5mm的煤泥去浮选，系统中还可酌情增加小直径重介质旋流器选粗煤泥，减少入浮选的煤泥量。

2）最大限度降低重介质旋流器的分选下限，提高重介质旋流器生产能力和效率，最大限度地减少去浮选的煤泥量，是今后的方向。

（4）开拓创新、提高技术水平，走中国自主创新发展之路。

1）加速研究设计新型、高效、可靠、分选下限低，用一种低密度悬浮液系统选三种产品的块煤分选机，是非常必要和紧迫的。它能充分发挥重介选煤高效的优势，达到简化重介质选煤工艺，提高经济效益，是今后发展的方向。

2）强化重介质旋流器分选机理的研究。以科学、务实求真的精神，推动我国重介旋流器选煤技术的发展。

3）对中型全重介质旋流器厂，可采用双系统中$\phi700(750)×2$，或$\phi650×2$的二产品旋流器精选40(50)~0(0.5)mm级原煤，尽量避免用大于$\phi860mm$旋流器，确保末原煤的分选精度。系统中还应设有重介质旋流器分选0.5(1.0)~0mm煤泥的工艺。它不会使工艺复杂化，对选前不脱泥入选工艺，也不会增加投资，但可带来可观的经济效益，见图6-2。

4）对大型重介质选煤厂：从合理性来讲100(300)~13(25)mm块原煤采用块煤重介质分选机是合理的，因为块煤的必要分选时间为3~4s左右，而重介质旋流器内物料的滞留时间为4s左右，其分选效率基本一致。13(25)~0.5(0)mm级末煤入重介质旋流器分选，恰是发挥重介质旋流器分选末煤的优势，如果在系统中再加上多功能（或 PRN）重介选煤泥加浮选，则效果更好。

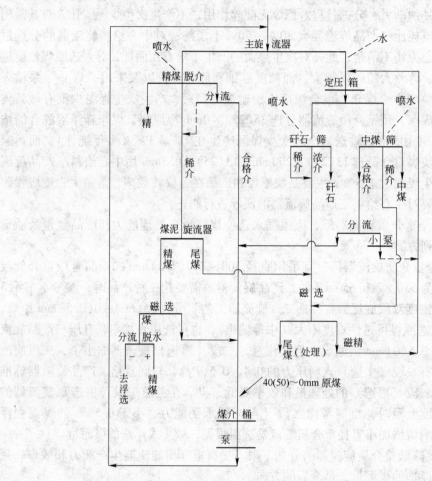

图 6-2 单一低密度重介质旋流器选 40（50）~0mm 原煤流程

7 小直径重介质旋流器选粉煤

重介质旋流器选煤的基本原理本书第 2 章已作了论述。矿粒在重介质旋流器中分离速度，受到的离心力作用，与旋流器的直径大小成反比，与旋流器入口压力成正比，还与分选悬浮液的流变特性、入选矿物粒度、密度有关。要使细粒级物料在重介质旋流器中得到有效分离，宜采用小直径旋流器，并适当增加入口压力，强化作用于矿粒的离心力，和有效的分离速度。同时注重改善分选悬浮液的流变特性，保持旋流器内悬浮液密度相对稳定。所用的加重质（磁铁矿粉）的细度，与分选物料下限（粒度）相适应。从理论上分析，矿粒在悬浮液中达到"自由运动"时，要求加重质的最大粒径，由它的临界尺寸来决定。

$$D_0 = K \frac{d}{V^{1/3}} \quad \text{或} \quad D_0 > 5.5d \tag{7-1}$$

式中　D_0 ——矿粒的临界尺寸，干扰运动和自由运动规律同时出现；

　　　K ——系数；

　　　d ——加重质粒度；

　　　V ——悬浮液中加重质的体积浓度，取小数。

式（7-1）说明，入选矿粒与加重质的粒径相近时，矿粒运动特征变为干扰运动，不利于分选。为了给细粒度物料创造更有利的分选条件，还应尽可能采用低密度分选，降低悬浮液的黏度，减少矿粒运动的阻力，提高分选效率。

7.1 重介质旋流器选粉煤探索（试验）

笔者采用闭路系统，用超细粒磁铁矿粉与水配成一定密度的悬浮液，将试验煤样按一定比例与分选悬浮液在煤介桶混合后，经煤介泵送至 ϕ100mm 重介质旋流器中进行分选。试验时重介质旋流器的入料压力通过隔膜压力表显示，用变频调速器调控煤介泵的转速来调压和稳压；给入旋流器的矿浆量，通过超声波流量计显示，旋流器的溢流量、底流量采用容量法测定（核对）及悬浮液的流变特性测定等。

7.1.1 试验条件

试验用的重介质旋流器的型号大小规格，考虑尽可能与工业型相接近，选用圆柱圆锥形、直径 100mm，其他参数是可调的。模拟试验设备联系图见图 7-1。

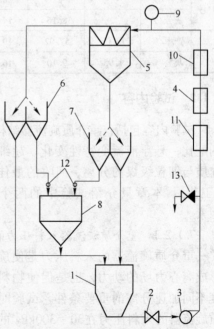

图 7-1　模拟试验设备联系图

1—煤介混合桶；2—阀门；3—泵；4—流量计；
5—重介质旋流器；6，7—变流箱；8—计量表；
9—压力表；10—密度计；11—磁性物含量仪；
12，13—取样阀

试验用的磁铁矿粉是选矿厂生产的磁铁精矿粉，试验前经过细磨、磁选处理，其特性见表 7 − 1。

表 7 − 1 加重质（磁铁矿粉）特性

粒度 /μm	>27	27 ~ 19	19 ~ 13	13 ~ 9.4	9.4 ~ 6.6	6.6 ~ 4.7	4.7 ~ 3.3	3.3 ~ 2.4	<2.4	合计
产率/%	0	13.3	12.6	16.1	25.3	9.8	11.1	7.5	4.3	100
累计产率/%	0	13.3	25.9	40.0	67.3	77.1	88.2	95.7	100	
磁性物含量/%	95									
磁性矿密度 /kg·m⁻³	4700									

试验用煤样有两种，粒度都为 0.5(1.0) ~ 0.045mm，见表 7 − 2。

表 7 − 2 0.5(1.0) ~ 0.045mm 级试样分析

样号	密度 /kg·m⁻³	<1300	1300 ~ 1400	1400 ~ 1500	1500 ~ 1600	1600 ~ 1800	1800 ~ 2000	>2000	合计
1 号	产率/%		54.39	28.47	5.71	2.76	1.99	6.68	100
	灰分/%		8.16	14.87	26.07	38.08	48.25	63.72	16.43
2 号	产率/%	12.07	57.92	19.98	6.06	1.98	1.99		100
	灰分/%	1.95	9.10	16.84	31.79	46.87	72.00		13.16

7.1.2 试验内容

试验内容包括：重介质旋流器结构及参数选择；入口压力的调整；入选煤泥与加重质的配比；悬浮液流变特性变化、超细磁性介质与细粒级煤的分离，回收的最佳条件（工艺）。本章只介绍试验中的两个主要因素。

7.1.2.1 重介质旋流器入料压力的调整

重介质旋流器的入料压力是使旋流器形成离心力场的动力，也是促使物料按密度不同加速分离的重要条件。试验时重介质旋流器的入料压力在30 ~ 300kPa 的范围内进行。随着旋流器入料压力的增大，矿粒在旋流器内的离心系数和加速度也增大，所受到的离心力倍增，选煤效果得到明显改善，可能偏差 E_p 值减小，见图 7 − 2。但

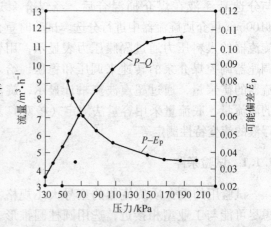

图 7 − 2 φ100 重介质旋流器入料压力与流量可能偏差关系

是，使用的磁性加重质的粒度，必须适应分选悬浮液在强烈的离心力的作用下保持相对稳定及较好的流变性质。此外，旋流器的入料压力超过一定范围，分选效果改善不大，所以要根据原煤性质，产品质量要求正确选择。

7.1.2.2　入选煤泥与加重质（磁铁粉）配比

将小于0.5（1.0）mm级粉煤与超细粒级的磁铁矿粉按20%～60%的配比，再加入定量的水配制成一定密度的悬浮液，在相同的分选条件下，测定悬浮液中不同煤泥含量对分选效果的影响。

在ϕ100mm旋流器最佳结构参数确定后，分选悬浮液密度控制在（1400±10）kg/m³，旋流器的离心系数在400～600之间，悬浮液固体中的煤泥量小于50%，分选可能偏差E_p不大于0.05。结果见表7－3。

表7－3　ϕ100mm重介质旋流器入选煤泥与磁铁粉配比试验结果

悬浮液中煤泥含量/%	原料煤		精　煤		尾　煤		可能偏差E_p	悬浮液密度/kg·m⁻³
	产率/%	灰分/%	产率/%	灰分/%	产率/%	灰分/%		
30	100	16.43	65.39	9.74	34.61	21.93	0.045	1400
40	100	16.43	64.34	9.79	35.66	28.42	0.05	1400
50	100	13.37	83.70	10.06	16.30	30.41	0.06	1420
60	100	13.49	80.59	10.08	19.41	27.67	0.09	1450

试验表明：（1）ϕ100mm重介质旋流器选小于0.5（1.0）mm的粉煤，从理论和实践都是可行的，可获得较好的效果。（2）重介质旋流器的分选下限，可根据不同原煤性质确定。本试验采用ϕ100mm圆锥圆柱重介质旋流器，分选下限不小于0.045mm。（3）重介质旋流器最佳结构参数确定后，旋流器入口压力、入选粉煤与加重质数量的配比，是影响分选效果的重要因素。（4）保持分选悬浮液相对稳定，和适应粉煤分选的流变性是必要条件。（5）采用小直径旋流器分选粉煤是此试验（研究）的基础。

7.2　重介质旋流器选煤泥的应用

选前不脱泥重介质旋流器选煤，使重介质选煤工艺简化，分选下限降低、分选悬浮液稳定性增强，节省原煤分级脱泥设备，使重介质选煤厂基建投资降低等，在中国得到了广泛应用。与此同时也出现了新的矛盾和问题。大量的煤泥进入悬浮液系统后，需及时通过旋流器将产出的精煤、中煤和矸石从悬浮液中分流出去，以及从产品脱介脱水后的稀介中排除。否则，随着分选悬浮液中煤泥的增加，旋流器的处理能力，分选效率随之降低。

由于从精煤、中煤和矸（分流）排出的悬浮液，以及产品清洗脱介来的稀介中含有大量煤泥，需经磁选把煤从"煤介"混合物中分离后，经过分级浓缩后回收。其中大量的精煤泥灰分过高，中煤泥含有精煤，需要再选。

这时，在重介质旋流器（主选）系统中，增加小直径旋流器分选煤泥工艺是最理想的，较其他工艺简单，效率也高。特别是对大直径重介质旋流器、三产品重介质旋流器选前不脱泥时，在系统中增加小直径重介质旋流器分选工艺，不仅是回收精煤泥，也是改善细粒级煤分选效果最有效的措施。所以重介质旋流器选煤泥的工艺，得到迅速应用和推广。

但是，至今只有四川南桐选煤厂和少数重介质旋流器选煤厂，由于煤泥重介选煤工艺完善，小直径煤泥旋流器型号和结构参数与主选重介质旋流器配套，取得很好的效果，浮选入料由占原煤的20%左右，降到7%左右，经济效益显著。多数采用重介质旋流器选煤泥的重介旋流器选煤厂工艺尚待完善。其主要原因是：（1）煤泥重介质旋流器的型号结构参数与主选重介质旋流器不配套。（2）煤泥重介质旋流器分选工艺不完善，配套设备不齐全。（3）入煤泥分选系统的煤泥，只是部分精煤（溢流）悬浮液中部分"分流"量，大量精煤（中煤）稀介未入分选系统。（4）入煤泥分选系统的悬浮液（煤泥）量不稳，旋流器的入料压力失调。（5）煤泥分选系统的矿浆（悬浮液）缺少全面有效的自动监控和调节设施，生产极不稳定。（6）生产技术操作和管理跟不上去。

　　为此，笔者于2005年成功研究开发"多功能"煤泥分选重介质旋流器及其自动监控系统，强化了小直径旋流器分选煤泥工艺与设备的广泛适用性的专用设备。

　　该设备采用"低"密度悬浮液来实现不同的分选密度。其结构特点为逆旋流组合式，见图7-3。从旋流器选出来的精煤（溢流）与旋流器的底流（尾煤）分别入磁选机，将煤与磁铁矿粉分离。回收来的磁铁矿返回主选系统。回收来的精煤泥和尾煤，分别进行双段煤泥分级、脱泥、浓缩和最后脱水回收。分级脱泥的微细颗粒（煤泥）去浮选，见图7-4。同时，全系统实现了自动监控与调节，并已在四川南桐选煤厂和多个重介质旋流器选煤厂成功应用，获得很好的经济和社会效益。

图7-3　多功能煤泥旋流器外形图

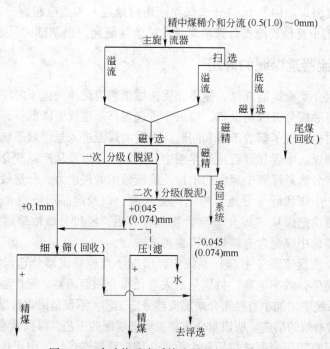

图7-4　多功能重介质旋流器选粉煤原则流程

为了进一步提高"多功能"旋流器对分选煤泥性质变化的适应功能。笔者于2009年又对"多功能"旋流器进行了改进。在该设备增设了调整器旋流器锥比，简称PRN型逆旋流器[74]。同时在工艺上强化了自动监控系统，强化煤泥分选，煤介磁力分离、产品分级脱泥、脱水回收四大功能。使整个煤泥分选工艺更加科学化，理性化和多用途化。

如果在老（厂）重介质旋流器选不脱原煤的工艺中，增设一套重介质旋流器选煤泥工艺，可使全厂生产能力、选煤效率、精煤质数量得到全面提高，磁铁矿（加重质）可降到最低点。而投资很少。

新建重介质旋流器选煤厂，设有旋流器选煤工艺，只要设计合理，基建投资不会增加，全厂各项技术经济指标可全面优化和提高，选煤工艺更完善。特别对高硫煤、氧化煤有更突出的优点。

在使用大直径旋流器或直接串联三产品旋流器选煤工艺中，增加煤泥分选工艺，将使整个末煤（包括煤泥）的分选效果得到很大改善。

总之，在重介质旋流器选煤工艺中，设有煤泥重介质旋流器分选工艺，最终应该达到：煤泥进入浮选的数量大幅下降，煤泥分选效率大幅上升，产品质量数量稳定，煤泥水系统实现全面闭路，全厂经济效益和社会效益双提高。

表7-4列举了多功能（PRN型）煤泥旋流器有关技术规格[73]。

表7-4　多功能（PRN型）煤泥旋流器有关技术规格

型号直径/mm	100/70	150/100	200/150	240/170
入选粒度/mm	0.5~0	0.5（1.0）~0	0.5（2）~0	0.5（3）~0
处理量/$m^3 \cdot h^{-1}$	18~25	45~56	80~100	110~144
入料压力/MPa	0.1~0.15	0.15~0.2	0.2~0.35	0.25~0.35

8 重介质旋流器选煤原则流程

重介质旋流器选煤工艺与作业流程的确定，主要依据入选原煤性质，选后产品的质量、数量要求，其类型较多。但基本工艺可分为：全重介质旋流器选煤单一工艺；重介质旋流器与其他工艺设备组成多种联合选煤流程两大类。

单一全重介质旋流器选煤工艺又可分为两种：（1）选前（原煤）分级脱泥；（2）选前（原煤）不分级脱泥，（主）选后再分级脱泥，简称"不脱泥"入选，或称"选后分级脱泥"。

重介质旋流器组合流程，如：块煤重介、末煤重介质旋流器、煤泥浮选典型流程；原煤用跳汰粗选，粗精煤再重介质旋流器选精煤、煤泥浮选联合流程；以及重介质旋流器分别与水介质旋流器、摇床、螺旋溜槽和浮选等组成联合流程。

但是，重介质旋流器选煤的基本作业，如：入选前原煤的准备，旋流器分选，悬浮液的平衡和密度稳定性的监控，产品脱介清洗，稀介质的净化回收，以及介质的制备和补充几个工序是不可少的。

8.1 重介质旋流器选煤工艺的原煤准备

重介质旋流器选煤工艺中，按选煤工艺要求，为重介质旋流器准备合格的入选原煤，是原煤准备系统很重要的一环。准备作业包括：原煤预先筛分、超限粒度原煤的破碎、检查筛分（除去原煤中的铁器、木块等杂物）。脱泥入选时，还要增加原煤润湿和脱泥、脱水作业等。

8.1.1 原煤预先筛分、破碎和检查筛分

重介质旋流器选煤时，入选原煤的粒度上限应严格控制，要严防铁器、铁条、木块及超上限物料进入旋流器的给料系统。当原煤粒度大于规定上限时，必须将原煤进行预先筛分并去除杂物，把过大块的原煤破碎，并对破碎后的原煤进行检查筛分。脱泥入选时，还要增加脱泥作业。原煤准备系统的设备，在国内有各种型号，可根据原煤作业性质、生产能力和工艺要求进行选用。

图 8-1 和图 8-2 是原煤破碎到 50（25）mm 以下，用重介质旋流器分选脱泥或不脱泥原煤的预先筛分、破碎和检查筛分的典型流程，也是目前国内使用最多的流程。

对于厂型大、原煤中含大块较多、原煤入选上限较小的情况还可采用多段筛分破碎流程。而对于厂型小、原煤含块较少、入选上限较大的情况，也可采用一段筛分加齿牙对滚或环锤开路破碎流程（见图 8-3），这样可以简化流程，缺点是这类破碎机易产生超限粒度（原煤）进入分选系统，造成事故。环锤筛条孔径小时，易造成原煤过粉碎，使煤泥量增大，对生产也是不利的，要全面考虑。同时环锤破碎机的筛算不宜用条缝筛板。

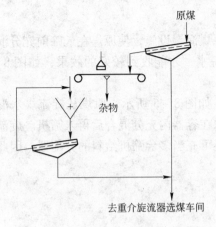

图 8-1 预先筛分、破碎和检查流程

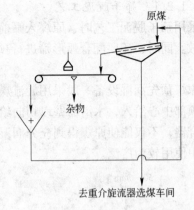

图 8-2 预先筛分、检查筛分合并和破碎流程

还应指出，原煤干法筛分与破碎过程，若原煤外在水分很低，将产生很大的粉尘，这时需要增加除尘（集尘）设备和措施，才能符合环保的要求。

8.1.2 脱泥脱水作业

当采用重介质旋流器入选 50（25）~0.5mm 级原煤流程时，要求把原煤中小于 0.5mm 的粉煤在选前脱除。由于重介质旋流器入料中允许小于 0.5mm 级煤泥存在，其含量与悬浮液（稀介质）净化回收工艺和设备有关，与产品脱介筛的选型、生产能力有关，还与工艺过程是否设有粗煤泥回收系统有关，所以，需要全面考虑。为了有利于悬浮液（稀介质）的净化回收和产品脱介，一般采用重介质旋流器入选脱泥原煤时，入选原煤中小于 0.5mm 级煤泥量控制

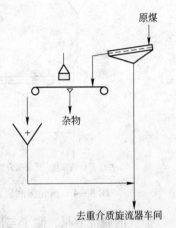

图 8-3 预先筛分加齿牙对滚
或环锤开路破碎流程

在 5% 以下，入选原煤的外在水分含量须在 10% ~15% 以下，避免大量煤泥和水进入分选系统，给稀介质净化回收和产品脱介造成困难，也加剧加重质的工艺损失。因此，原煤入选前的脱泥、脱水是非常重要的。

因为大量煤泥和水随入选原煤进入分选系统，将加大循环悬浮液的分流量，增加稀介质净化回收作业的负担。由于大量煤泥的进入，也增加产品脱介筛的负担，同时洗涤产品的喷水量要增大。

在磁铁矿粉（加重质）粒度较粗，且重介质旋流器以低密度选原煤时，循环悬浮液中保留一定数量的细煤泥，对分选悬浮液的稳定是有利的。但是否意味着可放宽对入选原煤中煤泥的含量要求，还要看进入分选系统的煤泥和水的数量，煤泥对悬浮液流变性（包括密度）的影响。为消除这种影响需要从循环悬浮液中排出（分流）悬浮液的数量，以及达到进入和从悬浮液系统排出（分流）的煤泥和水平衡时的数量，才能确定允许入选原煤中煤泥含量范围。

脱除原煤中煤泥的方法主要有：筛子、斗子捞坑或两者联合使用三种。

8.1.2.1 筛子脱泥工艺

采用筛子脱泥工艺时，原煤入筛前必须增加原煤润湿设施，使原煤在入筛前充分润湿和分散。同时，还要配合弧形筛进行预先脱泥和脱水，才能收到较好的效果，如图 8-4 所示。

原煤预先润湿设备一般采用旋流煤水混合器，如图 8-5 所示。原煤从旋流煤水混合器的顶部中心给入，水沿器壁以切向给入，使煤水在容器内充分混合后再入筛机。旋流煤水混合器，不仅能使原煤得到充分润湿和分散，还可充当多台筛机给料的分配器，因此在生产中使用较为广泛。

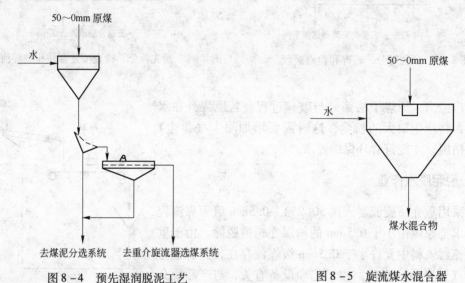

图 8-4 预先湿润脱泥工艺   图 8-5 旋流煤水混合器

原煤的脱泥效果，除了与脱泥工艺和设备有关外，还与煤水混合比有关系。水量过多，将会增加脱水的困难。水量不足，会降低脱泥效果。根据国外资料和国内的生产实践认为：原煤润湿脱泥的用水量以原煤中煤泥含量吨位乘以 10，或以要求脱除的煤泥吨位乘以 10 的水量与煤混合进行脱泥的效果较好。两种煤水比可根据原煤中煤泥的性质和数量酌情选用。

8.1.2.2 斗子捞坑脱泥工艺

斗子捞坑脱泥工艺比较简单，如图 8-6 和图 8-7 所示，但脱泥效果很差。一般厂型

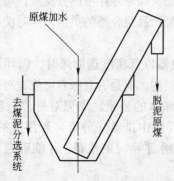

图 8-6 内捞式斗子捞坑脱除煤泥

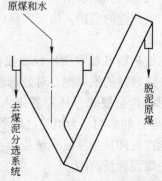

图 8-7 外捞式斗子捞坑脱除煤泥

小、脱泥效果要求不高时可以考虑采用。但是，经斗子提升的原煤中含水量较高，波动也很大，对分选悬浮液密度的稳定很不利。采用这种脱泥工艺时要全面考虑。

8.1.2.3 斗子捞坑和筛子联合脱泥工艺

如图8-8所示，原煤和水一起进入捞坑，使原煤进行充分润湿，并脱除部分煤泥，然后经斗子提升脱水后，再酌情加水入筛子进行二次脱泥、脱水。这种脱泥工艺的优点是：工作可靠，可减少原煤润湿的水量和脱泥筛的台数，还可使入选原煤水分得到很好的控制，对降低入选原煤中水分含量是有利的。缺点是：如果斗子捞坑与筛子配合不好，脱泥效果还不如单用筛子好。因为第二段筛子脱泥用水量受到很大限制，筛子脱泥效果不理想，只能起到填补斗子脱水不足的作用。

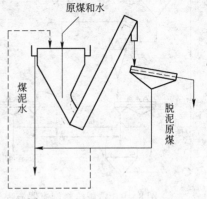

图8-8 斗子捞坑与筛子联合脱泥工艺

综上所述，原煤脱泥采用什么样的工艺，还要与重介质旋流器的分选流程结合起来考虑。要有利于重介质旋流器的分选效果和介质净化回收，有利于生产车间设备配置和降低基建投资等。因此，在设计选用时应根据具体情况择优选择。

显然，如果采用不脱泥入选工艺，则上述原煤脱泥作业可以省去。

8.2 重介质旋流器选煤流程

前一节介绍了重介质旋流器选煤的原煤准备，下面再介绍重介质旋流器选煤的流程。

8.2.1 选二产品重介质旋流器的流程

选二产品重介质旋流器选煤流程，可单独用于选炼焦煤和动力煤，也可与跳汰、重介质选块煤以及螺旋溜槽、摇床水介质旋流器和浮选等组成联合流程。

由于二产品重介质旋流器的结构不同，给料方式不同，其选煤工艺也有差异。下面分别给予介绍。

8.2.1.1 选二产品的圆柱圆锥形重介质旋流器选煤工艺

圆柱圆锥形二产品重介质旋流器的给料方式有两种。一种是用定压箱给料工艺，如图8-9所示。另一种是用泵给料工艺，如图8-10所示。两者各有优缺点：前者给料中，煤介比中悬浮液用量小，旋流器入料上限不受给料泵的限制，对入选原煤的破碎作用小，生产操作直观；后者可降低厂房高度，简化流程，减少基建投资。两者相比，前者的优点是后者的缺点，后者的优点是前者的缺点。

8.2.1.2 选二产品的中心（无压）给煤圆柱形重介质旋流器选煤工艺流程

选二产品圆柱形中心给煤旋流器选煤工艺的特点是：分选悬浮液与原煤是分别从旋流器的柱体周边和中心给入旋流器内，如图8-11所示。

由于入选原煤是从旋流器顶端中心（无压）给入，对原煤破碎较泵给料的小。由于分选悬浮液用泵给入，占用厂房建筑高度也较定压箱给料的低，但工艺要比煤介混合用泵给料复杂，对细粒级物料的分选效果，不及煤介混合有压给料重介质旋流器好。

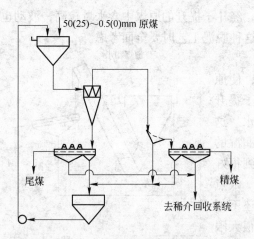

图 8 - 9 定压给料旋流器流程

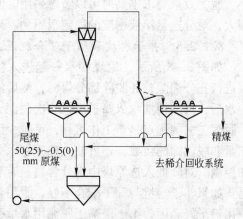

图 8 - 10 泵给料旋流器流程

上述二产品重介质旋流器选煤流程中入选原煤粒度上限一般最大为50mm。原煤脱泥入选时，分选下限为0.5mm。小于0.5mm煤泥去浮选或用其他煤泥分选设备。原煤不脱泥入选时，分选下限可达0.15(0.1)mm。如果增设小直径重介质旋流器选煤泥系统，分选下限可降到320目（0.045mm）。

如果采用重介质旋流器选25(6)~0.5(0)mm末煤时，大于25(6)mm原煤也可采用块煤重介和煤泥浮选流程。

8.2.1.3 由二产品重介质旋流器组成的跳汰、浮选联合流程

图8-12是50~0mm级原煤采用混合跳汰选出精煤和矸石，中煤用重介质旋流器再选和煤泥浮选流程。这类工艺多用于老厂改造，提高精煤回收率。但生产实践证明，这种工艺对中等可选性和难选煤有一定效果，对极难选煤远不及采用全重介旋流器工艺效果好。这种工艺在中国20世纪50~60年代使用较多，80年代后期极少或不采用。

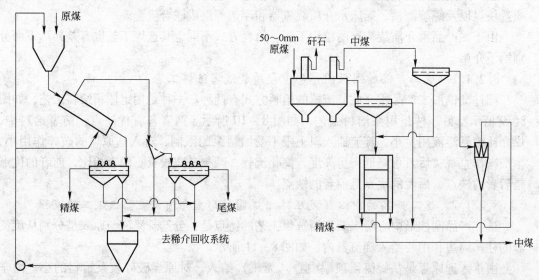

图 8 - 11 二产品圆柱形中心给料重介质旋流器流程   图 8 - 12 重介质旋流器再选跳汰中煤流程

图 8 - 13 是 50 ~ 0mm 级原煤采用混合跳汰先排矸和选出少部分中煤,跳汰粗精煤用重介质旋流器再精选出低灰精煤和中煤、煤泥浮选的联合流程。这种流程在中国 20 世纪 70 年代中比较时兴,80 ~ 90 年代还在继续使用,如兴隆庄和西曲选煤厂等。这种工艺的优点是:利用跳汰除去原煤中的矸石,再用重介质旋流器选得低灰精煤,删去了重介质旋流器工艺中的高密度介质系统,使重介工艺简化。但从选煤的整体工艺来看,这种工艺系统是相当复杂的,基建投资和生产费用都高,且效果也不及全重介的好。这种流程对老的跳汰选煤厂技术改造有一定的价值和意义。

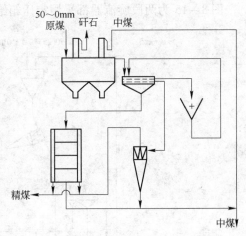

图 8 - 13 重介质旋流器再选跳汰精煤流程

8.2.2 选三产品重介质旋流器选煤流程

选三产品的重介质旋流器工艺要比选二产品的重介质旋流器工艺复杂一些。不过,近年来在重介质旋流器的结构和工艺改革上有新的突破,使选三产品重介质旋流器选煤工艺得到简化。

8.2.2.1 双密度两段分选三产品重介质旋流器选煤工艺

A 双密度两段分选出三产品重介质旋流器的传统工艺

该工艺用高、低两种不同悬浮液密度,两种相同或不同规格类型的重介质旋流器,组成两个独立的分选系统,达到选出精煤、中煤和矸石三种产品的目的。

与选二产品重介质旋流器工艺一样,按其给料方式不同,可分成定压箱给料和煤介混合用泵给料,也可两种给料方式联合使用。

图 8 - 14 为两段重介质旋流器都采用泵给料。第一段旋流器为主选,用低密度悬浮液选出精煤,第二段旋流器为再选,用高密度悬浮液选出中煤和矸石。

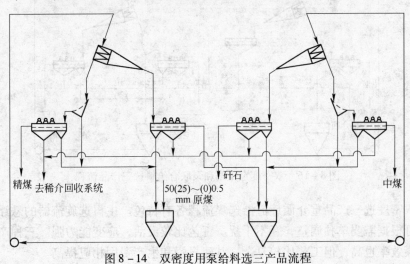

图 8 - 14 双密度用泵给料选三产品流程

图 8-15 为两段旋流器都采用定压箱给料选出精煤、中煤和矸石三种产品。

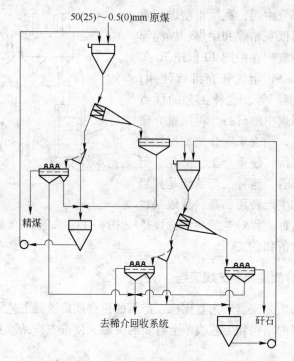

图 8-15 双密度定压箱给料选三产品流程

图 8-16 所示，主选（一段）重介质旋流器采用定压箱给料选出精煤，再选（二段）重介质旋流器为煤介混合用泵给料，选出中煤、矸石三种产品的重介质旋流器选煤流程。

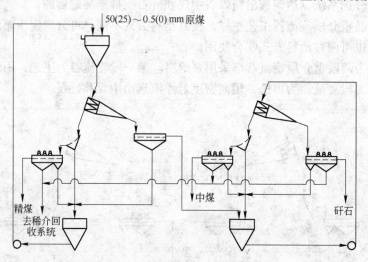

图 8-16 双密度定压箱和泵联合给料选三产品流程

上述双密度选三产品重介质旋流器选煤流程各有特色。主再选旋流器的悬浮液密度和结构参数可根据需要单独调整，互不干扰。工艺比较灵活，应变能力强。三种产品的质量稳定，选煤效率也高，但工艺比较复杂，基建投资和生产费用相应提高。

B 双密度两段旋流器直接轴式串联选三产品流程

图8-17是由两个中心给料圆柱形旋流器串联组成。它由单段二产品中心给料圆柱形旋流器派生出来。主选（一段）用高密度悬浮液选出重产物（矸石），再选（二段）用低密度选出轻产物（精煤）和中间产物（中煤）。这种流程多用于选矿工业，1989年我国化工部门从英国引进 $\phi200$（250）mm 两段轴式并联式三产品旋流器全套设备，用于分选磷灰石，选煤很少使用。

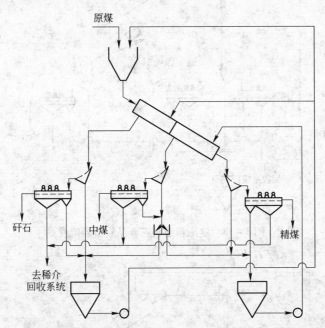

图8-17 双密度两段旋流器直接轴式串联选三产品流程

8.2.2.2 单密度两段重介质旋流器并式串联选三产品流程

A 单一低密度和两种不同结构的重介质旋流器并式串联

该工艺用一种低密度分选悬浮液，一台圆柱形旋流器与另一台圆柱圆锥形旋流器并式串联为主体，组成重介质旋流器选三种产品的流程。它与其他重介质旋流器选煤工艺一样，按其给料方式不同，分成定压箱给料和煤介混合用泵给料两种。不同之处在于两段旋流器直接串联成一联通器。低密度分选悬浮液与50（13）~0.5（0）mm 原煤混合，用定压箱或固液泵给入一段（主选）旋流器，选出精煤。中煤和矸石与一段（主选）旋流器底流（高密度悬浮液）一起进入二段（再选）旋流器，选出中煤和矸石。

图8-18为定压箱给料、单一低密度（介质）两段旋流器并式串联选三产品重介质旋流器流程。图8-19为原煤与分选悬浮混合用泵给料的单一低密度（介质）两段旋流器并式串联选三产品流程。

B 单一低密度中心给料、周边有压给介质的两段旋流器并式串联

该工艺用一种低密度分选悬浮液、一台圆柱形旋流器与另一台圆柱圆锥形重介质旋流器并式串联为主体，组成重介质旋流器选三种产品的流程。其中一段（主选）旋流器为中心（无压）给料，周边（有压）给悬浮液。一段（主选）出精煤，一段旋流器（逆向）排出的底流（高密度悬浮液）与中煤和矸石一起给入第二段（再选）旋流器，选出

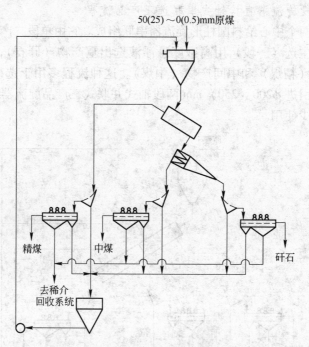

图 8 – 18 定压箱给料三产品旋流器流程

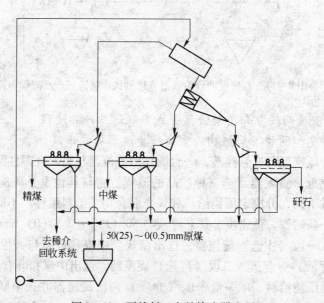

图 8 – 19 泵给料三产品旋流器流程

中煤和矸石，如图 8 – 20 所示。

这种由两段旋流器直接串联成联通器选三产品工艺，二段（再选）旋流器的结构型号与一段（主选）旋流器可相同或不同。但二段旋流器的规格（尺寸）要比一段小。例如一段旋流器的直径为 700mm 时，二段（再选）直径不大于 500mm。因此，选用直接串联三产品旋流器，入选上限一定不要超过二段（再选）最大入选粒度上限。

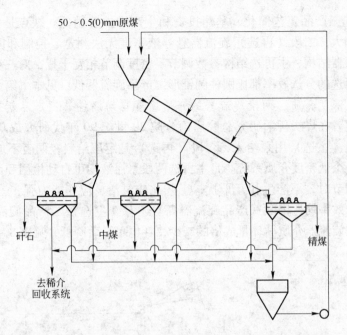

图 8-20 中心（无压）给煤三产品重介质旋流器选煤流程

C 单一密度中心给煤、周边有压给介质的两段旋流器轴式串联

该工艺用一种悬浮液密度，一台圆柱形旋流器与另一台规格、型号相同的圆柱形重介质旋流器轴式串联，组成重介质旋流器选三种产品的流程，见图 8-21。这种流程多用选矿。

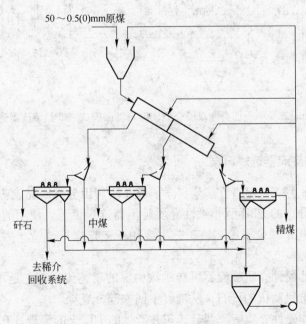

图 8-21 单一密度两段旋流器轴式串联选三产品流程

前面介绍的单一低密度、直接并式串联三产品重介质旋流器选煤工艺，较高低双密度

二产品旋流器选三产品工艺简化、基建投资和生产维护费稍低。缺点是：一段（主选）悬浮液循环量加大，二段（再选）旋流器悬浮液密度无法测定、控制和调节。由于主再选旋流器成联通器结构，主再选结构参数调节、密度调节相互干扰，对三种产品质量应变能力很差。主再选的分选效率都比圆柱圆锥形二产品旋流器低，见本书第 5～6 章。

D 单一低密度介质、两段旋流器的介质密度自动测控选三产品新工艺

该工艺是笔者在煤炭科学研究总院唐山分院 20 世纪 90 年代研究成功的一种新型工艺。该工艺一段（主选）用泵给入，二段（再选）是定压给料，两者不成联通器，但分选悬浮液只有一个低密度介质系统。且主再选两段悬浮液均可自动检测和调控。主再选旋流器结构参数调节时，不产生相互干扰，工艺比较灵活，应变能力强，三种产品质量稳定，主再选分选效率均比串联三产品旋流器高。还有（主选）二产品旋流器的介质循环量较串联三产品旋流器介质循环量成倍的减少，耗电量显著降低，见图 8-22。

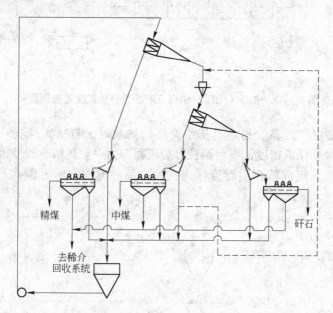

图 8-22 单一低密度双段介质密度自动测控选三产品旋流器流程

8.2.3 非磁性介质旋流器选煤流程

图 8-23 和图 8-24 是笔者在煤炭科学研究总院唐山分院研究成功的另一种用低密度悬浮液达到高密度分选的 DBZ 型非磁性介质旋流器选煤工艺。使用的加重质为选煤厂废弃的（高灰）浮选尾矿或矸石粉。该工艺主要用于老选煤厂改造、劣质煤分选和从煤矸石中回收煤炭。

图 8-23 是用非磁性介质旋流器再选跳汰中煤的工艺流程，它是用浮选尾矿做介质。该流程还可用于再选跳汰机的矸石，从洗矸中回收部分煤炭。

图 8-24 是用非磁性介质旋流器分选矿井产生的劣质煤的流程，它是用入选原料煤中的部分高密度矸石粉做加重质。该工艺流程简化，投资极少，建厂周期短、效益高，煤泥水处理系统简化，无污水外排。

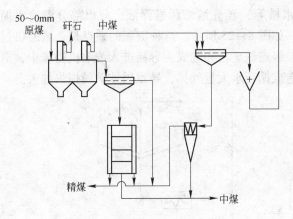

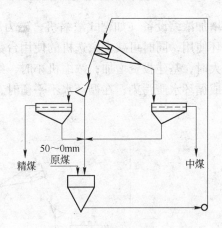

图 8-23 浮选尾矿（介质）旋流器
再选跳汰中煤流程

图 8-24 矸石粉（介质）旋流器
选劣质原煤流程

8.3 重介质旋流器选煤悬浮液的净化和回收流程

悬浮液的净化、回收作业包括：回收从产品清洗脱介下来的稀悬浮液中的加重质；净化从合格悬浮液分流出来的、含有煤泥及黏土的悬浮液中的加重质。从重介质旋流器排出的产品先经弧形筛预先脱除 75% ~90% 的悬浮液后，再进入振动筛二次脱介。振动筛脱介分成两段，第一段约占全筛面长的 1/4 ~1/3，所脱除的悬浮液与弧形筛下的悬浮液一起返回合格介质桶（煤介混合桶）。振动筛第二段约占全筛面长的 2/3 ~3/4，该段加水清洗产品，所脱下的稀悬浮液去净化回收系统。

在原煤脱泥入选时，由于脱泥作业的效率较低，或者因原煤在运输或分选过程中产生破碎和泥化，使部分煤泥和黏土进入分选悬浮液中，造成污染。为了防止煤泥和黏土造成过多地污染。在产品脱介过程中，需要分流出去少部分循环悬浮液进入净化回收系统。这部分悬浮液通常称为"分流量"。

此外，原煤在湿法脱泥时，由于脱水不好，使入选原煤含水量过高，或者含水量波动很大，会造成分选悬浮液密度不稳定。为了保持分选悬浮液密度的稳定，也需要分流出去少部分低密度循环悬浮液进入稀悬浮液回收系统，进行净化和脱水。

原煤不脱泥入选时，煤泥的混入量等于原煤中的煤泥量加次生煤泥量。生产中也需要从循环悬浮液中分流去稀介质回收系统进行净化回收。

因此，不同的工艺流程、不同的原煤性质和使用不同的加重质，其介质净化回收系统也是不同的。

8.3.1 磁性悬浮液净化回收流程

磁选法是目前净化回收磁性介质的最有效和最经济的方法。也是目前重介质旋流器选煤工艺中广泛使用的一种。主要设备为磁选机和磁力脱水槽。以磁选机为主，磁力脱水槽做预选和磁团聚脱水，再加上分级、浓缩设备可组成多种悬浮液净化回收工艺。

8.3.1.1 浓缩—磁选—再磁选流程

原煤采用脱泥入选、脱介筛下稀悬浮液的浓度很低时，在稀悬浮液进入磁选机前，应增加浓缩设备（如耙式浓缩机、磁力脱水槽等）预先浓缩稀悬浮液，分出部分澄清水循环使用，同时可减少磁选机的使用台数，如图 8-25 所示。这种流程的缺点是：浓缩机过大时，基建投资增加；浓缩机小时，细粒级磁铁矿粉和细煤泥容易进入浓缩机溢流中，造成循环水质污染；在循环水不平衡时，造成循环水大量外排，导致磁铁矿粉损失加大。

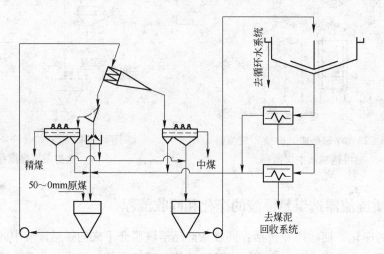

图 8-25 浓缩双级磁选回收稀介质流程

8.3.1.2 磁选—浓缩—再磁选流程

当原煤脱泥入选时，磁铁矿粉（加重质）的粒度很细，稀悬浮中煤泥含量不高时，可采取稀悬浮液先磁选，把 95% 以上的磁性加重质回收后，其磁选尾矿在进入二段磁选机前，增设磁力脱水槽，对损失于二段磁选机尾矿中的细粒级磁铁矿粉进行预磁和磁团聚，以提高二段磁选机的回收率，减少二段磁选机的台数，同时可分出部分澄清水循环使用，如图 8-26 所示。

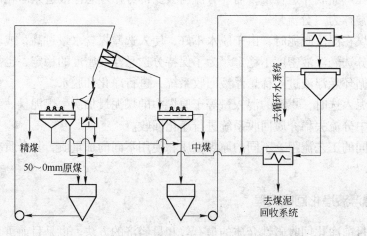

图 8-26 稀悬浮液磁选—浓缩—再磁选回收流程

这种流程，对于在原煤脱泥入选、稀悬浮液中煤泥含量很低的情况下采用是非常好的。可使细粒磁铁矿粉得到有效回收，降低磁铁矿粉的损失，还可及时回收部分澄清水供循环使用。但磁力脱水槽的面积、磁力分布和磁场强度对净化回收有较大的影响。

8.3.1.3 稀悬浮液双段磁选直串式回收流程

当原煤不脱泥分选、或入选原煤中含煤泥较多、或原煤易碎、易泥化时，采用双段磁选直串式回收稀悬浮液是比较好的，如图 8-27 所示。该工艺简化，生产操作管理方便，磁铁矿回收效率也高。但第二段磁选机的选型（生产量）要较一段大 20%~40%，磁场强度也要较一段高，否则，二段磁选机不能很好地发挥作用。

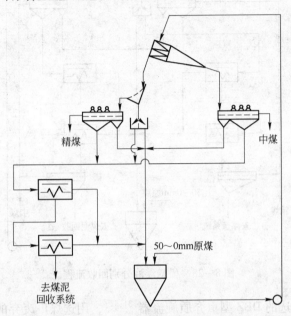

图 8-27 双段磁选直串式回收流程

8.3.1.4 含不同煤泥性质的稀悬浮液分别回收流程

由于与选后产品的性质（质量）不同，在脱介清洗过程产生的稀悬浮液中煤泥含量和性质（质量）有很大的差异。需要把不同煤泥性质的稀悬浮液进行分开净化回收时，可采用这种流程，如图 8-28 所示。选用这种流程，可回收磁选尾矿的精煤。当中煤、矸石稀悬浮液也分别磁选时，还可回收磁选尾矿中的中煤，并把一部分细矸石排除掉。缺点是工艺比较复杂。但是，从降低重介质旋流器选煤下限，减少浮选入选量，改善浮选，提高全厂的经济效益是有利的。因此，这种流程在我国使用较广。特别是原煤不脱泥入选时，一般都采用这种流程。

磁性悬浮液净化回收流程的种类较多，以上介绍的只是几个比较典型的流程，也是国内外应用较多的。在上述流程中，磁选机的给料方式有直流式和泵给料式两种。这是根据选煤厂主选车间的设备配置和工艺要求选定的。

8.3.2 非磁性悬浮液净化回收流程

非磁性悬浮液的净化回收一般较磁性悬浮液要困难得多，特别是非磁性悬浮液中混入煤泥时，给分选悬浮液净化回收造成很大困难，或使净化回收的成本增加。因此，在重介质旋流器选煤工艺中（除重液外），基本上都使用磁性加重质。

从 20 世纪 80 年代初开始，笔者在煤炭科学研究总院唐山分院研制成功一种用低密度

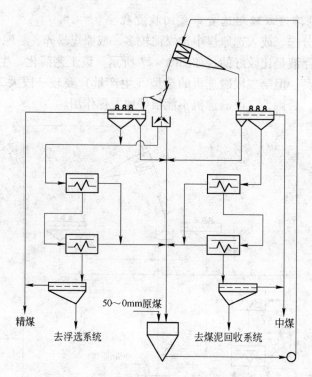

图 8 - 28 稀悬浮液分别回收流程

悬浮液达到高密度分选的 DBZ 型重介质旋流器[31,32]，用选煤厂废弃的浮选尾矿或矸石粉做加重质。其悬浮液的净化回收流程如图 8 - 29 和图 8 - 30 所示。图 8 - 29 是用浮选尾矿做加重质再选跳汰中煤，回收精煤的悬浮液净化回收的流程。图 8 - 30 是用矸石粉做加重质，从矸石中回收煤炭的悬浮液净化回收的流程。

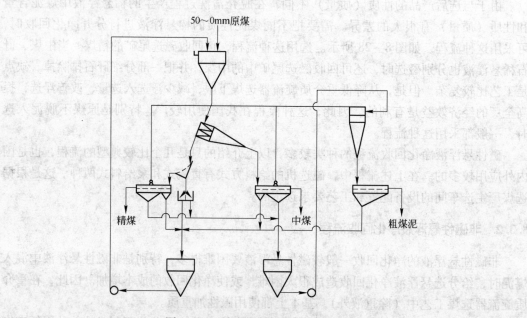

图 8 - 29 浮选尾矿介质净化回收流程

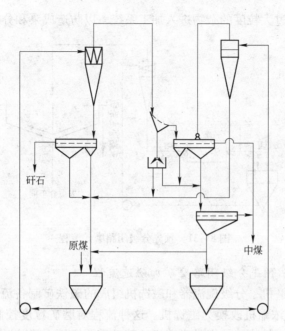

图8-30 用矸石粉作加重质的净化回收流程

8.4 磁铁矿加重质的制备和补添流程

在重介质旋流器选煤工艺过程中，不可避免有极少量的加重质损失于产品和磁选机尾矿中，或流失于地漏等。在正常情况下，一般磁铁矿的工艺损失折合每吨入选原煤为0.5~2.0kg。损失量的大小，主要取决于原煤粒度、磁铁矿的性质和回收工艺以及生产管理水平。

为了保持分选悬浮液数量和密度的稳定，需要不断地给分选悬浮液中补添粒度（质量）合格的磁铁矿粉。

我国绝大部分磁铁矿选矿厂生产的磁铁矿精粉的粒度都比较粗，用于重介质旋流器选煤作加重质时，还需要再加工。这样，重介质旋流器选煤厂就需要设立磨矿、磁选及贮运系统。

8.4.1 磁铁矿（加重质）的制备系统

磁铁矿制备车间的贮备量，应根据选煤厂的生产能力、磁铁矿粉在全厂各环节的最大可能的损失量、磁铁矿质量以及由于季节、运输等要求贮备的最大量来选定。

磁铁矿制备车间的加工能力，应根据选煤车间每小时最大生产能力、磁铁矿粉在全厂各环节最大损耗（包括流失）以及制备车间作业时间来选定。

磁铁矿粉（加重质）的制备工艺有多种，以下列举四种典型实例。

8.4.1.1 磁铁矿预先分级和闭路磨矿流程

图8-31是由球磨机、分级旋流器和耙式浓缩机组成的制备工艺。该工艺比较合理，对磁铁矿粒度控制较好。耙式浓缩机贮备磁铁矿的能力较大，其溢流水可直接返回磨矿车间循环使用，系统也较灵活。缺点是：部分解离出来的非磁性物没有排除也进入悬浮液系

统，并要求严格控制过大粒度的杂物进入加工系统，以防造成泵和分级旋流器堵塞。

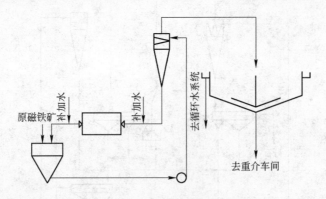

图 8 – 31 预先分级闭路磨矿流程

8.4.1.2 磁铁矿预先分级闭路磨矿加磁选流程

图 8 – 32 是由球磨机、分级旋流器和磁选机组成的磁铁矿制备流程。该流程把图 8 – 31 所示流程中的耙式浓缩机改换为磁选机。这种流程对磨矿粒度控制较好，而且能排除掉磨矿解离出来的非磁性物。缺点是磁选机的精矿需要增加中间贮运设备，并要求严格控制过大粒度的杂物进入加工系统，以防造成泵及分级旋流器堵塞。

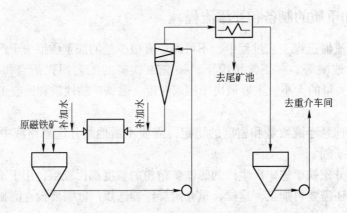

图 8 – 32 磁铁矿预先分级闭路磨矿加磁选流程

8.4.1.3 闭路磨矿、分级旋流器和磁选流程

如图 8 – 33 所示，磁铁矿不进行预先分级，直接入球磨机与分级旋流器组成闭路磨矿和磁选系统。这种流程对入选磁铁矿中混入粒度较大的杂物可经球磨机粉碎，使泵和旋流器免除过大物料发生堵塞事故。缺点是部分粒度已合格的磁铁矿粉也进入球磨机再磨，做了负工，也易造成磁铁矿的过粉碎。

8.4.1.4 开路磨矿流程

图 8 – 34 所示为由单一球磨机与运输系统组成的磁铁矿（加重质）的制备流程。该工艺简单、可靠，操作管理方便，基建投资也少。缺点是磁铁矿入球磨机前和磨后产品，都没有设分级设备，磨矿后的磁铁矿部分易过粉碎，或粗粒较多，会给重介质旋流器分选或介质回收造成困难。

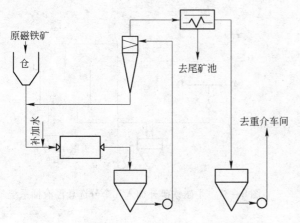

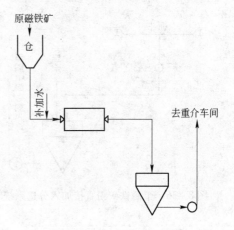

图 8-33 闭路磨矿、分级旋流器和磁选流程

图 8-34 开路磨矿流程

8.4.2 磁铁矿（加重质）的补添系统

由于重介质旋流器选煤过程加重质有损失，需要不断给分选悬浮液中补添质量合格的加重质，以保持分选悬浮液数量和密度的稳定。

8.4.2.1 磁铁矿（加重质）的补添与制备相结合

如前所述，磁铁矿经过球磨制备成合格的高密度悬浮液后，经过泵或风力输送至重介质选煤车间高浓介质贮备桶，如图8-35所示，由高浓介质贮备桶再分流去一个或几个分选悬浮液桶。

8.4.2.2 磁铁矿（加重质）直接补添系统

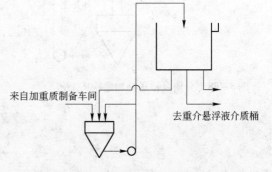

图 8-35 磁铁矿的补添与制备相结合流程

磁铁矿直接补加的方法有多种，但原则上都需要设磁铁矿贮存库，确保生产中磁铁矿的供给。磁铁矿贮存库的大小，应根据选煤厂每年磁铁矿的最大消耗量，以及季节、运输等要求贮备的最大量来确定。磁铁矿贮存库内应设供给汽车或火车运送磁铁矿的进车、卸车、出车道，以及堆放磁铁矿的场地。为了磁铁矿的装卸方便，磁铁矿贮存库内还应设桥式抓斗。

根据磁铁矿贮存库至重介质旋流器选煤车间的距离、选煤车间分选悬浮液桶的个数和配置来确定磁铁矿的补添工艺。

A　干法输送磁铁矿进行补加

如果磁铁贮存库存与选煤车间相邻，可采用如电葫芦把干磁铁矿粉定时直接加入分选悬浮液桶中，如图8-36所示。这种磁铁矿的补加方法简单、可靠。但分选悬浮液桶的容量要适当加大。如果需要加入几个分选悬浮液桶时，可采用图8-37所示的补添方式。

B　湿法输送磁铁矿输送补加工艺

湿法输送法是把磁铁矿粉与水配制成一定密度的悬浮液，通过泵或风力把磁铁矿（加重质）由贮存库输送到重介质旋流器选煤车间，如图8-38和图8-39所示。

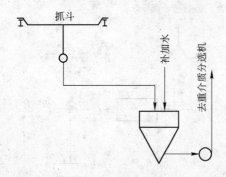

图 8 - 36 干磁铁矿粉直接加入分选系统

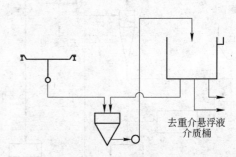

图 8 - 37 干磁铁矿补加入几个分选悬浮液桶系统

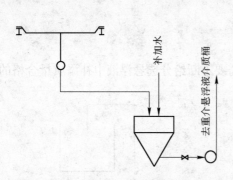

图 8 - 38 介质泵输送补加磁铁矿工艺

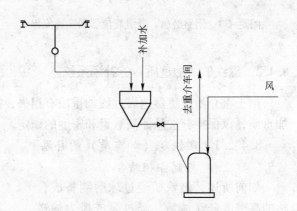

图 8 - 39 风力提升输送补加磁铁矿工艺

9 重介质旋流器选煤自动化

在重介质旋流器选煤过程中，需要经常不断地对选煤工艺参数进行检测和调整，保证产品质量和数量的稳定，并保证生产过程的安全进行。尤其是对重介质悬浮液的密度和流变特性的检测和调整更为重要，因为它直接影响产品的灰分和回收率。在操作过程中，单靠人工操作是不够的，必须利用自动化仪表进行自动检测和自动调整，实现选煤自动化。

当重介质旋流器的结构形式和工艺流程确定之后，影响重介质旋流器选煤过程的主要工艺参数是：入选原煤的可选性和粒度组成、入选原煤量、重介质悬浮液的密度和流变特性、介质桶的液位、旋流器入口压力和旋流器底流口径的变化等。对于这种多变量的自动控制系统是很复杂的。为了简化控制，一般以调节悬浮液密度参数为主，而其他工艺参数采取稳定控制，使其波动范围尽量小。

所谓自动化，就是用先进的自动测控技术设备代替人工操作，这些自动测控技术设备包括自动检测、自动调节和自动控制。自动检测仪表可以为控制系统提供准确的工艺参数信息，设备运行状态及外部干扰条件。自动调节可使工艺过程变量保持稳定，或按给定的规律进行变化，自动控制是在没有人工参预时，自动完成整个控制过程。目前，选煤自动化使用的自动测控技术设备多数是仪表制造行业所提供的定型仪表。如各种检测仪表、调节仪表、电动单元组合仪表和各种执行器等。也有少量的选煤厂专用仪表和执行装置，如同位素密度计、差压式密度计、磁性物含量检测仪、分流箱和测灰仪等。由于选煤厂的特殊环境，要求所采用的自动化低度表应满足防尘、防潮、防震、耐磨、耐腐蚀，要求这些仪表的可靠性要高，稳定性要强，能够长时期的坚持使用。目前，在选煤厂使用的自动化执行仪表有电动、气动和液动三大类，其中电动的占多数。随着电子技术和计算机技术的发展，使用微芯片的智能仪表、可编程序控制器（PLC）工业控制计算机在选煤厂得到广泛的应用。

在我国目前已建成的重介质选煤厂中，使用重介质旋流器的选煤厂占90%以上，几乎都配有程度不同的检测仪表和自动化装置。我国的选煤自动化水平与先进的美、日、德、澳等国基本相当。实现选煤自动化，可以提高产品的产量，稳定产品质量，提高劳动生产率，减少操作人员，改善操作条件，其经济效益和社会效益是相当可观的[53]。

9.1 重介质悬浮液密度自动检测与自动控制

在重介质选煤过程中，重介质悬浮液密度的测控和调节是控制产品质量的关键，重介质悬浮液分为低密度（密度小于1500kg/m³）悬浮液、高密度悬浮液（密度大于1600kg/m³）和稀悬浮液（密度小于1100kg/m³）。所谓重介质悬浮液密度，即单位体积重介质悬浮液的重量，密度单位为 kg/m³ = g/L。在生产中，最简单的测量方法是称量一定体积的悬浮液重量，使用密度壶（容量一般为1L）盛满悬浮液放到电子秤上称重。这种测量方法最简单，用途最广泛，可用来定期检查悬浮液的变化，也可用来标定调试密度计。但是，这种方法不能及时地测量密度的实时变化，且费时费力，不易实现自动化控制，因此采用仪表进行密度的自动测量和显示，是必要的。常用的密度自动测量装置——密度计有：双管差压密度计、水柱平衡式密度计、浮子式密度计、同位素密度计、在线式差压密度计等，误差一般要求在 $\pm 10 kg/m^3$。

9.1.1 双管差压密度计

双管差压式密度计是根据液体静力学原理，即阿基米德原理而构成的测量仪表。图 9 – 1 为吹气式双管差压密度计示意图。双管插入密度为 ρ 的悬浮液中，两管的插入深度分别为 h_1 和 h_2，管差为 H。气源压力经过定值器减压稳压后为 P，分别通过两个节流孔向两个测压管吹气。由于气源压力 P 大于双管管端压力 P_1 和 P_2，所以管内液体被排出，并连续向悬浮液中吹气泡。

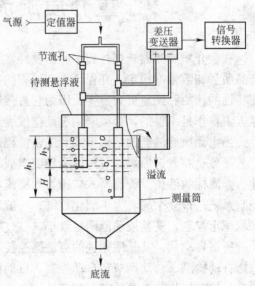

图 9 – 1 双管压差式密度计示意图

$$P_1 = P_0 + h_1 \quad (9-1)$$
$$P_2 = P_0 + h_2\rho \quad (9-2)$$
$$\Delta P = P_1 - P_2 = (h_1 - h_2)\rho = H\rho \quad (9-3)$$

所以

$$\rho = \frac{\Delta P}{H} \quad (9-4)$$

式中 P_0——大气压；

     P_1——长管内气体压强；

     P_2——短管内气体压强；

     ρ——悬浮液密度；

     H——双管管差，常数。

由式（9 – 4）可知，悬浮液密度与双管压差 ΔP 成正比，只要在两个测压管上接入差压变送器，即可得到差压信号。将此信号变换成密度值即可得到悬浮液的密度。

如果将双膜盒差压变送器的两个膜盒分别固定在双管管端的位置，就构成了双膜盒式压差密度计。图 9 – 2 是双膜盒式压差密度计的示意图。其工作原理与吹气式双管差压式密度计相同。

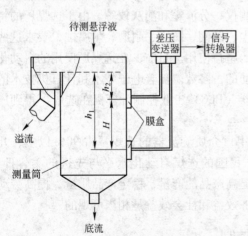

图 9 – 2 双膜盒差压密度计

9.1.2 水柱平衡式密度计

水柱平衡式密度是基于 U 形管液柱压强平衡原理构成的密度测量仪表。其结构如图 9 – 3 所示。被测悬浮液流入测量桶，其流量以保持有溢流为准，由于测量桶的直径远大于

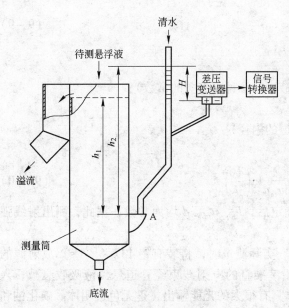

图9-3　水柱平衡式密度计

底流口直径，所以测量桶内悬浮液的流速很小，可以近似看作静止状态来分析。在清水管中缓慢地流入稳定的清水，在平衡状态下，悬浮液与清水在 A 处形成一个分界面，根据 U 形管液柱平衡原理，分界面 A 处两侧的压强相等，即：

$$h_1\rho = h_2\rho_水 \qquad (9-5)$$

式中　h_1——悬浮液面至 A 处高度；

　　　h_2——清水面至 A 处高度；

　　　ρ——悬浮液密度；

　　　$\rho_水$——清水密度，为常数。

所以　　　　　$$\rho = \frac{h_2\rho_水}{h_1} \qquad (9-6)$$

式（9-6）中 h_1 和 $\rho_水$ 是常数，悬浮液密度 ρ 与清水面至 A 处的高度有关。悬浮液密度的变化可引起 h_2 高度

的变化，将差压变送器接在清水管的适当位置，调整仪表的零点迁移，使其代替悬浮液的下限，再调整仪表的量程，使其代表悬浮液的上限，这样就构成了水柱平衡式密度计。

9.1.3　浮子式密度计

　　浮子式密度计是根据浮子的浮力等于排开同体积液体的重量这一原理而制成的密度计。图 9-4 是浮子式密度计示意图。当浮子悬浮在悬浮液中时，浮子的浮力 F 为：

$$F = V\rho g \qquad (9-7)$$

式中　V——浮子的体积；

　　　ρ——悬浮液密度；

　　　g——重力加速度。

所以　　　　　$$\rho = \frac{F}{Vg} \qquad (9-8)$$

　　使用压力传感器测得浮子的浮力变化即可得到悬浮液密度的变化。这种密度计曾在选矿厂使用，而选煤厂很少见。

9.1.4　γ 射线密度计

　　γ 射线密度计是采用 γ 射线吸收法则测定管道中悬浮

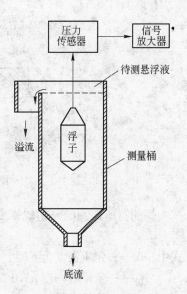

图9-4　浮子式密度计示意图

液密度的仪表，放射性同位素铯 137（^{137}Cs）产生的 γ 射线具有穿透物质的能力，对于一束准直的 γ 射线通过被测悬浮液后，射线被悬浮液吸收，使其强度减弱，射线强度的衰减与悬浮液密度之间存在下列关系：

$$I = I_0 e^{-u_m \rho d} \tag{9-9}$$

式中 I——通过被测悬浮液后的射线强度；

I_0——无被测悬浮液时的射线强度；

u_m——质量吸收系数（与被测悬浮液、射源种类有关的常数）；

ρ——被测悬浮液密度；

d——被测悬浮液厚度（一般为管道的内径）。

由式（9-9）可得：

$$\rho = \frac{1}{u_m d} \ln\left(\frac{I_0}{I}\right) \tag{9-10}$$

当放射源、测量管径和被测悬浮液确定后，I_0、u_m、d 均为常数，据此，测出射线强度 I 就可测出悬浮液密度 ρ。

图 9-5 为 γ 射线密度计工作原理图。实际测量时，将装有铯 137（^{137}Cs）放射源的铅室和探测器置于管道的相对两侧，由铅室准直的 γ 射线束经管道悬浮液吸收衰减，入射到探测器中的碘化钠晶体。碘化钠晶体具有很大的光能输出，是无色透明体。碘化钠和 γ 射线作用产生电子、康普敦电子或电子对，然后由这些带电粒子激发晶体中的原子。由晶体中发射的光子投到光电倍增管的阴极上，根据光电效应而打出光电子。光电子再逐渐放大，输出电荷。光电倍增管的阴、阳两极应加 800～2000V 的稳定高压，输出电荷在负载电阻上产生脉冲电压，其脉冲幅值很小，一般为零点几伏到几伏，需加前置放大电路，才能通过长电缆输出。

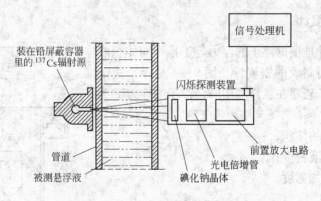

图 9-5 γ 射线密度计工作原理图

探测器所探测的 γ 射线强度与管道中悬浮液密度 ρ 成指数关系：

$$N = N_0 e^{-u_m \rho d} \tag{9-11}$$

式中 N——介质密度为 ρ 时，仪器探测到的脉冲率，脉冲/秒；

N_0——悬浮液密度 $\rho = 0$ 时，仪器探测到的脉冲率，脉冲/秒；

d——管道内径，cm；

ρ——悬浮液密度，g/cm^3；

u_m——质量吸收系数，cm^2/g。

对于中等能量的 γ 射线和原子序数不大的物质，u_m 仅与射线能量有关。当 γ 源固定后，u_m 为常数。

由式（9－11）可得：

$$\rho = \frac{1}{u_m d}\ln\left(\frac{N_0}{N}\right) \qquad (9-12)$$

由式（9－12）可知，只要测出脉冲率（脉冲/秒）就能得到密度值。由脉冲信号送到信号处理机后，经微处理机计算，将计算结果直接显示在发光数码管上，周期性地自动显示悬浮液的密度值。

9.1.5 在线式压差密度计

在线式压差密度计是在双管压差密度计的基础上，由双膜盒压差密度计进一步发展而来，见图9－6。它的测量原理与双膜盒压差密度计相同。

总结以上介绍的几种密度计，在安装和使用方面都存在一些问题，双管压差密度计需要一个稳定的气源，水平柱式密度计需要稳定的清水，双管压差密度计、水平柱式密度计、浮子式密度计都需要一个测量筒，由于被测物为悬浮液，并且它的成分也在变化，如果测量筒的下部底流口流量太小，极易产生沉淀，造成测量筒的下部的物料密度大，如果底流口流量大，测量筒如果没有溢

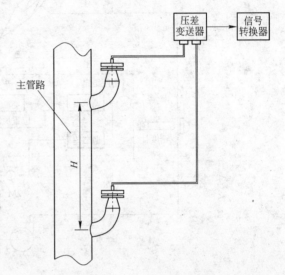

图9－6 压差式密度计示意图

流也可能使测量不准确，因此控制测量筒中溢流是非常关键的。如果不能很好地控制，密度的测量将会带来很大的误差。同位素密度计，具有皮实耐用、测量可靠、隔离测量不接触被测物等优点，成为重介质选煤过程中密度测量的主流，但由于需要铯137放射性同位素作为射线源，国家加强了对放射性同位素使用和审批上的管理，这就给使用方带来诸多的不便，增加了使用和管理成本。在线式压差密度计由于直接安装在管路上[73]，克服了需要气源或清水、需要测量筒等问题。也由于微电子技术的飞速发展使传感器测量的准确性、可靠性得到很大的提升，测量的精度和耐用性已经接近同位素密度计，且价格比同位素密度计便宜许多、维护管理简单、环保，正逐步取代同位素密度计，被许多选煤厂采用。

9.1.6 悬浮液密度自动调节系统

重介质选煤的主要原理是靠控制悬浮液的密度，使精煤与中煤（矸石）达到分离的。如果悬浮液的密度不能按规定要求控制调整，就失去重介质选煤的意义，煤也不能选好。因此，悬浮液密度的测量和调节是很关键的一环。它的方法应视工艺条件而定，一般是当悬浮液密度过高，要及时加水，使其密度降低。当悬浮液密度过低时，要及时将精煤弧形筛下的合格悬浮液分流一部分进入精煤稀介质处理系统，由磁选机回收磁铁矿加重质，回到合格介质桶使悬浮液密度提高。有的工艺流程使用补加高密度悬浮液的方法提高密度，

或者直接补加干磁铁矿粉，这要决定于每个工艺流程的设计。

图9-7为悬浮液密度自动调节系统示意图。该系统为分流合格悬浮液到稀介质桶，回收磁铁矿的方法调节悬浮液的密度。由γ射线密度计测得密度信号，信号送到调节器的输入端，与给定值进行比较，形成偏差信号，调节器对偏差进行比例、积分、微分（即P、I、D）运算，根据运算结果发出的信号去调节被控分流箱的分流量，改变悬浮液的密度值，使密度值与给定值的偏差稳定在容许的范围内。

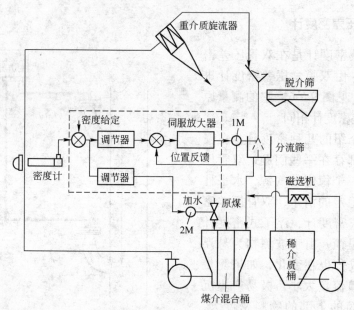

图9-7　重介质悬浮液密度自动调节系统示意图

9.2　介质桶液位自动检测及自动控制

重介质选煤厂的介质桶有合格介质桶、煤介混合桶、浓介质桶、稀介质桶、煤泥桶等，这些介质桶的液面经常不断地变化，需要及时检测。液位测量仪表的类型很多，由于悬浮液的黏滞性和容易分层、沉淀特点，用于介质桶液位测量的多是压力式、电容式、浮标式、γ射线式和超声波式等测量仪。

9.2.1　压力式液位计

介质桶中盛有悬浮液时，流体对桶壁式底部会产生一定的静压力。当悬浮液的密度比较均匀，变化不大时，上述静压就与悬浮液的液位成正比。测出这个静压的变化，就可知道悬浮液的液位，即：

$$H = \frac{P}{\rho} \qquad (9-13)$$

式中　H——液位高度；

　　　P——静压力；

　　　ρ——悬浮液密度。

测量介质桶中静压力的方法很多，如一般的精密压力表、压力变送器等。压力变送器也可采用单元组合仪表中的差压变送单元,有带法兰的,也有不带法兰的,有用气相引压管的,也有用液相引压管的。

图9-8为带法兰的压力式液位变送器安装示意图。压力变送器可把液位信号转换为统一的电信号。

图9-9为投入式液位变送器示意图。

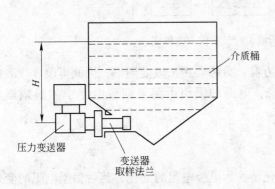

图9-8 带法兰的压力式液位变送器安装示意图

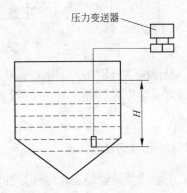

图9-9 投入式液位变送器示意图

9.2.2 电容式液位计

电容式液位计的测量原理是基于当被测液体的液位发生变化时,传感器的电容量产生相应变化而制成的液位测量仪表,如图9-10所示。在不锈钢或紫铜电极上,外套聚四氟乙烯绝缘套管或在电极表面涂搪瓷,这时被测液体与电容变化的关系为:

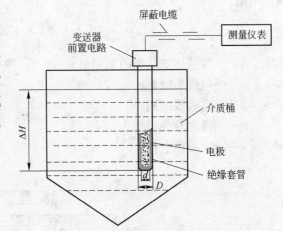

图9-10 电容式液位计测量原理图

$$\Delta C = \frac{2\pi\varepsilon\Delta H}{\ln\dfrac{D}{d}} \qquad (9-14)$$

式中 ΔC——电容变化量;

ΔH——被测液位变化;

ε——套管材料的介电常数;

d——电极直径;

D——套管外径。

利用电容充放电原理,或用高频振荡电感电桥(交流不平衡电桥)的原理构成显示仪表。

电容充放电原理的显示仪表是利用一定频率和幅值的方波对被测电容(即液体测量仪表的传感器)充放电,经测量电路后输出直流电流。该直流电流正比于检测电容的变化量 ΔC,也就是液位的变化量。也可将前置电路与测量仪表安装成一体,用二线制电源线传输电流信号。

电容式液位计显示仪表方框图示于图9-11。为防止外界干扰,测量前置电路部分装在变送器电极上或其近旁，这样就可减少从电极到显示仪表间传送信号时线路间寄生电容的影响。

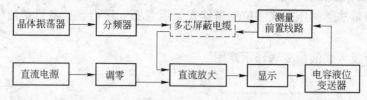

图9－11 电容式液位计显示仪表方框图

晶体振荡器用来产生稳定振荡频率的方波，分频器用来改变频率，因而可改变仪表的灵敏度。可以说这是一个专门设计的电源，电源的幅值由测量前置电路中的限幅器来保证。

9.2.3 电阻式液位计

电阻式液位计的工作原理是使液体变化转换为电极电阻的变化，然后根据电阻的变化就能测出液位。若电阻随液位渐变，可用于连续测量液位，而当液体接触电极产生电阻突变时，可用来定点报警。

图9－12为连续测量液位原理图，其电极要用高电阻率的丝或棒组成。若忽略导电液体的电阻，则：

$$R = \frac{\rho}{A} (h - H) \qquad\qquad (9-15)$$

式中　R——与液体成比例的电阻值；

　　　ρ——电极电阻率；

　　　A——电极截面积；

　　　H——被测液位；

　　　h——电极棒全长。

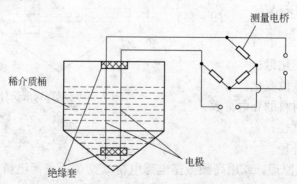

图9－12 电阻连续测量液位原理图

这种测量方法的最大缺点是，如果电极表面结垢、生锈、表面产生极化层等而引起表面电阻变化，就会引入误差，当接触电阻过大，它的变化与电极电阻相比相当可观时，仪表就不能应用。这些缺点限制了这种测量方法的应用。

图9－13所示为电极式液位报警器原理图。

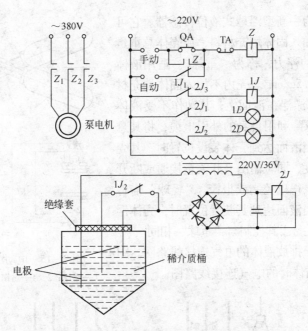

图 9 – 13　电极式液位报警器原理图

9.2.4　浮标式液位计

　　浮标式液位计是利用漂浮于液面上的浮子或沉于液体中的浮筒，所受的浮力随着液位而变化，经转换成为机械位移或力的变化，再转换成机械或电动的信号，传送给有关仪表进行液位指示、报警或控制。

　　图 9 – 14 所示为绳式浮子液位计。浮子随液位上升或下降，它的位移经绳直接由标尺刻度和指针读出。平衡锤随时保持与浮子平衡。在平衡时，浮子本身的重力，液体对浮子的浮力，还有平衡锤的重力三者平衡，浮标停在某一位置上。当液位变化时，浮标浸没部分改变，引起浮力变化，不平衡力使浮子产生位移，随液位同步升降而停在新的平衡位置上。这种仪表结构简单，适用于无能源的地方，但精度较低。

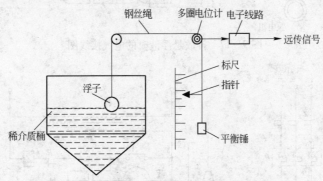

图 9 – 14　就地指示的钢丝绳浮子液位计示意图

　　图 9 – 15 所示为电动浮球液位信号器。浮球随液位而摆动，通过杠杆一端的磁钢 2、4 推动触点，以发出报警信号。壳体用非磁性材料制成。由于磁钢 2、4 是磁性连接，所以可以达到良好的密封。

图9－16所示为一新型浮球式液位传感器。它可按被控液体的密度加入固体填充材料，使壳体总重量略大于液体对壳体的浮力，称为"重球"。适用液体密度范围为0.65～1.5g/cm³。壳内不加入固体填充材料，称为"轻球"。漂浮在液面上，其动作不受液体密度的影响。"重球"利用自身的外引电缆，将其悬挂在指定的高度，当液面达到壳体装设位置时，其壳体在原地旋转一角度，同时输出一开关量接通或断开控制线路，从而液泵得以控制或报警。"轻球"需将其固定在支架上，当液面达到其装置位置时，壳体浮起，同时输出一开关量。其控制与"重球"相同。

图9－17为用于排放液体的电气连接线路图。图9－18为用于注入液体时的电气连接线路图。

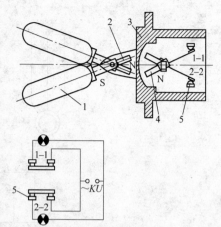

图9－15 电动浮球液位信号器
1—浮球；2，4—磁钢；3—壳体；5—触点

图9－16 浮球式液位传感器示意图

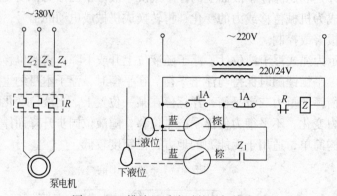

图9－17 排放悬浮液时的电气接线图

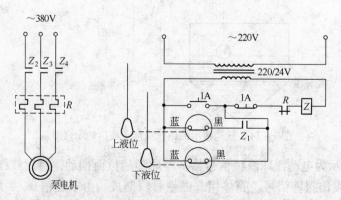

图9－18 注入悬浮液时的电气接线图

9.2.5 γ射线液位计

γ射线液位计是利用液位变化引起放射源与探测器间射线的通断或计量的改变以测量、控制或进行报警的仪表。γ射线液位计由放射源、探测器、信号转换器和显示仪表组成。常用的放射源为放射性同位素钴60（^{60}Co）或铯137（^{137}Cs）两种。放射源要根据测量对象作相应设计，一般为单点源或多点棒状源，源带有铅屏蔽罐，源的工作寿命一般为5~8年，总强度在30~100mCi附近。探测器由碘化钠晶体、光电倍增管、前置放大器及壳体组成。当γ射线到碘化钠晶体内时，产生闪耀荧光。荧光传导到光电倍增管的光阴极引起电子发射，经逐级电子倍增，最后在阳极上收集到与γ光子相应的电流脉冲，后经外电路成形为电压脉冲，再经前置放大后由传输电缆送出。探测器配用专用电缆作传输电缆，可长达200m。信号转换器接收来自探测器的脉冲信号，输入计数率范围150~3000p/s（脉冲/秒），经甄别整形，积分为直流模拟信号，再转换成4~20mA、直流电流信号，由显示仪表显示。图9-19为仪表安装布置示意图。

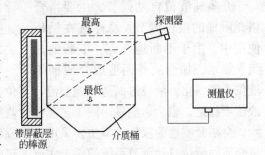

图9-19 γ射线液位计示意图

关于放射源的防护问题，应当符合国家标准《放射防护规定》GB J8—74中规定的居民安全标准。对于设备外装放射保证源外1m远处，每天工作8h接收的射线剂量满足发射地区附近居民的限制剂量当量要求，放射源采用多层包装，不会逸漏污染环境。因此正常使用，可以保证工作人员的健康不受损伤。按照卫生部、公安部、国家科委1979年2月颁发的《放射性同位素工作卫生防护管理办法》的有关规定，使用放射性同位素仪表的单位应先向省、市卫生厅申请许可，再向相应的公安机关登记，经审查批准取得"放射性同位素工作许可登记证"后方可订购放射源，用户凭"许可证"向生产单位订购放射源。

9.2.6 超声波式液位计

超声波式液位计是利用声波在一定介质中有一定的传播速度这一原理，根据声速和传播时间可以测量距离而制成的仪表[51]。声波的发射与接收是利用换能器进行的，换能器主要利用压电晶体的压电效应。压电效应有正压电效应与反压电效应。当在压电晶体的两面加上一定的电脉冲，则晶片会振动，发生一定自振频率的声波来，这称反压电效应。声发射换能器是利用这个效应工作的。相反，当一定频率的外力作用在压电晶体两面，而使压电材料受到变形时，就会有一定频率的交流电流输出，这称为正压电效应。声接收换能器就是利用这个效应工作的。实际上，声发射换能器和声接收换能器是由同一个声换能器进行的，如图9-20所示。声换能器安装在液面上的B处，发现超声波经空气传播，并由液面反射时，仍由该换能器接收。根据声波往返时间即可算出液面与换能器之间的距离。已知声波在空气中的传播速度c为334m/s，如果换能器至被测悬浮液桶底的高度为L，液位为H，声波经一定时间t可达液面。由液面反射的回波又经过同样的距离和时间回到换能器的安装处，即声波往返路程为换能器到液面距离的2倍。所以液位H为：

$$H = L - \frac{ct}{2} \qquad (9-16)$$

随着电子技术和微型计算机技术的
发展，可以把换能器和感温元件胶封在
一起并和电子部件一体化，体积很小，
很适于介质桶悬浮液液位的检测。

9.2.7　介质桶液位自动调节系统

介质桶液位自动调节，主要指合
格介质桶的液位调节。悬浮液在循环
使用中，由于不断地选煤、不断地分
流、加水、加介质等而造成介质桶的

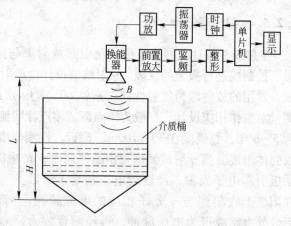

图 9-20　超声波液位计原理图

液位不断变化。液位过高造成跑溢流。液位过低，可能把悬浮液抽空，无法选煤。同时，
液位不稳定，也会影响悬浮液工艺参数的调整（如密度、黏度等），影响分选效果。

合格介质桶的液位调节主要采用打分流和补加高密度介质与水的办法。图 9-21 为合
格介质桶液位自动调节系统的一个实例。超声波液位计测得液位信号，将液位信号送给调
节器，自动控制分流箱，调节分流量，使液位稳定，当液位过低时，发生报警信号，自动
补加水。高密度介质的补加由密度控制系统进行调节。

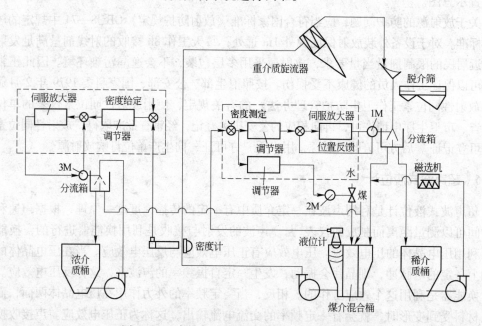

图 9-21　合格介质桶液位自动调节系统示意图

9.3　悬浮液流变性自动检测及自动控制

悬浮液的流变特性是表征悬浮液的流动与变形之间的关系的一种特性。流变黏度是悬
浮液流变特性的主要特性参数。在实验室条件下，测定悬浮液流变黏度的方法主要是用毛
细管黏度计以测定悬浮液从毛细管中流出的速度，或者用旋转黏度计测定作用在转子上的

力或扭矩。但是在生产中，用以在线测量并指导生产的就不能使用这些方法，而是采用间接测量方法，即通过测量悬浮液密度和测量悬浮液磁性物含量，然后推算出悬浮液煤泥含量的办法。因为在用磁铁矿悬浮液选煤过程中，当磁性加重质的特性稳定时，随着煤泥含量的增大，其黏度也随之增大。悬浮液的流变黏度主要就取决于煤泥的含量与特性。

9.3.1 磁性物含量测量仪

目前，重介质选煤采用的加重质主要是磁铁矿粉。磁铁矿粉的密度范围为 4300 ~ 5000kg/m³，用它配制的悬浮液密度范围在 1300 ~ 2200kg/m³。

磁铁矿粉属于强磁性物质，其磁导率 μ 比较高。如果磁铁矿粉均匀分布在悬浮液中，则悬浮液通过螺管线圈时，单位体积内的磁铁矿粉含量与螺管线圈的电感变化量成正比。

从电磁学中知道，含有铁磁物质的螺管线圈的磁场（用恒流源激励螺管线圈时）由两部分组成。一部分是线圈激励电流 I，建立的空芯线圈磁场 B；另一部分是由铁磁物质进入线圈后，铁磁物质被磁化产生的附加磁场 B_a，由于铁磁物质所产生的附加磁场与激励磁场同相，所以总磁场为两部分的矢量和。

因此，空芯螺管线圈的电感量 L_0 为：

$$L_0 = \frac{\mu_0 N^2 A}{l} \tag{9-17}$$

式中　μ_0——真空磁导率；

　　　N——线圈匝数；

　　　A——线圈横截面积；

　　　l——线圈长度。

铁磁物质进入线圈后，由于附加磁场而产生的电感量 L_a 为：

$$L_a = \frac{\mu_0 \mu N^2}{l^2} V \tag{9-18}$$

式中　μ——铁磁物质的磁导率；

　　　V——铁磁物质的体积。

总电感量 L 为：

$$L = L_0 + L_a = \frac{\mu_0 N^2 A}{l} + \frac{\mu_0 \mu N^2}{l^2} V \tag{9-19}$$

所以，铁磁物质进入螺管线圈的电感变化量 L_a 与铁磁物质的体积 V 成正比。如果设定 μ_0、μ、l、N 为常数，并且铁磁物质的密度一定时，则线圈的电感变化量 L_a 与铁磁物质含量成正比。

电感式磁性物含量测量仪就是根据这一原理制成的[52]。

应当指出，磁铁矿粉的磁导率 μ 与磁铁矿粉的品种有关。另外，磁铁矿粉的磁导率 μ 随温度的升高而下降。但是，如果选用的磁铁矿粉固定时，利用磁铁矿粉对仪表进行初始标定，一般这些变化不会影响被测变量的实际变化。必须指出的是，这种测量方式仅仅是测量悬浮液通过线圈时的电感量变化。如果悬浮液是由几种物质组成，它仅对磁铁矿粉含量有关，与其他非磁性物质无关。若要测出其他非磁性物质的含量，只能借助于其他测量仪表推导而出。图 9-22 为电感式磁性物含量测量仪原理方框图。

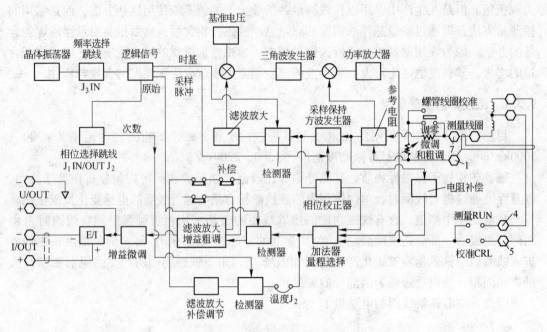

图 9-22 电感式磁性物含量测量仪原理方框图

图 9-23 为螺管线圈探测器结构示意图。

电感式磁性物含量测量仪主要由螺管线圈探测器和转换器两部分构成。螺管线圈探测器的长度与断面之比应大一些，这样在线圈内的磁场分布均匀。螺

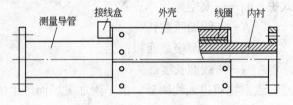

图 9-23 螺管线圈探测器结构示意图

管线圈探测器内的导管应采用不导磁的材料制成。为使导管增加耐磨性和耐蚀性，导管内可采用聚四氟乙烯、耐磨橡胶、白刚玉或耐磨铸石制成。转换器是为螺管线圈提供恒定的励磁电流。励磁电流作用在螺管线圈之后，由于线圈的等效电路中有电感、电阻和电容，如果把励磁波形分解为傅里叶级数函数，按各种不同频率的正弦谐波分量进行分频计算与合成，则励磁波信号通过电感时的电压为方波；励磁波通过电阻时的电压波形为三角波；通过电容时的电压波形为抛物线波形，将它们的混合波信号分别送到相位差 90°的两个检测器。其中一个检测器检出电感造成的方波信号，另一个检测器检出电阻造成的三角波信号。方波信号是与磁性物含量有关的信号。而电阻三角波是因线圈的电阻值造成的，一般变化量很小，它仅与温度有关，此信号可以用来进行温度补偿。所以，转换器的功能如下：

（1）为螺管线圈提供一个恒定的励磁电流；

（2）将通过线圈的电压信号进行放大，相敏检测；

（3）将空载信号减去，对仪表调零；

（4）采取温度补偿措施，使温度变化的影响减少到最小程度；

（5）采用 $V-f$ 变换和 $f-V$ 变换电路，提高电路的抗干扰能力。

电感式磁性物含量仪的灵敏度比较高，悬浮液中磁性物含量为 2g/L 时，仪表即能显示读数，并且仪表的读数随磁性物含量的增高而成线性地增大。电感式磁性物含量仪不仅

可以用来测量重介质悬浮液的流变性质，还可以测量磁选机尾矿的磁铁矿损失量，作为损失过大的报警信号。

9.3.2 悬浮液流变特性自动调节系统

重介质悬浮液的主要组成是磁铁矿粉、煤泥和水。悬浮液流变特性的自动调节，主要是调节悬浮液的煤泥含量。据煤炭科学院唐山分院提供的 $\phi500mm$ 重介质旋流器工业性试验（表 9-1）说明，在分选密度较低，磁铁矿粉粒度较粗时，增加工作悬浮液中的煤泥含量可以改善分选效果。表 9-1 还列出了以细粒度磁铁矿粉（小于 0.04mm 级占 94%）作加重质时，可以在煤泥含量较低时取得良好的分选效果。但是，也有资料说明，当煤泥含量过高（达 56.5% ~62%）时，1 ~0.5mm 粒级原煤的分选效果变坏。这说明不同悬浮液中的煤泥含量有一个适当范围。

表 9-1 悬浮液煤泥含量与分选效果的关系

加重质粒度小于 0.04mm 的含量 /%	悬浮液中煤泥含量 /%	处理量 /$t \cdot h^{-1}$	悬浮液密度 /$kg \cdot m^{-3}$	分选密度 /$kg \cdot m^{-3}$	平均可能偏差 E_p
45	24.6 ~30		1300	1518	
	25.5 ~41.4	43.87	1400	1608	0.0867
	56 ~56.5	44.20	1395	1580	0.064
	62.3	34.35	1380	1600	0.043
85	33.2 ~34.3	47	1390	1590	0.0743
94	33.3	49.66	1380	1555	0.029

重介质悬浮液中煤泥含量很难使用仪表测量，但可以借助于密度计和磁性物含量测量仪分别测量出悬浮液的密度和磁性物含量，然后通过公式由计算机计算出煤泥含量。

经数学推导可得如下计算公式：

$$G = A(\rho - 1000) - BF \qquad (9-20)$$

式中　G——煤泥（非磁性物）含量，kg/m^3；

　　　A——与煤泥有关的系数；

　　　F——磁性物含量，kg/m^3；

　　　ρ——悬浮液密度，kg/m^3；

　　　B——与煤泥和磁性物有关的系数。

其中　　　　　$A = \dfrac{\delta_{煤泥}}{\delta_{煤泥} - 1000}$　　$B = \dfrac{\delta_{煤泥}(\delta_{磁} - 1000)}{\delta_{磁}(\delta_{煤泥} - 1000)}$

式中　$\delta_{煤泥}$——煤泥密度，kg/m^3；

　　　$\delta_{磁}$——磁铁矿粉密度，kg/m^3。

所以：

$$煤泥百分含量 = \dfrac{G}{G+F} \times 100\% \qquad (9-21)$$

在重介质旋流器选煤中，低密度分选悬浮液的煤泥百分含量一般控制在 50% ~60%

为宜，超过此值时，应将精煤弧形筛下的合格悬浮液分流去精煤稀介质桶，经磁选机脱泥，使分选悬浮液的煤泥含量稳定在规定范围。图 9 - 24 为悬浮液煤泥含量控制系统方框图。

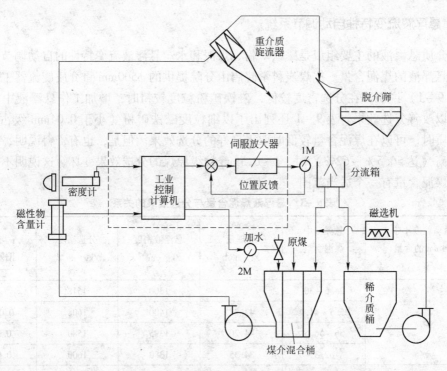

图 9 - 24   重介质悬浮液煤泥含量自动调节系统方框图

9.4   旋流器入口压力自动检测及自动控制

重介质旋流器的入口压力是旋流器内产生离心力的动力，是促使煤与矸石得到有效分离的重要因素。随着旋流器入口压力的增大，矿粒在旋流器内的离心因素和加速度也增加，所受的离心力倍增，使选煤效果得到改善，还可提高旋流器的处理能力。但压力到一定值后，再增大压力，对改善分选效果就不明显，反而会增加机械磨损和能耗。但低于最低值时，分选效果将显著下降。所以，应把旋流器入口压力控制在合理值上。一般情况下有：

$$H \geqslant 9D \tag{9 - 22}$$

式中 H——旋流器入口压力；

D——旋流器直径。

旋流器的入口压力可用压力表和压力变送器进行检测。

9.4.1   压力测量仪表

压力测量仪表的种类很多，用于测量作用在容器单位面积上的全部压力的仪表称为绝对压力表，用于测量大气压力的仪表称为气压表。但是大气压力随地理纬度、海拔高度和气象的影响而变化。通常压力测量仪表测得的压力值等于绝对压力值与大气压力值之差，称为表压力。当绝对压力值小于大气压力值时，表压力为负值。此负压的绝对值，用来测量真空度的仪表称为真空表（或称负压表）。既能测量压力值又能测量真空度的仪表称为压力真空表。

选煤厂所采用的压力计,按其作用原理可分为液柱式压力计和弹性式压力计两种基本类型。

液柱式压力计的结构简单,制造容易,是精度较高的压力测量仪表。但其测量范围较窄,只能测量低压和微压。

弹性式压力计的工作原理,是利用弹性敏感元件,如单圈弹簧管、多圈螺旋弹簧管、膜片、膜盒、波纹管或板簧等。在被测介质的压力使用下,产生相应的位移,此位移经传动放大机构将被测压力值(或真空度)在刻度盘上指示出来,若增设附加装置(如记录机构、电气转换装置、控制元件形状)则可进行记录、远传或控制报警。

压力变送器主要由测压元件传感器(也称作压力传感器)、测量电路和过程连接件三部分组成。它能将测压元件传感器感受到的气体、液体等物理压力参数转变成标准的电信号(如 4~20mA DC 等),以供给指示报警仪、记录仪、调节器等二次仪表进行测量、指示和过程调节。

9.4.2 旋流器入口压力自动调节系统

旋流器入口压力是指旋流器进料口处的压力。如果是采用定压箱给料方式,只要保证定压箱有溢流即可保持旋流器入口压力稳定。自动控制的重点是检测定压箱的液位。定压箱的液位应保持稳定。如果液位偏低,应发出报警信号。图9-25为定压箱示意图。

为了保持定压箱的液位稳定,进入定压箱的悬浮液量应略大于旋流器的处理量,使多余的悬浮液跑进溢流,并返回合格介质桶。溢流堰上部装有液位开关1,在正常工作时,应保持液位开关的接通。液位开关2作为过负荷的报警信号装置。

如果采用泵有压或无压给料选煤时,旋流器入口压力主要是用控制泵的转速来进行调节的。调节泵电机的旋转速度,可以采用调节皮带输变速比的办法。也可采用交流变频调速器,或者采用电磁滑差离合器,如果选煤厂的厂型大,电机的功率很大也可以采用液力耦合器。目前,以交流变频调速器的效果为好。其优点是控制灵活,节能效果显著。缺点是初期投资较大。

图9-26为旋流器入口压力自动调节系统图。

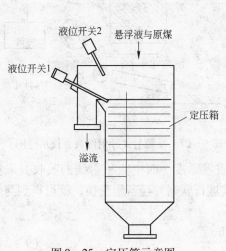

图9-25 定压箱示意图

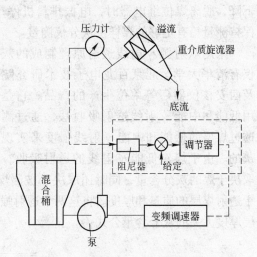

图9-26 旋流器入口压力自动调节系统图

9.5 产品灰分自动检测及自动控制

选煤厂的精煤产品灰分测量一般使用国家规定的化学分析方法：烧灰。快灰用于指导生产。由于操作复杂，一般快灰结果传到司机岗位，已经滞后一个小时左右。用于指导生产的科学方法是用测灰仪，在线测量。目前主要使用γ射线灰分仪。

9.5.1 γ射线灰分仪

γ射线灰分仪是利用放射性同位素镅241（^{241}Am）发出的γ射线与物质相互作用，产生光电效应和康普顿效应。而光电效应随物质的原子序数增加而增加。当煤的灰分高时，其平均原子序数也增加。因此，根据低能γ射线强度的变化，就可判断煤炭灰分含量的多少。γ射线与物质的相互作用可分为反散射式和透射式两种，因此γ射线灰分仪也分为反散射式和透射式两种。在国内，利用γ射线反散射原理制成的灰分仪，最有代表性的是煤炭科学院唐山煤研分院制造的γ射线灰分仪。它的工作原理是：灰分A_d与γ射线反散射强度N有如下线性关系：

$$A_d = \frac{N_0 - N}{k} = A - BN \qquad (9-23)$$

其中
$$A = \frac{N_0}{k} \quad B = \frac{1}{k}$$

式中 A_d——待测煤样的灰分；

N——灰分为A_d时的散射γ射线强度；

N_0——入射γ射线的初始强度；

k——与煤样的性质、探射器安装几何条件有关的常数。

图9-27为反散射式γ射线灰分仪测量灰分流程示意图。给料装置将被测煤样连续装入测量箱。当煤样高度接触煤位继电器时，电振排料机开始排料。当测量箱内煤位高度下降，脱离煤位继电器时，电振排料机停车，保持测量箱有足够的煤样供灰分仪测量。

采用双射源γ射线透射原理制成的灰分仪有清华大学、北京百龙电子技术研究院所及西安核仪器厂等单位生产的产品。它是采用低能和中能γ射线透射吸收法，通过测量透过煤层的低能和中能γ射线强度来实现测灰的。由于煤对低能γ射线的透射吸收，既

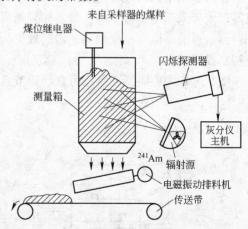

图9-27 反散射式γ射线灰分仪示意图

取决于煤的灰分含量，同时还取决于被测煤层的质量厚度。而中能γ射线的吸收只取决于透射煤层的质量和厚度。将这两个透射强度公式进行联列并经若干变换，就可得到与煤层厚度无关的灰分含量公式：

$$A_d = \frac{k_1(\ln I_0 - \ln I)}{(\ln J_0 - \ln J) - k_2} \qquad (9-24)$$

式中 I_0，I——低能 γ 射线束内无煤和有煤
时的 γ 通量密度；

J_0，J——中能 γ 射线束内无煤和有煤
的 γ 通量密度；

k_1，k_2——校准常数，由标定煤样求得。

由式（9-24）可以看出，只要测得双射
源 γ 射线的 I 和 J，就可通过微型计算机计算
出煤的灰分含量。

低能放射源采用镅 241（^{241}Am），
300mCi。中能放射源采用铯 137（^{137}Cs），
20mCi。探测器为闪烁计数器。

图 9-28 为双射源透射法灰分仪示意图。

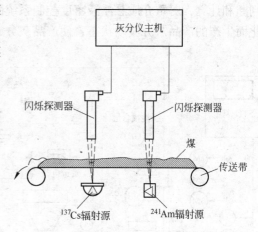

图 9-28 双射源透射法灰分仪示意图

9.5.2 产品灰分自动调节系统

重介质选煤产品灰分自动调节系统的技术关键在于使用 γ 射线灰分仪进行灰分测量
及克服精煤产品黏附磁铁矿粉对测灰仪精度的影响[54]。在选煤过程中，常因精煤脱介
效果不好而造成精煤表面黏附的磁铁矿粉数量较多。它对 γ 射线灰分仪的影响极大。
经试验表明，精煤表面黏附的磁铁矿粉量对 γ 射线灰分仪的影响呈线性关系。精煤表
面黏附的磁铁矿粉量不超过 1kg/t 煤时，它对 γ 射线灰分仪的测量精度影响约在
±0.3% 以内。在一般的重介质选煤厂，只要加强管理，提高工人操作水平，精煤表面
黏附的磁铁矿粉变化量都可以控制在 1kg/t 煤以下。如果精煤表面黏附的磁铁矿粉量超
过 1kg/t 煤时，则对 γ 射线灰分仪的测量精度影响较高。这种情况往往发生在管理和操
作不当，脱介筛喷水量不足，或筛子负荷大或细粒煤多、脱介效果差时，将会造成磁
铁矿粉损失严重，使精煤表面黏附的磁铁矿粉量波动大，影响 γ 射线灰分仪的正常测量
结果。目前，磁铁粉的变化对 γ 射线测灰仪带来的不良影响还没有找到一种妥善的办法
加以克服。

试验表明，将 γ 射线灰分仪的探测器安装在离心脱水机的排料口处较为适宜。在离
心机排料口的精煤表面黏附的磁铁矿粉量较小。这是因为精煤经过离心脱水机后，不仅脱
去大量水分，而且也脱去一部分细颗粒物料。其中包括一部分磁铁矿粉。这样就给 γ 射
线灰分仪测量灰分带来很大的好处。

在重介质旋流器选煤过程中，影响产品质量的主要因素是悬浮液密度及其他工艺参数
（如悬浮液流变参数、原煤入选量、旋流器入口压力、介质桶液位等）的波动。因此，重
介质旋流器选煤的产品灰分自动调节系统是在稳定原煤入选量、稳定悬浮液煤泥含量、稳
定介质桶液位、稳定旋流器入口压力的前提下，根据产品灰分变化，自动调整密度给定
值，自动调节悬浮液密度，达到稳定产品质量，提高回收率的目的[55]。

图 9-29 为重介质旋流器选煤产品灰分自动测控系统图。原煤脱泥入选，粒度为 25~
0.5mm 级原煤进入主选旋流器（定压漏斗式），主再选系统出三种产品，小于 0.5mm 煤
泥浮选。γ 射线灰分仪的探测器安装在离心脱水机下方，二次仪表放置在密度控制室。灰
分信号传送到工控机。灰分信号与工艺要求的灰分给定值进行比较，经过计算机的分析、

判断和计算，对重介质悬浮液密度控制系统的给定值进行修正，迅速改变由于原煤性质变化而生产的产品灰分波动状态，使产品灰分趋于稳定。

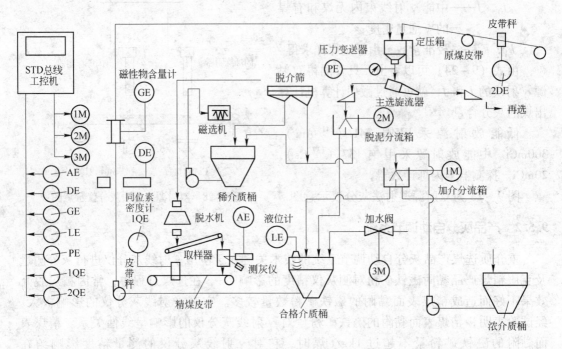

图 9 - 29　重介质旋流器选煤产品灰分自动测控系统

9.6　重介质旋流器选煤自动化实例

重介质旋流器选煤自动化应根据选煤工艺流程所采用的加重质及调节方式进行设计。简单的自动控制系统只调节悬浮液密度。比较完善的自动控制系统应该能够对悬浮液的密度、流变特性及其他工艺参数进行自动调节，能够根据产品灰分信号，自动稳定产品质量。

图 9 - 30 为典型的中心给料（无压）三产品选煤工艺自控系统，该系统能够自动地测量分选悬浮液的密度。当密度高自动控制加水阀加水，使密度降低；当密度低时，自动地减小加水，同时分流打开，使密度升高，当液位降低同时密度也低时，要及时的通知补加浓介。

安装在主上料管上的磁性物含量测量仪对合格介质的流变特性进行测量，当煤泥含量变高时，要及时加大分流量，使部分煤泥分流到煤泥分选系统，去除掉煤泥的磁精矿回到合格介质桶。打开分流能够提高磁性的含量、提高分选悬浮液的密度，但同时也使合格介质桶的液位降低，如果液位太低时，将影响生产。安装在合格介质桶的超声波液位计对液位进行测量，当液位太低时，发出报警信号，通知操作人员及时补加浓介和水，保持液位。

安装在旋流器入口的压力变送器能对旋流器的入口压力进行测量，通过控制合格介质泵变频器，改变合格介质泵的转速，使旋流器的入口压力控制在合适的压力范围内。

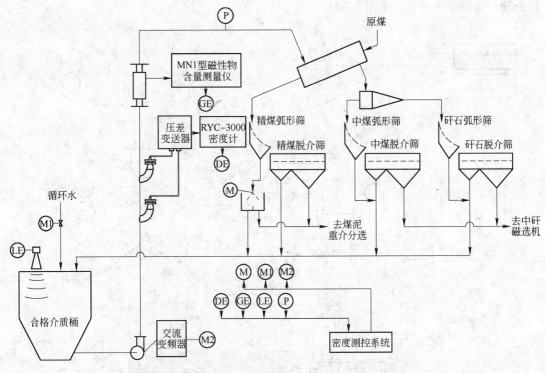

图 9-30　中心给料（无压）三产品选煤自控系统

9.7　单一低密度双段旋流器选煤自动控制[73]

前面介绍的是目前比较流行的重介质旋流器选煤自动化控制方式，下面介绍一个典型的单一低密度双段自控三产品重介质旋流器自动控制系统。这种工艺的优点，在前面的章节中已经进行阐述，本章不再赘述。本工艺流程采用两台 $\phi600mm$ 主选（一段）重介质旋流器，再选（二段）悬浮液进入 $\phi500mm$ 重介质旋流器。入选粒度为 30～0mm。选前不脱泥，直接进入煤介混合桶煤泥部分由 $\phi150mm$ 重介质旋流器进行分选。自动控制系统包括：

（1）主选重介质旋流器的悬浮液密度和流变性自动测控；

（2）再选重介质旋流器的悬浮液密度自动测控；

（3）重介质旋流器分选煤泥的自动测控。

9.7.1　主选重介质旋流器的悬浮液密度和流变特性自动测控

由于采用不脱泥直接入选方式，重介质循环悬浮液常被煤泥污染，即煤泥含量不断增加。为解决这一问题，采用了不断分流的办法，即分流一定量的悬浮液到煤泥桶，对煤泥进行分选，并把煤泥从悬浮液循环系统悬浮液中排掉。

主选重介质旋流器的悬浮液流变多数测量，采用一台 γ 射线密度计和一台磁性物含量计，借助于这两种测量仪表的测量值，通过计算机可以计算出当前密度值下的煤泥百分含量。一般情况下，主选重介质悬浮液的煤泥含量要控制在 40%～50% 为宜。高于这个值时，应将弧形筛下的合格悬浮液分流到煤泥桶，进入煤泥分选系统，再进入磁选机把磁性介质与煤泥分离回收，见图 9 - 31。

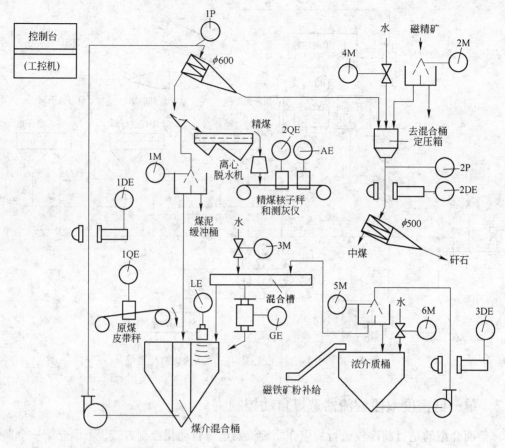

图 9 - 31　单一低密度双段控制重介质旋流器选煤密度自动控制系统

　　为了提高测量的准确度，简化测量方式，可以将 γ 射线密度计直接安装在重介质旋流器的入料管路上，使密度计的测量值全面代表给入重介质旋流器的悬浮液密度值。它与循环悬浮液的密度值之差很小，并且更直接、更确切。

　　在不脱泥分选的系统中，一般情况下，在控制悬浮液流变参数的同时，悬浮液的密度呈现升高的趋势，自动补加一定量的清水即可降低密度，而煤介混合桶的液位趋于下降，当煤介混料桶的液位低于给定值时，自动补加一定量的浓介质和水，以提高液位。为了保证产品灰分稳定，系统中设有精煤灰分自动测量装置，根据灰分信号的变化，自动调整密度给定值。在入选原煤皮带上装有电子皮带秤，随时监测原煤入洗量，超载时发出警报。在产品皮带上装有核子秤，随时计算出精煤产量和回收率。

9.7.2　再选重介质旋流器的悬浮液密度自动测控

　　由于采用单一低密度介质双段自控三产品重介质旋流器的选煤工艺，这就使再选旋流器的悬浮液密度有可能实现自动测控，从而大大提高再选旋流器的分选效果和应变能力。该系统的 γ 射线密度计直接安装在再选旋流器的入口端管道上。当进入再选旋流器的悬浮液密度降低时，可以自动补加部分磁精矿，提高悬浮液密度。反之，当进入再选旋流器的悬浮液密度增加时，可以自动补加清水，降低悬浮液的密度，如图 9-31 所示。

9.8 小直径重介质煤泥旋流器选煤泥密度控制[73]

随着我国国民经济的发展、科学技术不断进步，越来越多的重介选煤厂采用不脱泥入选工艺。使得使用小直径重介质旋流器分选煤泥越来越普遍。通过煤泥重介（多功能）旋流器分选煤泥，可以极大地减少浮选工艺的处理量，提高选煤厂的效益。

前面第 7 章提到，要使细粒级物料在重介质旋流器中得到有效分离，宜采用小直径旋流器，并适当增加入口压力，强化作用于矿粒的离心力和有效的分离速度，同时注重改善分选悬浮液的流变特性，保持旋流器内悬浮液密度相对稳定。所以，对"小直径重介质煤泥旋流器选煤泥工艺"中的工艺参数进行监控，是能否发挥出"小直径重介质煤泥旋流器选煤泥工艺"的特长，使分选出的精煤泥稳定高产的关键的环节。因此，设计一套可靠、实用的煤泥重介自动监控系统对于煤泥重介分选是非常必要的。

9.8.1 煤泥悬浮液密度的测量与控制

由于煤泥分选悬浮液的来料为精煤弧形筛下分流箱分流的合格介质和精煤脱介筛下的稀介质，经过混合后的煤泥悬浮液的密度相对主选系统来说具有更大的不确定性，原煤中的煤泥量、分流量、精煤脱介筛的喷水量对煤泥悬浮液的密度都会有影响。而且，密度有时可能高、有时可能低。对于"多功能重介质煤泥旋流器"，煤泥悬浮液的密度采用低密度实现不同密度分选。如果密度高了，可以通过补加循环水；如果密度低了，通过分流"浓介"来实现。

9.8.2 煤泥悬浮液桶液位的测量与控制

需要指出的是，由于煤泥悬浮液桶的来料波动大，且不稳定，极易造成溢出或抽空，所以对液位必须进行自动连续的测量和控制。液位测量一般采用超声波液位计或带法兰的压力式液位计为好。当液位升高时提高煤泥介质泵的转速；当液位下降时降低煤泥介质泵的转速以稳定液位。

9.8.3 煤泥（多功能）旋流器入口压力的测量与控制

煤泥（多功能）旋流器的入口压力，一般要求不低于 0.25MPa。煤泥介质泵的转速高，煤泥（多功能）旋流器入口压力就高；煤泥介质泵的转速低，煤泥（多功能）旋流器入口压力就低。但是，为了保证对煤泥的分选效果，要控制（多功能）旋流器入口压力在一个合理的范围内，一般为 0.25~0.3MPa。当压力控制在 0.25MPa 时，煤泥悬浮液桶的液位仍然持续下降，这时需要关闭一组（多功能）旋流器来减小处理量，保持压力和液位的稳定；当压力已经上升到 0.3MPa 时，煤泥悬浮液桶的液位仍然在升高，这时需要打开一组（多功能）旋流器来增加处理量，使压力和液位保持稳定。

9.8.4 煤泥悬浮液磁性物含量的测量与控制

对煤泥悬浮液的磁性物含量进行测量与控制，主要目的是控制分选悬浮液中的煤泥含量。当磁性物含量比较低时要及时通过分流"浓介"来提高磁性物含量同时补加循环水，使分选密度稳定。

9.8.5 小直径重介质煤泥旋流器选煤泥密度控制实例

该系统包括：煤泥悬浮液的密度测量与控制、煤泥介质桶的液位自动测量与控制、多功能重介旋流器组的入口压力自动测量与控制、磁性物含量的测量与控制，如图 9 – 32 所示。

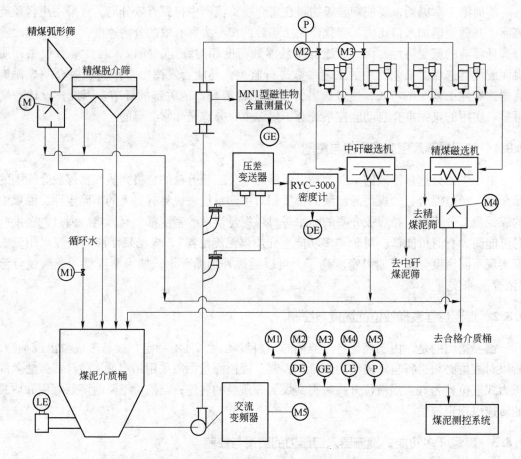

图 9 – 32　重介质旋流器分选煤泥自动控制系统示意图

9.8.5.1　煤泥悬浮液的密度测量与控制

φ200mm（多功能）重介质旋流器组的入选煤泥悬浮液密度测量，采用安装在入料管道上的 RYC – 3000 型差压式密度计来实现[73]。它是采用低密度悬浮液来实现不同的分选密度。它的来料是主选系统分流的合格悬浮液和脱介筛下的稀悬浮液的混合悬浮液。当分选密度低时，控制分流箱，分流部分"浓介质"到煤泥介质桶；当分选密度高时，应及时打开补加循环水的阀门补加循环水。

9.8.5.2　煤泥缓冲桶的液位自动测量与控制

煤泥介质桶的液位取决于主选系统煤泥分流量、精煤脱介筛的喷水量。通过变频器煤泥泵的转速稳定煤泥介质桶的液位。当主选系统的煤泥分流量增大，煤泥介质桶的液位升高时，系统自动调快一些泵的转速；当主选系统的煤泥分流量减小，煤泥介质桶的液位降低时，系统自动调慢一些泵的转速；需要注意的是，为了保证煤泥介质桶的液位及 $\phi 200mm$（多功能）旋流器的分选条件稳定在一定范围内，泵的转速要控制在一个合理的范围内。煤泥缓冲桶的液位测量采用超声波液位计或者采用带法兰的压力式液位计。

9.8.5.3 $\phi 200mm$（多功能）重介质旋流器组的入口压力自动测量与控制

$\phi 200mm$ 重介质旋流器组的入口压力稳定是确保煤泥中细粒级物料得到有效分离的主要条件。必须保证压力在合理的范围内。煤泥介质泵的转速由变频调整器进行控制，当液位升高，变频器的转速增大时，旋流器的入口压力也增大，当压力达到 0.3MPa 以上时，自动投入一台备用 $\phi 200mm$（多功能）重介质旋流器，使压力降低到合理的压力值；反之，当液位降低时，自动减少一台，提高入选压力，使压力保持稳定。

9.8.5.4 对煤泥悬浮液的磁性物含量进行测量与控制

安装在煤泥分选管道上的 MN1 型磁性物含量检测仪对煤泥悬浮液进行测量，通过计算得出煤泥的百分含量，当煤泥含量太高时通过分流去磁选机下的浓介来提高磁性物含量同时补加循环水，达到控制分选悬浮液中的煤泥含量的目的。

10   重介质旋流器选煤的主要设备及选择

重介质旋流器选煤工艺中主要设备除主选设备重介质旋流器外，还有原煤分级筛、原煤破碎机、脱泥和脱介筛、介质输送泵、悬浮液净化回收设备等。

10.1   原煤准备设备

重介质旋流器的入选原煤粒度上限一般不超过50mm（目前国内最大 ϕ1500mm 直径重介质旋流器的入洗原煤粒度上限达到150mm）。对大中型选煤厂来说，块原煤分选还是采用浅槽、立轮、斜轮等块煤重介质分选机处理比较经济和合理。因为，扩大旋流器的入选上限，相应要扩大旋流器的直径。过大的扩大旋流器的直径对分选细粒级的煤是不利的，大量块煤采用重介旋流器分选也是不经济的。对小型选煤厂来说，为了简化工艺把旋流器的入选上限定在 50（40）mm 时，对一个处理量30~40万吨/年的小型选煤厂而言，选用一台 ϕ700mm 重介质旋流器即可达到要求。这样的重介质选煤工艺既经济又不复杂。但是，入选上限必须严格控制，这就需要有筛分机、破碎机[9]。

10.1.1   入选原煤粒度检查筛分机

一般重介质旋流器选煤其入选原煤的粒度上限在 50~13mm，故原煤分级筛也应选用适合筛分粒度为50~13mm 的（干）筛机，其处理能力和筛分效率都应较高，同时要严格控制大于入选上限的原煤进入筛下产品。为此原煤筛分机的筛板，不宜开长缝孔，应采用圆孔和网筛孔为宜，以避免过大（长条）粒度的原煤进入分选系统，因为堵塞而造成各种故障。

表 10-1 国内机械厂生产的几种可供重介旋流器选煤工艺原煤筛分的筛分机性能。图 10-1 和图 10-2 分别为 YA 系列和 ZDM 系列筛分机外形图。

表 10-1   几种可供重介质旋流器选煤工艺原煤筛分的国产筛分及性能

型　号	筛　面			
	层　数	面积/m²	倾角/（°）	筛孔尺寸/mm
YA 系列	1~2	4.3~14.4	20	6~150
DDM、ZDM 系列	1~2	4~11	15~17.5	6~125
DD、ZD 系列	1~2	1.6~12	20	1~50
SZZ 系列	1~2	0.29~6.48	15~20	1~60
YDS 系列	1~2	22.3~26.7	20	5~100
型　号	入料粒度上限/mm	处理量/t·h⁻¹	振次/r·min⁻¹	双振幅/mm
YA 系列	200~400	80~1700	708~845	9.5~11
DDM、ZDM 系列	400	30~110	920~1000	5~8

型　号	入料粒度上限/mm	处理量/t·h⁻¹	振次/r·min⁻¹	双振幅/mm
DD、ZD 系列	60 ~ 150	10 ~ 540	850 ~ 1000	3.5 ~ 8
SZZ 系列	50 ~ 150	12 ~ 300	750 ~ 1000	2 ~ 10
DYS 系列	300	300 ~ 1560	708	8 ~ 12

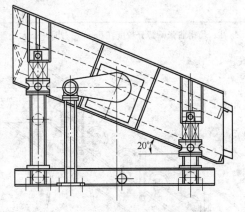

近年来，一些高效的原煤分级设备不断涌现，其中比较典型的筛分设备是博后筛和曲张筛。博后筛具有筛板振动，筛箱不振动；筛板多段组合而成，每段均配置电机，因此每段筛板振动强度可调；采用大振幅、大振动强度和弹性筛面，处理量大，筛分效率高等特点。曲张筛的独特之处在于单一驱动产生双重振动原理，即通过共振，一个驱动器提供两个振动：一个基本的振动（旋转偏心块）和一个附加的振动（浮动筛筐）。在这个过程中，弹性聚氨酯筛面连续不断地扩张、收缩，每分钟超过800次，从而获得 $50g$ 的加速度（其他筛分机

图 10 – 1　YA 型圆振动筛外形图

一般只有 $7 ~ 8g$），有效地防止了筛孔堵塞，能够有效地筛分潮湿细粒难筛物料，筛分粒度可至 3mm，筛分效率可高达 90% ~ 95%。但目前该筛分机为奥地利生产，价格较贵。

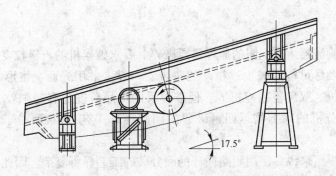

图 10 – 2　ZDM 系列振动筛外形图

表 10 – 2 给出了博后筛（BH）和宾得曲张筛的技术性能。图 10 – 3 和图 10 – 4 分别为 BH 系列和宾得曲张系列筛分机外形图。

表 10 – 2　博后筛和宾得曲张筛技术性能

型　号	筛　面			
	层　数	面积/m²	倾角/(°)	筛孔尺寸/mm
博后筛（BH 系列）	1 ~ 2	5.4 ~ 62.50	20 ~ 25	6 ~ 150
宾得曲张筛系列	1 ~ 3	0.8 ~ 36	5 ~ 22	3 ~ 125

型　号	入料粒度上限/mm	处理量/t·h⁻¹	振次/r·min⁻¹	双振幅/mm
博后筛（BH 系列）	150 ~ 400	40 ~ 1140	740	10 ~ 25
宾得曲张筛系列		500	800	偏心块振幅 4 ~ 7 浮动筛筐振幅 12 ~ 18

注：宾得曲张筛筛分粒度在 6mm 左右时，最大处理量 500t/h。

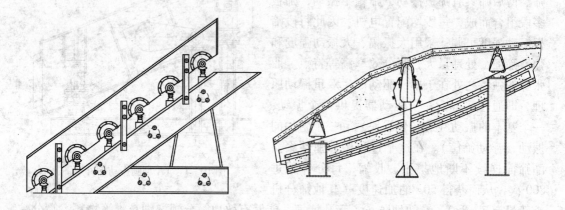

图 10 - 3　博后筛分机外形图（BH 系列）　　　　图 10 - 4　宾得曲张系列筛分机外形图

10.1.2　破碎机

大于重介质旋流器入选上限的原煤需要破碎。要求破碎机的入料粒度上限能满足原煤的最大粒度，以及尽可能地减少过粉碎的数量。一般多采用光面、格形、齿面辊式破碎机、反击式破碎机、双齿辊破碎机等。但破碎后的产品粒度还有超限粒，需经过检查筛分，使用检查筛分机的筛上物返回再破碎的闭路循环工艺，以确保入选粒度上限得到保证。

对于小型选煤厂来说，使用闭路循环的筛分破碎工艺显得复杂。因此，有些小型选煤厂采用环锤式破碎机一次性破碎过大块。由于环锤式破碎机内设有格条筛板，可使入选粒度上限基本得到控制。

随着我国煤炭产业集中度的提高，已建成 14 个亿吨级的煤炭基地，选煤厂的大型化、高效化，需要处理能力大、过粉碎较小、可靠性高的大型破碎设备。大通过量、简化工艺配置、降低机体高度、增加设备可靠性、耐磨性是破碎设备研究所追求的目标。英国的MMD 系列分级破碎机正是满足了以上各项要求而得到我国用户的欢迎，但存在设备价格昂贵，售后服务不及时，供货期长，配件费用高等问题，成为制约选煤厂大型化的瓶颈。近年来，国内开发的 2PLF、SSC、FP 等系列分级破碎机已逐渐成为主流机型。

表 10 - 3 列举我国机械厂生产的上述破碎机的技术规格。图 10 - 5、图 10 - 6 和图10 - 7 所示分别为反击式、环锤式、双齿辊选择式破碎机。

表 10-3 几种国产破碎机的性能

破碎机型式	型号	最大给料粒度/mm	出料粒度/mm	处理量/t·h⁻¹
双齿辊式	900×900	800	<100~150	80~125
	600×750	600	<50~125	60~125
反击式	1250×1000	250	0~50	40~80
	1400×1600	300	≤20	150
环锤式	RHC0808	200	<50	100
	RHCA0808	120	<25	60~80
双齿辊分级破碎机	2FP5060	200	13~50	50~80
	2FP50120	300	25~80	150~200
	2FP80240	500	50~150	350~600

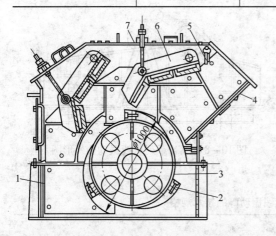

图 10-5 反击式破碎机结构示意图

1—机壳；2—板锤；3—转子；4—给料口；
5—链幕；6—反击板；7—拉杆

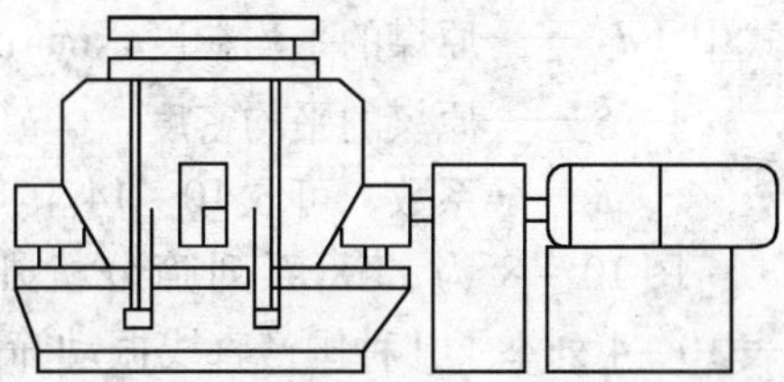

图 10-6 环锤式破碎机外形图

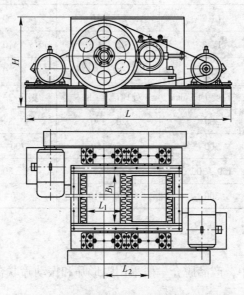

图 10-7 双齿辊选择式破碎机结构示意图

10.2 原煤脱泥筛及产品脱介筛

10.2.1 原煤脱泥筛

当重介质旋流器的入选原煤下限为 0.5mm 时，原煤入洗前要进行脱泥，脱泥效率的好坏直接关系到产品脱介筛和稀介质净化回收作业（工艺）及设备的选择。一般要求脱泥后的原煤含煤泥量不超过 5%。因此，要求选用的原煤脱泥筛的筛分效率高且生产能力要大。

为了提高筛分机的脱泥效率，一般采用湿法筛分，并在筛分前设加水搅拌润湿设备、预先脱泥弧形（固定）筛，再进入振动筛机，脱泥用水量可按筛下煤泥量乘以 10 计算。

脱泥筛一般采用振次和振幅较高的直线振动筛，其单位宽度处理能力 $Q[t/(h \cdot m)]$ 与原煤的粒度、密度和含煤泥量有关，计算公式为：

$$Q = K \sqrt[3]{d_{cp}^2 \delta^2} \qquad (10-1)$$

式中 d_{cp}——原煤的平均粒度，mm；

δ——原煤的平均密度，t/m^3；

K——系数，可取 $10 \sim 14$。

图 10-8 为 ZKX 系列筛分机外形图。表 10-4 列举了几种国产直线振动筛的技术规格。

图 10-8 ZKX 系列直线振动筛外形图

表 10-4 几种国产直线振动筛的技术规格

型 号	筛 面			
	层 数	面积/m^2	倾角/(°)	筛孔尺寸/mm
ZKX 系列	$1 \sim 2$	$3 \sim 14$	0	$0.5 \sim 80$
ZSM 系列	$1 \sim 2$	$5.5 \sim 16$	0	$0.25 \sim 50$
DSM 系列	$1 \sim 2$	$7.3 \sim 8.3$	0	$0.5 \sim 80$
DZS 系列	1	$17 \sim 28$	0	$0.5 \sim 80$
型 号	入料粒度上限/mm	处理量/$t \cdot h^{-1}$	振次/$r \cdot min^{-1}$	双振幅/mm
ZKX 系列	300	$20 \sim 170$	890	$8 \sim 14.5$
ZSM 系列	300	$35 \sim 150$	$700 \sim 800$	$9 \sim 11$
DSM 系列	$150 \sim 300$	$39 \sim 61$	800	9
DZS 系列	300	$110 \sim 410$	$830 \sim 970$	$8 \sim 11$

10.2.2 产品脱介筛

重介质旋流器选煤中，产品脱介一般采用弧形筛和振动筛联合脱介、清洗和脱水，如图 10-9 所示。

10.2.2.1　产品预脱介（弧形筛）

重介质旋流器选后产品预先脱介用的弧形筛有固定式和振动式两种，其弧度一般为45°和60°两种，除此之外，弧度的取舍见图10－9。其弧的半径对 60° 弧角一般采用 763mm、1018mm；对 45° 弧角一般采用 1018mm、2036mm。弧形筛的筛缝一般取分级粒度的2倍。

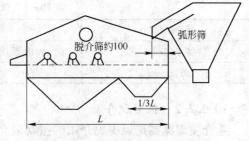

图 10 － 9　弧形筛与脱介筛联合
脱介安装关系示意图

当弧形筛的半径和弧角确定后，筛面宽是决定生产量的主要因素。一般情况，筛面的宽度应小于相配合的振动脱介筛入口端宽。此外，弧形筛面过宽对给料的均匀性和入料的速度有影响。为了保证给入弧形筛面的水速达到 1.5～3m/s，要计算好弧形筛的给矿"鸭嘴"尺寸，并使弧形筛面给料均匀。因此，弧形筛的给料高度不应低于 300～500mm，如图 10－10、图 10－11 所示。

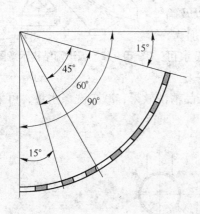

图 10 － 10　弧角分别为45°和60°弧形筛板示意图

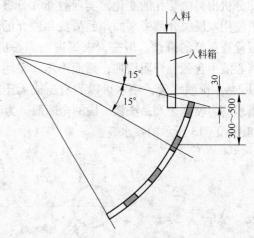

图 10 － 11　弧形筛入料示意图

弧形筛的生产能力计算公式：

$$Q = CFv \tag{10-2}$$

式中　Q ——有效筛面泄水量，$m^3/(m^2 \cdot h)$；

　　　F ——弧形筛板开孔面积，m^2，并有：

$$F = \frac{a \times 2}{b + (a \times 2)} \times S$$

　　　a ——筛板孔径，mm；

　　　b ——筛条宽，mm；

　　　S ——弧形筛板的有效面积，m^2；

　　　v ——弧形筛给料速度，m/s；

　　　C ——系数，对泄水取 160～150，对脱泥取 120～130，对脱介取 90～100。

表 10－5 列举了弧度为45°和60°两种弧形筛的技术规格。弧形筛的结构示意图如图10－12 所示。

表 10 - 5 弧形筛的技术规格

弧度角/(°)	45		60	
弧半径/mm	1018	2036	763	1528
弧长/mm	800	1600	800	1600

10.2.2.2 振动脱介筛

重介质旋流器选煤中脱介用的振动脱介筛,一般采用单层或双层直线振动筛。因为重介旋流器的入选上限一般不超过 50mm。重介旋流器的入选上限过大是不经济的。选用双层脱介筛的目的是为了把大于 13mm 的煤筛出,不必进离心机脱水,可以减少精煤的粉碎,也减少对离心机的磨损,只让小于 13(25)mm 的煤入离心脱水机二次脱水。现在,工艺设计中有使用单层直线振动脱介筛,通过筛分机出料端筛孔的变化,实现脱介和分级相统一,避免了使用双层脱介筛带来的产品清洗和脱介的不便,以及筛板检查更换的麻烦。但是,末煤进入离心机的水分加大,离心液中含磁性介质增加,筛面小不宜采用。筛面喷水可设 2 ~ 4 排喷水管,喷水可以为有压或无压的。但一定让

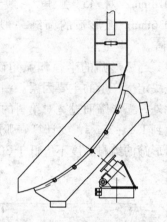

图 10 - 12 弧形筛结构示意图

喷水均匀喷洒于产品洗涤筛段的全断面。为了强化产品清洗效果,减少洗涤水量,可采用如图 10 - 13 所示的喷水装置。

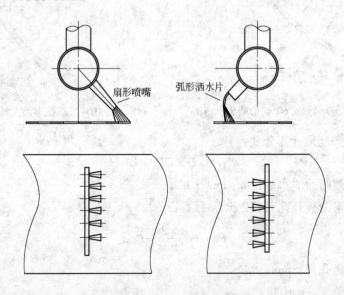

图 10 - 13 扇形喷嘴和弧形洒水片喷嘴布置示意图

产品在清水筛面段的喷水量按筛面宽度 35 ~ 40m³/(h·m) 计算。其中 30% ~ 50% 可使用循环水(用于入料端),另外 50% ~ 70% 使用澄清水(用于出料端),也可全部使用澄清水。还可根据煤量按表 10 - 6 选定。当两种方法出现较大差距时,应据情分析,取合理值。

表 10-6 重介质旋流器选后产品脱介用水量

粒度/mm	10~0.5	15~0.5	10~0.5	25~0.5	35~0.5
用水量/m³·(h·t)⁻¹	2.5~3	2~2.5	1.5~2.2	1.5~2	1.5~1.8

注：不脱泥时入选取大值。

采用直线振动筛脱介时，其处理能力可按筛面宽进行计算：

$$Q = K\sqrt[3]{D_{cp}^2 \delta^2} \qquad (10-3)$$

式中 Q ——筛面每米宽的生产能力，t/(h·m)；

  D_{cp} ——脱介产品的平均粒度，mm；

  δ ——脱介产品的平均密度，t/m³；

  K ——系数，脱泥入选时取9~11，不脱泥入选时取7~9。

系数 K 还与脱介筛板开孔率有关，开孔率小时取小值，开孔率大时取大值。筛面长为4.5~5m。

在缺乏脱介产品的粒度组成和密度数据时也可参考表10-7的数据进行选算。

表 10-7 脱介筛每米宽允许负荷（筛面长4.5~5m）

粒度/mm	每米宽允许负荷/t·h⁻¹					
	脱泥入选			不脱泥入选		
	精煤筛	中煤筛	矸石筛	精煤筛	中煤筛	矸石筛
10~0.5	10~14	11~15	12~16	9~13	10~14	11~15
20~0.5	12~15	13~16	14~17	11~15	12~15	13~16
30~0.5	13~16	14~17	15~18	12~14	13~16	14~17
40~0.5	14~17	15~18	16~19	13~16	14~17	15~18

表10-4中列举的几种国产直线振动筛同样适合于脱介作业。

为加强脱介效果，还可以在筛面上各喷水处设置坡度为90°的隔板（也可用50mm左右的角铁反扣在筛面上），延长物料停留时间，并通过物料爬坡时的翻滚强化脱介。

10.3 磁性悬浮液的净化回收

磁性悬浮液的净化回收的主要目的从稀释悬浮液、循环悬浮液的分流中排出多余的外来水和煤泥、矸泥等非磁性物质，使其中的磁性加重质得到最大限度的净化、回收和循环使用。

循环介质回收工艺在第5章已经介绍。这里再介绍磁性加重质回收用的主要设备；磁力脱水槽和磁选机。

10.3.1 磁力脱水槽

磁力脱水槽分永磁和电磁两种。

10.3.1.1 永磁磁力脱水槽

图10-14为永磁磁力脱水槽示意图，槽内的激磁由永磁块构成。槽内的磁场不仅在

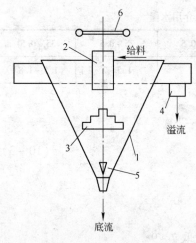

图 10-14 永磁脱水槽
1—槽体；2—给料管；3—磁系；
4—溢流管；5—锥形排料阀；6—手轮

横向有梯度，在纵向也有梯度。为此磁源上部呈塔形，使分选区的磁场力能形成倾斜向下的磁链，以减少磁性颗粒下降的运动阻力，加快沉降速度，提高处理能力。它的磁源放在槽内下部中间位置，磁源的适宜位置与脱水槽的规格有关。其磁系结构要满足：（1）产生足够的磁通；（2）形成合理的磁场特性；（3）有较长的吸引区；（4）防止大部分磁通由磁源上部直接连通下部。这种磁力脱水槽按纵向大致可分成三个区，即溢流区、分选区和精矿区。溢流区在最上部，深度约为 150 ~ 200mm，分选区在给矿区附近，精矿区在槽底部。

10.3.1.2 电磁脱水槽

图 10-15 为电磁脱水槽示意图。它由四个激磁（螺旋管）线包和四条圆铁棒支撑的中心圆铁磁极组成。四个（螺旋管）线包分别串于四条圆铁支撑棒上，由四个（多层旋流管）线包通电产生磁感应，经支撑棒形成中心圆铁磁极，使脱水槽内自上而下形成磁场和磁场梯度，其磁场强度主要取决于多层螺线管线包的匝数、电流强度和铁心材料。

电磁式磁力脱水槽与永磁式脱水槽相比，优点是磁场可以通过调整激磁电流的大小，进行调整。缺点是需要激磁直流电源，无直流电源时需增加整流设备。

电磁式或永磁式磁力脱水槽都可以用于重介质选煤工艺中稀悬浮液预先脱水和脱除部分细（煤）泥，以减轻磁选机的负荷，或减少磁选机台数。特别是进入磁选机稀悬浮液中的固体质量浓度低于10%，在磁选前采用磁力脱水槽，对稀悬浮液进行预先脱泥是合理的。它可脱除 40% ~ 50% 的水分，还可以对磁性介质起预磁作用。当稀悬浮液浓度大于15% 时，可以直接进入磁选机净化回收。这时一段磁选机尾矿浓度若很低，也可采用磁力脱水槽脱除一段磁选尾矿中 40% ~ 50% 的水，以减少二段磁选的负荷，给二段磁选机创造良好的条件，或减少二段磁选机的台数。表 10-8 列举电磁脱水槽的技术规格。

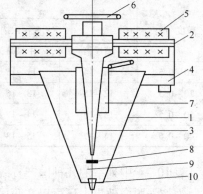

图 10-15 电磁脱水槽
1—槽体；2—铁芯；3—铁质空心筒；
4—溢流槽；5—线圈；6—手轮；7—拢矿圈；
8—返水盘；9—丝杆；10—排矿口及排矿阀

表 10-8 重介质选煤用电磁力脱水槽的技术规格

直径/mm	锥角/(°)	处理能力/m³·h⁻¹	直流电源	
			电压/V	激磁电流/A
1600	60	20 ~ 30	220	1.1
2000	60	32 ~ 47	220	1.1 ~ 2.0
2500	60	50 ~ 73	220	1.1 ~ 2.0
3000	60	73 ~ 110	220	1.1 ~ 2.0

10.3.2 磁选机

重介质旋流器选煤工艺中，稀悬浮液的净化回收流程与设备的选择，主要依据入选原煤的性质如粒度、泥化性、选前原煤是否脱泥和脱泥效果如何，以及选用的磁性加重质的特性，如粒度组成、导磁性等因素来确定。

目前国内外磁选机的种类很多，粗略可分为以下几类：

(1) 按磁选机磁源分有：永磁磁选机；电磁磁选机；电磁－永磁磁选机。

(2) 按分选过程中的介质分有：干式磁选机；湿式磁选机。

(3) 按其结构特点分有：筒式磁选机（顺流式、逆流式和半逆流式）；带式磁选机；滑轮式磁选机。

(4) 按磁场强度分有：弱磁场磁选机（$H < 0.25T$）；中磁场磁选机（$H < 0.26 \sim 0.6T$）；高磁场（高梯度、超导磁）磁选机（$H > 0.6T$）。

重介质旋流器选煤工艺中用的磁选机多为湿式弱磁圆筒形（顺流式、逆流式和半逆流式）永磁或电磁磁选机。目前永磁磁选机使用较普遍，与电磁磁选机相比，不需要激磁电流和整流设备，但永磁极的磁力要随着时间延续而衰减、充磁。

为了使磁铁矿粉在净化回收过程中损失最少，通常采用一粗一扫两次磁选作业，也可采用一次磁选尾矿中间浓缩作业和二次再磁选作业。

磁选机工作效果的好坏，直接关系到磁性介质的损耗数量，磁选机工作不好会使磁性介质损失过大，使生产成本提高，严重时造成分选悬浮液密度失控，使生产无法进行下去。因此对净化回收用的磁选机有如下要求：

(1) 对磁性加重质的回收率高，总效率达 98% ~99.9%，或最终尾矿中含磁性物量不大于 0.5%；

(2) 磁选精矿密度不低于 2000kg/m³（或符合工艺要求）；

(3) 磁选精矿中含磁性物一般在 95% 以上；

(4) 能适应给矿浓度和给矿量的变化。

10.3.2.1 湿式弱磁场圆筒顺流磁选机

图 10 – 16 为顺流磁选机的外形图。它由分选滚筒、磁系、槽体及安装在机架上的传动装置组成，筒体及端板系非磁性材料不锈钢制成，其表面覆盖耐磨天然橡胶或其他耐磨层。

其工作原理如图 10 – 17 所示。矿浆由给矿槽沿筒体转方向进入槽体，矿浆中的磁性矿粒被吸附于滚筒表面上，磁性物料被滚筒携带，通过分选（扫选）区，运输和排矿（压缩脱水）区脱离磁场卸入精矿槽。非磁性物料由磁选机底部可调排矿口排出。

因为作用在磁性矿粒上的磁力与磁场强度和磁场梯度的乘积成正比，即：

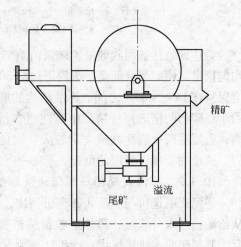

图 10 – 16 顺流式磁选机结构示意图

$$f = XV\delta H \frac{dH}{dx} \qquad (10-4)$$

式中 f——作用于矿粒上的磁力，N；

V——矿粒的体积，m^3；

X——矿粒的比磁化系数，m^3/kg；

δ——矿粒的密度，kg/m^3；

H——磁场强度，A/m^3；

$\frac{dH}{dx}$——磁场梯度，A/m^2。

所以分选区的磁场强度和磁场梯度都是很强的。运输区的磁场强度和磁场梯度较低。此处利用极性交替有利于磁性粒子翻转清除磁团夹杂的煤泥和杂质。精矿排矿区较短，其磁场强度和磁场梯度急剧下降，以便排掉精矿。扫选区磁场较高，目的是加强磁性介质的再回收。

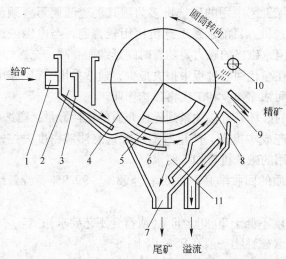

图 10-17 顺流式磁选机工作原理示意图

1—给矿管；2—给矿箱；3—挡矿板；4—圆筒；5—磁系；6—扫选区；7—尾矿管；
8—脱水区；9—精矿管；10—冲洗水管；11—槽底

为达到最佳的回收效果，矿浆由给矿口给入后，应均匀地分布于整个长筒。给矿量要均匀稳定，使矿浆液面高于滚筒下边沿30mm左右。液面可采用底阀控制。给矿浓度一般应保持在15%～30%之间。标准结构的顺流型磁选机的最大给矿粒度可达到6mm，故适用于粗矿物的精选，且精矿中磁性物含量高，但是，必须保证有足够的、稳定的矿浆液面，否则尾矿中磁性物损失量较大。因此，当给矿量波动时，要及时调整尾矿的排料闸门。这增加了操作管理的负担。

10.3.2.2 湿式弱磁场圆筒逆流磁选机

逆流式磁选机与顺流式磁选机相比，主要是槽体结构不同，如图10-18所示。矿浆从给矿箱进入分选区，磁性矿粒很快被吸附于圆鼓上。由于给矿流向与滚筒旋转方向相反，其精矿脱水排矿区设在给矿区一侧，吸附在圆鼓上的磁性物料经脱水后，离开磁场区卸入精矿槽。这种磁选机的分选（扫选）区较长，尾矿是利用萦流排放，能保证（磁极）

圆鼓适度的沉浸在矿浆中，对入料量变化适应性强、操作方便，尾矿中磁性物损失较少，回收率高。但入选粒度应小于1mm，以防分选槽堵塞，入料矿浆浓度一般为15%~30%。这种磁选机在介质选煤厂得到广泛应用。

10.3.2.3 湿式弱磁场圆筒半逆流磁选机

图10-19为半逆流式磁选机工作原理示意图。矿浆由槽底下部给入槽内。磁性矿粒很快被吸附于磁鼓上面，顺着滚筒的旋转方向经分选区和脱水区卸入精矿槽。因此，它兼有逆流式的高回收率和顺流式精矿高品位的优点，可适应给矿量的波动，而不需要调整，尾矿中磁性物损失较低，一般给矿浓度为15%~30%，入料粒度应控制在0.8mm以下，以防分选槽发生堵塞。这种磁选机广泛用于重介质选煤磁性介质的净化回收工艺中。

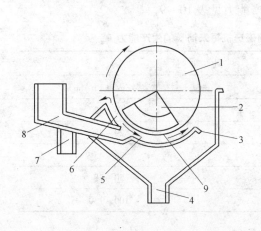

图10-18 逆流式磁选机工作原理示意图

1—圆筒；2—磁系；3—溢流堰；4—尾矿箱；
5—分选槽；6—脱水区；7—精矿溜槽；
8—给矿箱；9—扫选区

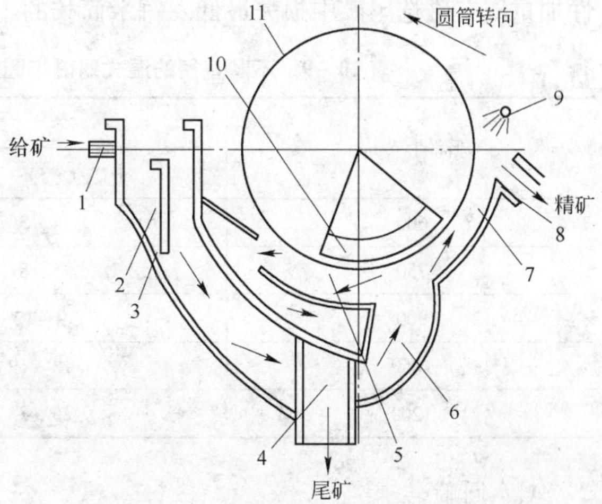

图10-19 半逆流式磁选机工作示意图

1—给矿管；2—给矿箱；3—挡矿板；4—尾矿管；
5—扫选区；6—槽底；7—脱水区；8—精矿管；
9—冲洗水管；10—磁系；11—圆筒

10.3.2.4 湿式弱磁场圆筒形磁选机主要工作参数及其调整

前面介绍了湿式弱磁场圆筒形顺流、逆流和半逆流磁选机的一些特点。下面再综合介绍这类磁选机的主要工作参数的确定和生产调整。

A 湿式弱磁场圆筒形磁选机的磁场性能

从式（10-4）可知，矿粒受到的磁力，除与矿粒本身的磁性及质量有关外，即是磁场力 $H\dfrac{\mathrm{d}H}{\mathrm{d}x}$。该力大小取决于磁选机磁极的形式及其参数，磁极材料的磁性能及磁势等因素。为使磁选机的磁场有大的磁场力，须在一定条件下提高磁场强度及磁场梯度。如永磁型圆筒磁选机的开放磁系，当所有的永磁材料磁性能一定时，可调整极距来改变滚筒表面的磁场强度与磁场梯度，两者有相互消长的关系。由此选取磁场力的最大值。对闭合的电磁系尚需考虑磁性材料的磁性能及磁势对磁场强度及磁场梯度的影响。当增加磁势使磁极接近磁饱和时，再增加磁势，虽然磁场强度尚可提高，但磁场梯度将急剧下降。要得到最大的磁力应选取两者乘积的最大值。

重介质旋流器选煤工艺所用的磁性加重质为强磁性矿物，一般要求圆鼓表面（分选区）的平均磁场强度为 0.15～0.16T，但扫选区的磁场强度应达 0.17～0.18T；当采用二次磁选回收时，第二次磁选机的圆鼓表面（分选区）的平均磁场强度应达 0.19～0.21T，扫选区的磁场强度应达 0.22～0.3T。同时要求磁选机的磁极表面距 50mm 处的磁场平均强度：一次磁选机不低于 0.06T；二次磁选机不低于 0.08T。除此之外，还要满足有足够大的磁包角（$\alpha > 125°$）和合理的结构槽体，以满足矿粒的分离时间和分选区的长度。

B 磁选机的圆鼓直径和长度

湿式弱磁场圆筒形磁选机的直径和长度的大小，是决定磁选机的生产能力的主要因素之一，也是选用磁选机生产能力的依据。但是，要考虑重介质旋流器选煤工艺中，稀悬浮液净化回收用磁选机的生产能力要比一般选矿的磁选机低 20%～35%，其目的是确保磁性加重质在磁选尾矿中损失最低。每米筒长的生产能力见表 10-9。

表 10-9 不同直径的湿式弱磁场圆筒磁选机每米筒长的生产能力

圆筒直径/mm	处 理 量	
	干矿/t·(h·m)$^{-1}$	矿浆量/m^3·(h·m)$^{-1}$
600	4～5	16～22
750	5～8	29～38
900	9～12	36～45
1050	13～19	50～78
1200	25～33	100～130

C 圆筒转速

磁选机的圆筒转速大小随圆筒直径而异，圆筒直径大，其转速较低；而圆筒直径小，则转速就较高。对湿式筒式磁选机来说，圆筒转速一般在 0.9～1.5m/s。圆筒转速即圆筒面上任意点的线速度，简称圆筒线速度。圆筒线速度 v（m/s）与圆筒转速 n 的关系式为：

$$v = \frac{Dn}{60} \cdot \pi \tag{10-5}$$

式中 D——圆筒直径，m；

n——转速，r/min。

圆筒磁选机圆筒转速大小影响磁选机的处理量，也影响磁性加重质的回收效果。转速过高会使磁选精矿的含水量增大，部分磁性弱的矿粒容易损失于尾矿中。如高密度的精矿时，应降低筒体的转速，但筒体转速过低，会使磁精矿中的磁性物含量降低，生产能力减少，还可能造成尾矿中磁性物损失增加。因此，较佳的圆筒转速，除参考有关资料、手册介绍外，还应通过生产试验和检测进行调整。

D 磁选机分选区的工作间隙

分选区的间隙是指磁选机槽体尾矿扫选区底板到圆筒表面之间的距离，可通过增减槽体与机架之间的垫板来调节。

分选区的间隙是影响磁选机的处理能力和分选指标的一个重要工艺参数，它的大小取决于多种因素，如磁选机的磁场性能、被选物料的磁性、粒度大小、分选浓度等。一般来说，随着工作间隙增大，距离圆筒表面远处的磁场强度显著降低。因为，离开圆筒表面某

点的磁场强度 H_x(T)，随着距离的增加按指数衰减。其关系式为：

$$H_x = He^{-cx} \tag{10-6}$$

式中　H ——磁极表面的磁场强度，T；

　　　x ——离磁铁表面的距离，cm；

　　　e ——自然对数底；

　　　c ——磁场不均匀系数，cm，取 $c = \pi \dfrac{1}{s} + \dfrac{1}{R}$；

　　　s ——磁极距，cm；

　　　R ——磁选机圆筒直径，cm。

　　这样磁性较弱的矿物或连生体不易回收，而损失于尾矿中。如果减小工作间隙，控制磁选机的入料量不要过高，对提高磁性物的回收率，降低尾矿磁性物的损失是有利的。特别是重介质旋流器选煤工艺中，所用的磁性加重质粒度较细，磁选机的工作间隙过大会造成极细粒的磁性加重质的大量损失。故一般磁选机的工作间隙较小，为 25～40mm。但是，若缩小磁选机的工作间隙，而处理能力较大时，会造成磁选机分选效果变坏。

　　E　磁系偏角（磁偏角）

　　磁系偏角是指磁系横截面中心线与圆筒垂直中心线间（向精矿卸矿一侧偏移）的夹角。

　　磁系偏角可以通过固定在磁选机架一端的磁系调整装置在一定范围内调整。试验结果表明：磁系偏角一般在 10°～20°范围内变动较宜。

　　当磁偏角太小时，磁系边缘过分地低于精矿排矿口，会造成精矿排矿困难，致使尾矿中磁性物含量升高，严重时造成给料困难；当磁偏角过大时，则磁系一侧高出精矿排矿口很多，使精矿卸矿困难，而磁系的另一侧边缘脱离尾矿排矿口，缩短了尾矿扫选区，同样使得尾矿中磁性物含量升高。因此，磁偏角取过大或过小都是不利的。

　　值得指出的是，对较小的磁偏角会导致较差的选别指标容易理解，因为精矿明显不易上来。而对过大的磁偏角同样使选别指标变坏这一点，往往不易被认识，因为磁偏角调得过大时，看起来似乎精矿量多，实际情况并非如此。如前所述，磁偏角过大，会缩短尾矿扫选区，使尾矿中磁性物含量增加。因此，最佳的磁偏角应通过生产试验进行调整。

　　F　给矿浓度

　　给矿浓度是指给矿中干物料质量与矿浆质量比值的百分数。给矿浓度的大小，不但影响磁选机的处理能力，也影响磁选机的工作指标，它是磁选过程的一个重要参数。

　　给矿浓度对磁选机分选指标的影响主要表现：在处理干矿量一定的情况下，提高矿浆浓度，使分选介质的黏性增加，矿物粒子间的运动阻力增加，磁性矿粒翻转困难，精煤中会夹杂许多非磁性物（煤泥），从而降低磁选精矿的密度，同时使大量煤泥重返分选悬浮液中，对重介质旋流器选煤是非常不利的，也是不允许的。因此，在重介质旋流器选煤工艺中，如果入选原煤含煤泥量较大、稀悬浮液中固体物含磁性物低于50%时，磁选机的入料浓度应小于20%，最佳浓度为15%左右；如果入磁选机的稀悬浮液固体中含煤泥量少时，磁选机的入料浓度可提高到20%～30%。采用二次磁选回收流程时，一次磁尾浓度很低，可浓缩后进入二段磁选。

　　总之，磁选机的最佳给矿浓度，应根据不同工艺，不同入料中固体物的性质来确定。

10.3.2.5 国内重介质选煤常用的磁选机介绍

进入 20 世纪 70 年代，我国磁选技术发展很快，磁选机的品种、类型增多，特别是适合重介质选煤稀悬浮液净化回收用的磁选机不断涌现和创新。这为我国发展重介质选煤提供有利条件。

从 20 世纪 60 年代中，煤炭科学研究总院唐山分院先后把第一台湿式弱磁场圆筒顺流式（电磁和永磁）磁选机用于重介质选煤工艺以来，湿式圆筒形磁选机在磁系结构、磁极材料和分选槽结构都有很大突破性的改革和创新。在提高磁选机圆鼓的磁场强度上有新的突破。适用于重介质旋流器选煤工艺的磁选机品种增多。

A 1050 系列永磁磁选机

该机是马鞍山研究院研制的。它是一种磁场强度较高的湿式弱磁场圆筒磁选机，分别配用顺流型、逆流型和半逆流型槽体，见图 10 - 17 ~ 图 10 - 19。其分选粒度范围较宽，这类磁选机有两种磁系：(1) 全铁氧体磁系（MD_N^B），该磁系全部采用磁能积 $(BH)_{max} \geq 25.5 kJ/m^3$ 的锶铁氧体磁块组成。(2) 稀土 - 铁氧体复合磁系（MDX_N^B），该磁系采用一定数量磁能积 $(BH)_{max} \geq 63.7 ~ 95.5 kJ/m^3$ 的高磁性能稀土磁块和锶铁氧体磁块复合组成。距磁系表面 60mm 处平均磁感应强度超过 $0.08 ~ 0.10T$。

全铁氧体磁系磁选机用于一般磁力回收（粗选）作业，将稀悬浮液中 90% ~ 98% 的磁性加重质先进行回收。稀土 - 铁氧体复合磁系，多用于二次磁力回收（扫选）作业。有关该机的规格型号、技术性能如表 10 - 10 所列。

表 10 - 10 ϕ1050 系列永磁磁选机规格型号、技术性能表

技术性能		规 格 型 号					
		$2MD_N^B$, MDX_N^B -10.5×24	$2MD_N^B$, MDX_N^B -10.5×21	$2MD_N^B$, MDX_N^B -10.5×18	$2MD_N^B$, MDX_N^B -10.5×15	$2MD_N^B$, MDX_N^B -10.5×10	$2MD_N^B$, MDX_N^B -10.5×7
圆筒直径/mm		ϕ1050	ϕ1050	ϕ1050	ϕ1050	ϕ1050	ϕ1050
圆筒长度/mm		2400	2100	1800	1500	1000	700
圆筒转速/r·min^{-1}		20	20	20	20	20	20
圆筒表面磁感应强度/T	$2MD_N^B$, MDX_N^B 总平均	0.10 ~ 0.12	0.18 ~ 0.20	0.10 ~ 0.12	0.10 ~ 0.12	0.10 ~ 0.12	0.01 ~ 0.12
	MDX_N^B 总平均	>0.17	>0.17	>0.17	>0.17	>0.17	>0.17
	总平均	0.18 ~ 0.20	0.18 ~ 0.20	0.18 ~ 0.20	0.18 ~ 0.20	0.18 ~ 0.20	0.18 ~ 0.20
	MDX_N^B 尾矿扫选强化区	>0.22	>0.22	>0.22	>0.22	>0.22	>0.22
给矿粒度/mm	B	0.8(1) ~ 0	0.8(1) ~ 0	0.8(1) ~ 0	0.8(1) ~ 0	0.8(1) ~ 0	0.8(1) ~ 0
	N	3(4) ~ 0	3(4) ~ 0	3(4) ~ 0	3(4) ~ 0	3(4) ~ 0	3(4) ~ 0
给矿浓度/%		25 ~ 35	25 ~ 35	25 ~ 35	25 ~ 35	25 ~ 35	25 ~ 35
工作间隙/mm		45 ~ 75	45 ~ 75	45 ~ 75	45 ~ 75	45 ~ 75	45 ~ 75

技术性能		规格型号					
		$2MD_N^B$, MDX_N^B -10.5×24	$2MD_N^B$, MDX_N^B -10.5×21	$2MD_N^B$, MDX_N^B -10.5×18	$2MD_N^B$, MDX_N^B -10.5×15	$2MD_N^B$, MDX_N^B -10.5×10	$2MD_N^B$, MDX_N^B -10.5×7
处理能力	干矿量/吨· (台·小时)$^{-1}$	70 ~ 130	60 ~ 120	50 ~ 100	40 ~ 80	20 ~ 50	15 ~ 20
	矿浆量/米^3· (台·小时)$^{-1}$	220 ~ 300	200 ~ 280	170 ~ 240	160 ~ 220	100 ~ 150	60 ~ 80
电动机功率/kW		5.5	4	4	4	4	4
外形尺寸 （长×宽×高） /mm × mm × mm		3976 × 2250 × 1855	3710 × 2250 × 1830	34402 × 220 × 1830	3180 × 2220 × 1830	2680 × 2220 × 1830	2340 × 2170 × 1830
设备总重量/kg		5071	4554	约 4095	3635	约 2800	约 2200

B YRJ 系列永磁磁选机

该机的生产厂家是吉林冶金机电设备制造厂，属湿式弱磁场圆筒形磁选机。其基本结构形式与前述 1050 系列相同，磁系结构也有两种，即全铁氧体磁系和稀土 - 铁氧体复合磁系，每一型号的磁选机的槽体结构形式均可根据订货要求，配用顺流型、逆流型和半逆流型中的任一种。有关该机的规格型号、技术性能见表 10 - 11。

表 10 - 11 YRJ 系列永磁磁选机规格型号、技术性能表

型 号	槽体形式	圆筒尺寸/mm		圆筒表面 最高场强/T	扫选区平 均场强/T	圆筒转速 /r·min^{-1}	处理能力 /t·h^{-1}	电机功率 /kW	总重/t
		直径	长度						
YRJ$_1$ – 108	半逆流	φ1050	800	1800		20	10 ~ 20	5.5	4
YRJ$_1$ – 1015	半逆流	φ1050	1500	1800		20	20 ~ 60	5.5	4.5
YRJ$_1$ – 1018	半逆流	φ1050	1800	1800		20	30 ~ 80	5.5	5
YRJ$_1$ – 1021	半逆流	φ1050	2100	1800		20	40 ~ 100	5.5	5
YRJ$_1$ – 1024	半逆流	φ1050	2400	1800		20	40 ~ 100	5.5	5
YRJ$_2$ – 108	半逆流	φ1050	800	2500	2000	20	10 ~ 20	5.5	4
YRJ$_2$ – 1015	半逆流	φ1050	1500	2500	2000	20	30 ~ 80	5.5	4.5
YRJ$_2$ – 1018	半逆流	φ1050	1800	2500	2000	20	30 ~ 80	5.5	5
YRJ$_2$ – 1021	半逆流	φ1050	2100	2500	2000	20	40 ~ 100	5.5	5
YRJ$_2$ – 1024	半逆流	φ1050	2400	2500	2000	20	40 ~ 100	5.5	5

此外，适合重介质选煤回收磁性介质用的磁选机的生产厂家还有沈阳矿山机械厂、北京矿冶研究总院、抚顺隆基磁电设备有限公司等。其基本规格按圆筒直径分有 φ600mm、φ750mm、φ900mm、φ1050mm、φ1200mm、φ1500mm 等；按圆筒长度分有 600、900mm、1200mm、1500mm、1800mm、2100mm、2400mm、3000mm、4000mm 等；按槽体结构形式分有顺流式、逆流式及半逆流式三种。各生产厂家生产的各种规格磁选机的圆筒表面强度、磁包角等有所区别。但基本结构和分选原理无本质区别。用户可根据自身的工艺特点，有针对性的选用，此处不再一一列举。

10.3.3 磁性加重质的退磁和预磁

10.3.3.1 磁性加重质的退磁

当采用磁力回收磁性加重质时，这部分磁性介质受到磁感应作用，当其脱离磁场后仍有"剩磁"，如图 10 – 20 所示。这条曲线表示外磁场的强度与磁铁矿粉磁感应的关系。当外磁场强度增加时，初期磁铁矿粉的磁感应增加较快，以后逐渐减慢，当磁场强度达到 H_1 时，磁铁矿的磁感应达到 B_m，磁场强度继续增加，磁铁矿的磁感应基本无变化。此时若将外磁场减小，则磁感应也随着减小，不过在同一大小的磁场强度下，减小磁感应比增加磁感应大（曲线 AC 部分）。当外磁场强度减到零时，磁铁矿的磁感应尚有一定值（线段 OC），此值叫"剩磁"，这种"剩磁"强弱与此铁矿的性质有关。由于部分磁铁矿有"剩磁"，造成磁性介质间相互吸引和团聚，影响了介质的稳定性，给分选带来不利影响，所以重介选煤工艺中对从稀介质回收来的磁性加重质，进入循环（合格）悬浮液之前，要经过退磁处理"剩磁"，如图 10 – 21 所示。

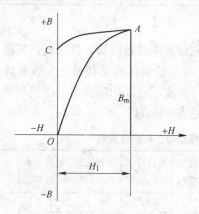

图 10 – 20 磁铁矿的磁化曲线

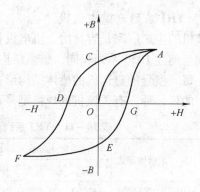

图 10 – 21 磁铁矿的磁回滞曲线

随着外磁场强度的反向增加，磁感应逐渐下降，当外磁场强度增加到 OD 时，磁铁矿的磁感应到零，这时的 OD 值称做"矫顽力"。若磁场强度在反向继续增加，磁铁矿在磁感应达到 $-B_m$ 值，在变换外界磁场方向，又可重新使磁铁矿粉的磁感应达到 $+B_m$，形成闭合曲线 ACD-$FEGA$。这条闭合曲线称做磁铁矿的"磁滞"曲线。因此，当磁铁矿通过一个由大到小的交变磁场时，磁铁矿的"磁滞"曲线将以如图 10 – 22 所示的周期往复进行退磁。

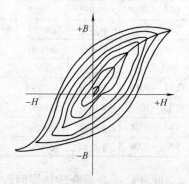

图 10 – 22 磁铁矿退磁曲线

我国绝大部分重介质选煤厂，在磁性加重质回收工艺中不设退磁器，从实际选煤效果看并没有影响。这是因为从稀介质回收来的磁铁矿粉，虽然受到外界磁场的作用产生了"剩磁"，但它是由泵从合格介质桶给入分选机的，由于泵叶轮的剧烈搅拌，磁性矿粒之间的磁场相互抵消，加上合格悬浮液中含有较多煤泥，使磁性矿粒间受到隔离，使磁团聚作用减弱或消失。因此，从稀悬浮液回收来的磁性介质，虽然未经退磁器退磁，也不会发生磁团聚。为证实上述现象，采用了两种不同性质的磁铁矿粉配制成一定密度的悬浮液[27]，在 119367A/m（1500Oe）的磁场强度作用后，分别用磁场强度为 39789A/m（500Oe）的退磁器退磁。将预磁后的磁铁矿粉配制成一定密度的矿浆，通过 1in（1in＝25.4mm）砂泵循环输入 20～40min，扬送高度为 1.5m，然后分别取样用量筒测其沉降末速的变化。结果列于表 10－12 和表 10－13 中。砂泵输送矿浆装置如图 10－23 所示。

表 10－12　磁铁矿粉特征

粒度/mm	>0.1	0.1～0.075	0.075～0.04	<0.04	合　计
各级产率/%	0.10	2.60	3.50	93.80	100.00
密度/kg·m^{-3}			4440		
含铁量/%			55.00		
磁性物含量/%			94.50		

表 10－13　磁铁矿粉的沉降速度

项　目	预磁前测定	预磁后测定	经一次退磁后测定	经二次退磁后测定	经三次退磁后测定	用砂泵循环输送 20min	用砂泵循环输送 40min
测定时间/min	2	2	2	2	2	2	2
沉降距/mm	78	180	81	27	36	40	28
沉降速度/mm·s^{-1}	39	90	40.5	13.5	18	20	14
悬浮液密度/kg·m^{-3}	1340	1330	1360	1360	1360	1360	1360

从上面的测定结果可得到如下结论：

（1）受到磁感应作用后的磁铁矿，比未受磁感应的磁铁矿的沉降速度快；

（2）受磁感应的磁铁矿，经过退磁器退磁后，其下沉速度与预磁前结果基本一致；

（3）预磁后的磁铁矿，经过砂泵循环输送 20～40min 后，其沉降速度与经过两次退磁的效果基本一致；

（4）用退磁器对预磁后的磁铁矿进行退磁时，磁铁矿在退磁器中停留的时间过长或过短，对磁铁矿的退磁效果都有影响，因此，合理的选用磁铁矿的退磁时间是值得注意的，最好采用试验方法确定。

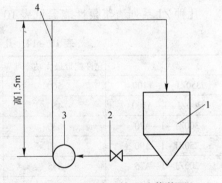

图 10－23　砂泵输送矿浆装置
1—搅拌桶；2—阀门；3—砂泵；4—管道

由此可知：用磁铁矿作加重质时，从稀介质中回收来的磁性加重质，虽然还有磁性，但并不一定要经过退磁器来退磁，因为从稀介质中回收来的磁铁矿一般只占进入循环分选悬浮液中的固体量的 1/25～1/35，循环输送时间 1h 左右。但实验表明：经预磁的磁性加重质只要在循环泵送 20～40min 就可以达到用退磁器退磁的效果。因此，从稀悬浮液中回收来的磁性加重质不用经过退磁器退磁了。但是，不同类型的磁铁矿，它的"剩磁"和"矫顽力"不同，用它做加重质时，考虑是否要经过退磁器退磁，可以在生产条件下，取进入分选机的循环悬浮液样,用退磁器退磁和不退磁的两种情况进行对比试验,如果两者无大的差别,就不用装退磁器了。若有异常现象,如分选悬浮液有严重的沉淀和不稳定情况,就要取部分磁铁矿进行试验查明原因。确认是"剩磁"影响时,还应进行退磁方法试验;退磁器磁场强度和退磁时间试验;再选定退磁器的性能和规格,才能达到预期的退磁效果。不过根据我国目前重介质选煤厂使用的磁铁矿的性质资料看,绝大部分的磁铁矿的"剩磁",只要经过泵循环输送一定时间后,就基本上可以得到消除,故不需要退磁器退磁。如果个别情况需要退磁器退磁时,可根据具体要求向生产磁选机的厂家订购。

10.3.3.2 预磁器

为了加速稀悬浮液中磁性物粒子在浓缩设备中的沉降速度,可在稀悬浮液进入浓缩设备前加预磁器,对磁性悬浮液进行预磁聚团。但由于预磁器长度有限,液流速度过大,往往预磁效果不是很理想,因此,除个别重介质选煤厂在稀悬浮液浓缩前设有预磁器外,大部分重介质选煤厂已不使用预磁器了。这里也不做过多介绍。

10.4 悬浮液输送泵

进入20世纪70年代,我国渣浆泵在水力设计、结构设计方面有很多创新,泵的过流部件采用了抗强耐磨蚀的高铬耐磨合金铸铁铸造。且品种、类型和规格增多,为我国重介质选煤工艺的发展创造了良好条件。ZJ系列渣浆泵是一种专为电力、冶金、煤炭、建材等行业输送高浓度强磨蚀性浆体而设计的渣浆泵之一。按出口直径分为300mm、250mm、200mm、150mm、100mm、80mm、65mm等多种规格,且同一出口的直径不同分为多种型号,以满足用户的不同需求。其过流部件的材料为C_{27}耐磨铸铁。该系列所有规格的泵,均适合用作介质泵。

几种ZJ系列渣浆泵性能参见表10-14。该系列泵的结构见图10-24。

表10-14 几种 ZJ 系列渣浆泵的性能参数

型　　号	允许配带最大功率/kW	流量/m³·h⁻¹	扬程/m	转速/r·min⁻¹
350ZJ－I－F100	560	500~2300	18~63	300~590
300ZJ－I－A100	450	464~1260	15.3~65.2	300~590
300ZJ－I－A70	630	647~2333	16.7~76.8	500~980
250ZJ－I－A90	450	473~1378	35~80	500~730
200ZJ－I－A75	355	230~900	24~103.7	500~980
150ZJ－I－A65	200	154~600	18.9~98.5	500~980
100ZJ－I－A50	160	86~360	20.2~101.6	700~1480
型　　号	最高效率/%	汽蚀余量/m	排送粒度/mm	叶轮直径/mm
350ZJ－I－F100	76.9	3.0	≤96	1000
300ZJ－I－A100	80.7	3.0	≤88	1000
300ZJ－I－A70	80.4	6.0	≤51	700
250ZJ－I－A90	79	5.3	≤28	900
200ZJ－I－A75	74.5	4.5	≤31	750
150ZJ－I－A65	75	3.9	≤27	650
100ZJ－I－A50	71.3	4.1	≤19	500

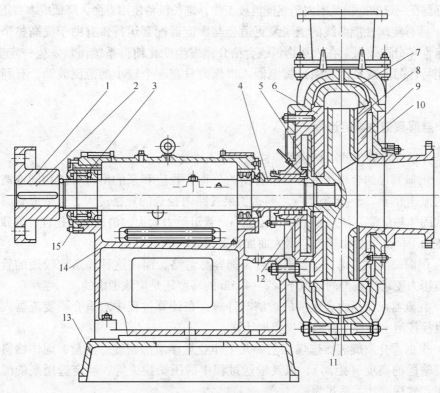

图 10-24 ZJ 系列渣浆泵结构图

1—联轴节；2—轴；3—轴承箱；4—拆卸环；5—副叶轮；6—后护板；7—蜗壳；8—叶轮；9—前护板；
10—前泵壳；11—后泵壳；12—水封壳；13—底座；14—托架；15—调节螺钉

10.4.1 工艺对悬浮液输送泵的要求

重介质选煤工艺中，用的悬浮液输送泵一般为卧式单级离心式渣浆泵，输送不同密度（浓度）的分选悬浮液。在采用泵给料的重介质旋流器选煤作业中，悬浮液泵兼有输送粒度小于 50mm 煤炭和悬浮液的双重作用，还要求有以下条件：

（1）工作可靠、耐磨、耐磨蚀性好，特别是易损部件，如泵的叶轮、护板等要耐磨强度高、使用寿命长。

（2）要求泵的效率高，不应低于 65%，最好大于或等于 70%，尽可能降低重介质旋流器选煤工艺中悬浮液输送泵耗电量的比重。

（3）泵的密封结构、填料性能好。一般不宜采用水封，采用副叶轮密封（或机械密封）等措施效果好。以免密封清水进入悬浮液系统，积少成多，降低分选悬浮液密度，造成跑煤损失。

（4）泵的叶轮流道应满足该作业输送物料中最大粒度上限的畅通，泵的叶轮流道要求应该不易堵塞。合理选择泵的叶轮流道，以利于物料通过。

（5）输送高密度悬浮液的性能好、振动小、噪声低、重量轻、体积小。

（6）机械事故少、维修量小，维护检修方便。

（7）泵的转速不宜过高，一般以 800~600r/min 为宜，且最好采用调速技术，可使渣浆泵和旋流器在一定的磨损范围内仍然能继续工作，延长设备使用寿命，降低成本费用。

（8）具有陡峭性能曲线的渣浆泵更适合与旋流器配套运行，有助于提高整个系统运行的稳定性和分选效果。在入选物料或合格介质发生变化使得系统流量发生一定变化时，具有陡峭特性的渣浆泵，能保证旋流器入口压力只在一个较小的范围波动，有利于稳定分选。

10.4.2 悬浮液输送泵的选择

在选择重介质旋流器入料泵时应注意以下几个方面：

（1）出口管径的合理选择。出口管路的公称直径应和泵的出口管道相同或略大，并保证管内流速介于 $2.5 \sim 3.5 \mathrm{m}^3/\mathrm{s}$ 之间；如果管路内径选的规格过大，会造成管路流速太低，导致固体物沉淀，堵塞管道；管径过小，管道阻力太大，消耗泵的扬程，导致旋流器的入口压力下降，也会由于流速增大而加快磨损。

（2）倒灌高度的考虑。一般选型时，都容易忽略，而在这种输送比较短的管道，旋流器入口压力要求比较严的情况下，$2 \sim 4.5 \mathrm{m}$ 的高度还是应该考虑的。

（3）旋流器入口压力表压值的理解与计算。在计算过程中对重介质旋流器入口压力值可以直接按清水扬程与管路损失相加计算。

（4）根据重介质旋流器选煤工艺中几个作业悬浮液的密度、流量、固体物料的性质和所需要输送的高度（距离），以及输送过程中的压头损失等，确定选用泵的流量、扬程、功率和效率。其关系式为：

$$N_1 = \frac{QH}{102}\Delta(1/\eta_1) \tag{10-7}$$

式中　N_1——泵的轴功率；kW；

　　　Δ——悬浮液的密度，$\mathrm{kg/m}^3$；

　　　H——扬程，m；

　　　η_1——与泵有关的效率系数，取小数。

$$N_2 = N_1\eta \tag{10-8}$$

式中　N_2——泵的电机功率，kW；

　　　η——泵的电动机功率系数，一般取 $1.1 \sim 1.3$。

（5）如果生产中发现某一作业的悬浮液输送泵的扬程和扬量满足不了生产要求（过大或过小）时，可利用调整泵的转速来提高和降低泵的扬程和流量。根据泵的生产厂家提供的资料，通过式（10-8）计算，确定需提高或降低后的扬程和扬量的电机功率值是否适合后，可通过下列公式进行泵的调整：

$$n_1 = n_2\frac{Q_1}{Q_2} \tag{10-9}$$

$$H_1 = H_2\left(\frac{n_1}{n_2}\right)^2 \tag{10-10}$$

$$N_1 = N_2\left(\frac{n_1}{n_2}\right)^3 \tag{10-11}$$

式中　n_1——需要的转速，r/min；

　　　n_2——已知的转速，r/min；

　　　Q_1——需要的运输量，m³/h；

　　　Q_2——已知（原设计）的运输量，m³/h；

　　　H_1——需求的扬程，m；

　　　H_2——已知（原设计）的扬程，m；

　　　N_1——转速 n_1 时的功率，kW；

　　　N_2——转速 n_2 时的功率，kW。

10.5　管道、溜槽的设置和管材的选用

重介质旋流器选煤车间的管道、溜槽主要为车间煤流、悬浮液、其他矿浆和水的输送而设置。输送方式为：自流输送和压力输送两种。

10.5.1　自流输送

物料自流输送既便于生产，又节省动力、费用和机械设备，也是重介质选煤生产车间内使用最多的一种。所在车间设备配置、楼层之间的距离（高度）要考虑自流物料输送的空间和条件。

当输送的矿浆量大，矿浆中含粗粒级物料较多或含水量较少的干煤料时，常采用溜槽。其优点是：（1）在坡度适宜的条件下，矿浆浓度、物料粒度、流量的波动对溜槽的影响较小，不易堵塞，发生堵塞时易于发现和处理；（2）溜槽比较耐用，尤其采用铸石作内衬时使用期限较长；（3）溜槽在生产过程中易于维修或更换。缺点是：（1）开敞式溜槽，料流易于喷出槽外，影响环境卫生；（2）全封闭式溜槽发生堵塞事故时处理不便；（3）溜槽占用空间较大。

当矿浆量较小、输送的物料粒度较小时，多采用自流管道。特别是重介质选煤车间内各作业之间的悬浮液输送的常用管道。其优点是：（1）管道灵活性大，设闸阀变向方便；（2）占用空间小，布置和安装方便；（3）料流无外喷事故。缺点是：（1）当自流管径和安装坡度考虑不周时，对矿浆的浓度、物料粒度和流量波动影响较大，容易发生堵流事故；（2）堵流事故发生，处理事故不方便；（3）输送悬浮液的管道磨损严重。如采用铸石衬管道则可提高使用寿命 3~5 倍。

总之，采用矿浆自流输送时，需根据矿浆的性质，包括矿浆的浓度、流量、固体物的粒度和密度等来选用自流管直径、自流槽的形状尺寸。特别是自流管、自流槽占用空间的坡度，这是关系到重介质选煤车间生产能否正常的关键之一。

重介质旋流器选煤车间内各作业的自流管、溜槽的坡度选择范围如表 10－15 所列。

表 10－15　重介质旋流器选煤厂生产车间内常用溜槽、自流管道的坡度值

名　称	悬浮液密度/kg·m⁻³	悬浮液中固体粒度/mm	自流管、槽坡度/%
主选（一段）旋流器溢流	<1400	<50	9~5
一段旋流器溢流脱介筛下合格介质	<1400	<0.5	7~4
一段旋流器溢流脱介筛下稀介质	<1100	<1.0	5~3

名　称	悬浮液密度/kg·m⁻³	悬浮液中固体粒度/mm	自流管、槽坡度/%
主选（一段）旋流器底流	1650～1900	<50	>47
一段旋流器底流脱介筛下合格介质	1650～1900	<0.5	18～9
一段旋流器底流脱介筛下稀介质	<1100	<1.0	6～4
再选（二段）旋流器溢流	1500～1650	<50	18～10
二段旋流器溢流脱介筛下合格介质	1500～1650	<1.0	17～10
二段旋流器溢流脱介筛下稀介质	<1100	<1.0	6～4
二段旋流器底流	1900～2200	<50	>58
二段旋流器底流脱介筛下合格介质	1900～2200	<0.5	>47
二段旋流器底流脱介筛下稀介质	<1100	<1.0	8～6
分级旋流器底流	1200～1250	<1.0	>47
分级旋流器溢流	<1050	<0.074	5～3
磁选机入料	<1150	<1.0	6～4
磁选机精矿	1800～2300	<0.5	>47
磁选机尾矿	<1050	<1.0	7～5

注：表中所列管道坡度，有拐弯或曲段坡度相应增加20%～30%。在空间允许时，应尽可能加大自流管道或溜槽的坡度。

下面列举高、低双密度两段重介质旋流器选煤生产车间内矿浆（悬浮液）自流管道、溜槽坡度设置的实例，见图10－25。

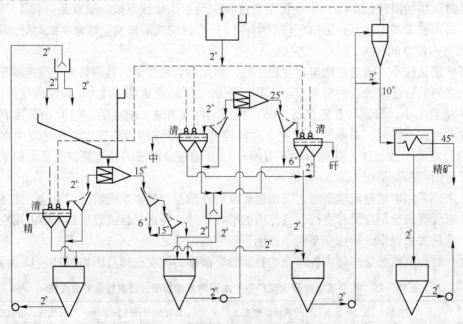

图10－25 重介质旋流器选煤生产车间管道实例图

此外，在布置自流管道时，要尽可能避免急弯和直角弯头，有拐弯或弯曲段的坡度相应要增加20%～30%，还要在拐弯或易发生堵塞处增设检查管（见图10－26）。或快速拆卸设施，以利消除堵塞事故。要尽可能避免在输送管道上设置阀门。需要设置时，要选用耐磨、不易堵塞和开闭灵活的阀门。

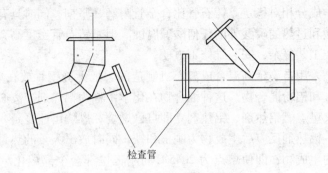

检查管

图 10-26 检查管结构示意图

10.5.2 压力输送

重介质旋流器选煤工艺中，往旋流器输送分选（合格）悬浮液时，常用压力输送。当重介质旋流器采用泵直接给料时，还要求在旋流器入口处保持一定的余压。当自流坡度不够或者要把矿浆输送到高处时，也需要（泵）压力输送。其优点是：（1）灵活性、随意性大；（2）可缩小设备之间或厂房之间的水平距离；（3）不受高差和空间的限制，布置紧凑。缺点是：需要增加输送设备（泵），还要消耗电能。

另外在设计布置压力管时，要考虑重介质选煤悬浮液易于沉淀的特点，相应采取措施防止沉淀，例如：（1）对（压力）水平输送管也要与自流管一样设置相应的坡度，停车时悬浮液能迅速从管道中排出，防止悬浮液停留于管道中而造成悬浮液沉淀和管道堵塞；（2）要保持悬浮液在管道中有适度的流速，过大的流速会增加管道的磨损，过小会使悬浮液分层，或扬程、流量极不稳定；（3）尽可能避免急弯和直角拐弯，以减轻弯头的磨损和压头损失；（4）在易发生堵塞处要设置检查管；（5）尽可能避免设置阀门，必要设置时，要选用耐磨、不宜堵塞和开闭灵活的阀门如电控液压闸阀。

10.5.3 耐磨管道在重介质选煤系统中的应用

由于介质管路输送的是硬度大、磨蚀性强的介质悬浮液，对有压给料的旋流器入料管，除了输送介质悬浮液以外，还包括煤及矸石。因此，与煤泥水混合输送管道相比，介质管道磨损速度要快，特别是有压管道，如旋流器的入料管、脱介筛入料管等。依据管道材料和流动方式不同，一般的金属管道材使用寿命在几个月到一年左右。管道的严重磨损不仅造成了大量的材料浪费和介质的跑、冒、滴、漏，而且频繁的管道维修更换，增加了工人的劳动强度，加大了生产成本。近年来，耐磨技术与耐磨材料的开发飞速发展，耐磨管道技术除了在金属矿山、建筑、电厂等领域应用以外，在重介质选煤领域也得到广泛推广，大大提高了重介质管路的使用寿命，减少了维修工作量和材料消耗，推动了重介质选煤技术的快速发展。

10.5.3.1 常用的耐磨介质管

常见的耐磨管道主要有铸石管、陶瓷复合管、合金耐磨管等。

铸石是以天然岩石为主要原料，经配料、溶化、烧铸、退火而成的一种无机非金属材料。它具有优良的耐磨、耐腐蚀性能。我国的冶金、火电、矿山、化工建材等部门都广泛地应用铸石材料。生产铸石的主要原料是自然界分布十分广泛的玄武岩和辉绿岩，它们是基性岩浆岩，化学成分相对稳定。铸石管比合金管耐磨、坚韧，同时具有很高的耐腐蚀性能，可抗除氢氟酸和过热的磷酸外的任何酸碱腐蚀。但是铸石管密度高，脆性大，不耐冲击，易破碎，生产工艺复杂，安装维修不方便。

陶瓷复合管是采用自蔓延高温合成离心机制造的。把无缝钢管放在离心机的管模内，在钢管内加入铁红和铝粉混合物。这种混合物在化学中称为铝热剂。离心机管模旋转达到一定速度后，经火星点燃铝热剂，铝热剂立即自己燃烧，燃烧迅速蔓延，并在蔓延时发生剧烈的化学反应，铝热剂反应后生成物为刚玉和铁，同时放出大量的热量，是钢管内原来物料以及反应后的生成物，即使熔点为 2045℃ 的刚玉也都会全部熔化。由于反应非常迅速，只有数秒钟，熔融反应物在离心力作用下，迅速按密度大小进行分离。铁被离心力甩到钢管内壁，Al_2O_3 则分布在铁的内层。由于钢管迅速吸热和传热，Al_2O_3 和 Fe 迅速达到凝固点，很快分层凝固。最后形成的陶瓷钢管从内到外分别为刚玉陶瓷层、以铁为主的过渡层，以及外部的钢管层。高温熔融的铁液和 Al_2O_3 液，与钢管内壁接触，使钢管内壁处于半熔融状态，使铁层和钢管形成冶金结构，铁层与刚玉陶瓷层间液形成牢固结合，其结合压减强度（即在轴向把陶瓷层压出时强度）大于 15MPa；陶瓷钢管压溃强度（即从管外把管内陶瓷压碎时的强度）大于 350MPa。

陶瓷钢管与传统的钢管、耐磨合金铸钢管、铸石管以及钢塑管等有着本质的区别。陶瓷钢管外层是无缝钢管，内层是刚玉。这种刚玉是熔融状态下在离心机作用下浇铸而成。刚玉层硬度高达 HV1200～1400，它比通常黏接而成的刚玉砂轮性能优越得多，可把刚玉砂轮磨损掉。陶瓷管抗磨损主要是靠内层几毫米厚的刚玉层，这比耐磨合金铸钢管、铸石管既靠成分和组织，又靠厚度来抗磨已经有了质的飞跃。相同规格和单位长度的陶瓷钢管质量只有耐磨合金钢管的 1/2，铸石管的 1/3；其每米工程造价降低 30%～40%；因此陶瓷钢管除了在性能上优越外，在工程造价上也有明显优势。

陶瓷钢管抗热冲击性能好，这一性能在工程施工中大有用处。由于外层是钢铁，加之内层升温也不崩裂，在施工中，对法兰，吹扫口等可以进行焊接，也可用直接焊接方法进行管道连接。这比耐磨合金铸石管和铸石管在施工中不易焊接和不能焊接更胜一筹。万一生产现场因特殊原因，陶瓷钢管出现破裂情况，可立即进行应急焊接，以保证安全生产和防止环境污染。

需要注意的是，陶瓷钢管内陶瓷层厚度不均匀性较大，在运输、安装、敲打以及两支架间自重弯曲变形时，可能会发生破裂脱落，从而导致工作时的不均匀磨损，影响使用寿命，甚至会造成短期局部的钢管破损。

超耐磨复合管是一种内外管组合的管道。它以高分子材料为主材，加入必要的添加剂、助剂制作成耐磨内管，以 Q235 钢板为原料，卷板焊接制成外管。该类管道具有高的耐磨性，良好的耐蚀性；整体具有一定的力学性能（强度、韧性），抗冲击，起支撑作用，承受外部压力，以免坍塌；并能够适应环境温度的变化，质量轻，容易操作加工。超耐磨复合管耐磨性能优异，使用寿命长，机械噪声小，使用该产品可改变选煤厂以前管道更换频繁，停机时间长，维修量大的局面，既提高了选煤厂的效率，又减轻了工人劳动强度，降低了维修工作量。表 10-16 为陶瓷复合管与超耐磨复合管的技术经济指标比较，供选用参考。

表 10 -16 超耐磨复合管的性价比

名 称	质量/kg·m⁻¹	单价/元·吨⁻¹	寿命/月	成本/元·(月·米)⁻¹	节约资金/元·(月·米)⁻¹
普通合金管	202	14000	9	314.2	
陶瓷复合管	151	13500	8	254.8	
超耐磨复合管	85	42000	24	148.75	109.05

10.5.3.2 耐磨管的使用和维护

首先，除合金管以外，目前常用的耐磨管都是依靠一层复合耐磨材料提高管路的寿命。不管是什么工艺，耐磨层和基层结合强度再大，也是属于异质材料之间的结合，不可能达到浑然一体。因此对安装，特别是焊接工艺要求很高。

其次，复合层虽然硬度很大，但是往往却很脆，特别是陶瓷复合管，陶瓷层的抗冲击性相对要差一些。因此在运输、安装、维护过程中要严禁摔、敲、砸，避免复合层与基层的脱离。对复合耐磨管而言，如果其耐磨层损毁以后，其耐磨性能也就丧失了。例如在生产中出现堵管，利用敲打振动的办法清堵。对普通的管道可以，但是对有耐磨层的管道却是应该严格禁止的。

在管道安装过程中，往往由于焊接不当导致焊接的部位耐磨层或多或少地遭到破坏，一般的影响范围在焊缝左右 2~5mm，甚至可能出现局部的脱落，导致该区域的耐磨性降低。因此，部分选煤厂在新厂设计时，往往根据管路设计图纸，直接向厂家定制，特别是弯管、三通、弯头、分配管等。这对介质管路的设计提出了更高的要求。

也有部分厂考虑到设计、施工水平，往往在首次采用可加工性比较好的普通管路，在系统正常运行后，并对系统管路进行实测后，根据测试图纸向管道生产厂家定制耐磨管，在必要的时候进行更换。老厂改造时也可采用这种办法。

10.6 其他辅助设备

10.6.1 贮存桶

悬浮液贮存桶主要指：分选悬浮液桶（亦称合格介质桶）；入选原煤和分选悬浮液混合桶（简称煤介混合桶）；稀悬浮液桶（简称稀介质桶）。

10.6.1.1 分选悬浮液桶（合格介质桶）

分选悬浮液桶的主要用途是：配制、贮存分选悬浮液；分选悬浮液的进入和排出（质量）的平衡和缓冲。因此，在设计分选悬浮液桶的结构和容积时，首先要满足上述要求，同时使分选悬浮液能畅通进入和排出。

分选悬浮液桶的结构，一般为圆柱圆锥形，圆锥顶角多为60°，防止在正常生产时悬浮液固体物料的沉淀和堆积于桶壁，如图 10 -27 所示。

其有效容积 V（m^3）可根据工艺要求按下式

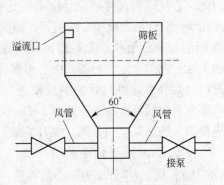

图 10 -27 分选悬浮液桶结构示意图

求得：

$$V = (V_1 + V_2 + V_3 + V_4)k \qquad (10 - 12)$$

式中 V——要求合格介质桶的有效容积，m^3；

　　V_1——分选设备的最大容积（包括定压漏斗），m^3；

　　V_2——正常生产合格介质桶内悬浮液要求达到的高液位时，悬浮液的体积数，m^3；

　　V_3——生产时输送介质的管道、溜槽中的悬浮液量，m^3；

　　V_4——停止生产时，从稀介质回收系统可能进入的悬浮液量，m^3；

　　k——系数，取 1.1~1.3。

　　为使合格介质桶内悬浮液的密度保持均匀和相对稳定，开车前需要将合格介质桶的悬浮液进行搅拌，其方式一般采用风力。即在合格介质桶的锥体下部开设 2~4 条 $\phi25mm$ 的风管（见图 10-27）。为搅拌悬浮液提供足够的风量和风压。一般悬浮液的搅拌风压为 100~400kPa（1~4kg/cm²），搅拌风量每吨悬浮液为 0.1~0.2m³/min，一般取 0.16m³/min。待合格介质桶悬浮液搅拌均匀后再开介质输送泵。正常生产时不开风搅拌，靠悬浮液的进出动态稳定与平衡。

　　应该指出：我国有些重介质选煤厂的合格介质桶，采用风力搅拌时，在介质桶的锥体中部、下部开设多条风管。形成风圈是不利于悬浮液迅速搅拌的，因为合格介质桶锥体中部的悬浮液密度较低，容易搅拌，而锥体下部悬浮液的密度很高，不易搅拌。当风压和风量不足时，造成下部悬浮液搅拌不起来，或导致部分风管堵塞，同时造成不必要的风力损失。实践证明采用锥体下部集中供风是合理的。

10.6.1.2 煤介混合桶

　　煤介混合桶与分选悬浮液桶的区别在于：煤介混合桶除应具备分选悬浮液桶的功能外，还要使入选原煤和分选悬浮液在桶内混合，并按一定煤介比通过介质泵（亦称固液泵）以一定压力给入重介质旋流器。要求进入煤介混合桶的原煤基本上不漂浮于液面上，能迅速地随分选悬浮液进入煤介泵给入重介质旋流器中进行分选，因此，它在结构尺寸的设计上有一定要求，并在煤介混合桶内设中心给料管，如图 10-28 所示。中心给料管上端高出煤介混合桶

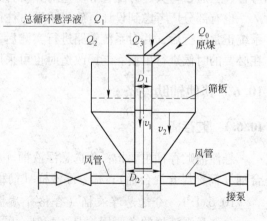

图 10-28 煤介混合桶结构示意图

的上缘，或与上缘面相等。中心给料管的下端直插煤介混合桶锥体下部，在靠煤介混合桶出口（煤介泵入口）管的上缘附近，相距煤介混合桶下部出口管上缘 100~300mm 处，当煤介混合桶液面高小于或等于 2m 取最小值，大于 2m 取大值。中心给料管的柱体直径应根据入选原煤量和分选（循环）悬浮液量来确定。

　　设 Q_1 为总循环悬浮液量（m^3/h）；Q_2、Q_3 分别为给入中心管内、外的悬浮液量（m^3/h）；D_1、D_2 分别为中心给料管、煤介混合桶下锥横截面的直径（m）；v_1、v_2 分别为中心给料管内、煤介混合桶下锥横截面矿浆下降流的平均速度（m/s）。

根据上面提供的数据，为了使给入中心管内的物流畅通地进入煤介泵的入口，而不漂浮于煤介混合桶的液面，只有当中心给料管内矿浆的下流速度（v_1），与煤介混合桶下锥横截面直径（D_2）处的矿浆下流速度（v_2）相等，或者 $v_2 > v_1$ 时才行，即：

$$v_1 \leqslant v_2$$

由

$$v_1 = \frac{Q_0 + Q_3}{\frac{\pi D_1^2}{4} \times 3600} = \frac{Q_0 + Q_3}{2826 D_1^2} \tag{10-13}$$

令

$$Q = Q_0 + Q_3$$

则

$$D_1^2 = \frac{Q}{2826 v_1} \tag{10-14}$$

开方得：

$$D_1 = 0.0188 \sqrt{\frac{Q}{v_1}} \tag{10-15}$$

同理：

$$v_2 = \frac{Q_2}{3600 \times (\frac{\pi D_2^2}{4} - \frac{\pi D_1^2}{4})} = \frac{Q_2}{2826(D_2^2 - D_1^2)} \tag{10-16}$$

则

$$D_2^2 - D_1^2 = \frac{Q_2}{2826 v_2}$$

移项得：

$$D_2^2 = \frac{Q_2}{2826 v_2} + D_1^2 \tag{10-17}$$

将式（10-14）代入式（10-17）得：

$$D_2^2 \approx \frac{Q_2}{2826 v_2} + \frac{Q_0 + Q_3}{2826 v_1} \tag{10-18}$$

取 $v_2 = v_1$，代入上式得：

$$D_2^2 = \frac{Q_2 + Q_0 + Q_3}{2826 v_1} \tag{10-19}$$

因

$$Q_2 + Q_3 = Q_1$$

整理式（10-19）得：

$$D_2 = 0.0188 \sqrt{\frac{Q_1 + Q_0}{v_1}} \tag{10-20}$$

式中，Q_1、Q_0 为已知数，v_1 可根据入选物料和悬浮液密度的高低在 0.075 ～ 0.22m/s 范围内取值。当循环（分选）悬浮液低，入选物料密度高时取小值，反之取大值。

D_2 确定后，D_1 可根据 $v_1 \leqslant v_2$ 的原则求得，再确定 Q_2、Q_3 的流量。

煤介混合桶的容积计算，基本上与合格介质桶相同。也可以适当偏大一点，这样悬浮液的密度相对稳定些，还可减少补加重质的次数。但容积过大时，悬浮液的密度调整比较迟缓。其风力搅拌系统的设计，也与合格介质桶相同，故不再重复介绍。

10.6.1.3 稀介质桶

稀介质桶的主要用途是给泵输送矿浆时，创造一个稳定和缓冲的给料容器。因此，它的容积大小与结构，主要根据矿浆的性质与流量，以及要求矿浆缓冲的时间来定。其结构一般与合格介质桶基本相同。是否设风力搅拌可根据工艺要求来确定，或在稀介质桶的下锥设置一条风管，也可在安装泵的入口处设压力水管代替风管。其有效容积可按流量的缓冲时间 3~8min 计算：

$$V = \frac{Q}{60}t \qquad (10-21)$$

式中　　V——选择稀介质桶的有效容积，m^3；

　　　　Q——稀悬浮液的流量，m^3/h；

　　　　t——要求稀悬浮液的缓冲时间，min。

10.6.2　重介质旋流器的定压给料箱

重介质旋流器的定压给料箱的主要用途是：

（1）使入选原煤与（分选）悬浮液在入旋流器前充分混合和润湿分散。

（2）给重介质旋流器创造一个压力稳定的给料条件。

因此，对重介质旋流器给料箱的结构有如下要求：

（1）要有足够的容积供入选原煤与悬浮液充分均匀混合，使入选原煤与悬浮液按一定比例进入旋流器。

（2）分选不脱泥原煤时，由于入选原煤含水量低，要使原煤在定压箱内得到充分润湿和分散。

（3）保证对重介质旋流器的给料压力稳定。当悬浮液量过大时，自动溢流外排，且溢流中不带走原煤。

重介质旋流器的定压箱结构如图 10-29、图 10-30 所示。

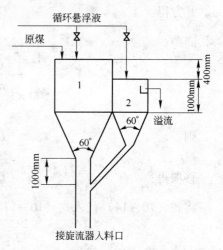

图 10-29　旋流器煤介混合定压箱
结构示意图（一）
1—煤介混合箱；2—液位定压箱

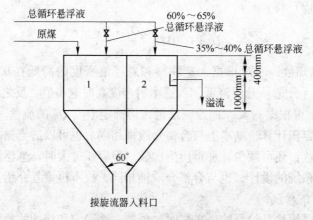

图 10-30　旋流器煤介混合定压箱结构示意图（二）
1—煤介混合箱；2—液位定压箱

重介质旋流器的定压箱由悬浮液与原煤混合箱1和液压箱2组成。前者的容积和断面积为后者的两倍，箱体也高出300~400mm，两者的下部排料管在煤介混合箱下料管1m左右处连通（汇合）。原煤给入煤介混合箱，悬浮液按总量的60%给入煤介混合箱，40%给入液压箱。一旦进入定压箱的悬浮液过量时，多余的悬浮液将自动从液压箱的溢流中排出，而不会把原煤带走。这种定压箱的结构和接管比较复杂，但效果好。下面再介绍另一种结构的定压箱。

图10-30所示为另一种旋流器煤介混合定压箱结构示意图。它也是由悬浮液与原煤混合箱1和液压箱2组成的，与前者不同之处是把混合箱与液压箱合成一体，箱体内设一隔板，将两箱在上部隔开，而在下部锥体相通，但混合箱的横断面积为液压箱横断面积的2~2.5倍，并在液压箱的一侧设溢流口。

入选原煤随悬浮液总量的60%~65%给入煤介混合箱，另外35%~40%的悬浮液总量给入液压箱。当进入定压箱的悬浮液过量时，多余部分悬浮液将自动从液压箱的溢流中排出，而不会把煤带走。但在操作时一定要控制好悬浮液进入混合箱和液压箱的比例。让混合箱内液流的下降速度大于或等于液压箱内液流下降速度。

定压箱和液流下降速度 v（m/s）与定压箱的横截面积有关，即：

$$v = \frac{Q}{3600B^2} \qquad (10-22)$$

式（10-22）移项开方得：

$$B = 0.0167 \sqrt{\frac{Q}{v}} \qquad (10-23)$$

式中　B——矩形定压箱的边长，m；

　　　Q——入定压箱的原煤及悬浮液量，m³/h；

　　　v——定压箱内液流的下降速度，一般可在0.075~0.22m/s选取，液流量大时取大值；液流量小时取小值。

10.6.3　悬浮液风力提升罐[39,44]

风力输送罐亦称风力提升罐，它常用于重介质选煤厂生产车间地面的流失介质（清洗液）的收集和提升（运输），也可用于加重质的补加和运输设备。如我国贵州汪家寨选煤厂、宁夏大武口选煤厂、河南平顶山田庄选煤厂都采用了风力提升罐，从远处的介质库将加重质（悬浮液）直接输送到重介质选煤生产车间。运输的水平距离分别为96m、70m和220m，垂高分别为26m、15m和10m左右。

风力提升罐的结构如图10-31所示，装配和操作如图10-32所示。在往罐中给料前，首先打开提升罐上部的放气阀，然后将悬浮液从漏斗给入罐中，当悬浮液面上升到接触液位发生器时，则导通电路，使电铃和指示灯发出信号，表示罐内装满，应停止

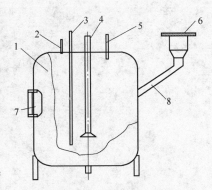

图10-31　风力提升罐

1—罐体；2—高压进风口；3—吹堵管；
4—出料管；5—液位触发器安装口；
6—球形逆止阀；7—检查孔；8—进料管

给料。如果压力表达到规定压力时，将放气阀关闭，打开高压风阀，向罐中给入高压风，高压风将球形逆止阀关闭，悬浮液立即被压入管道，排往生产车间的介质桶中。

　　风力运输悬浮液设备简单、可靠，不易发生悬浮液沉淀和堵管事故，缺点是需要有足够的风压、风量和风源。

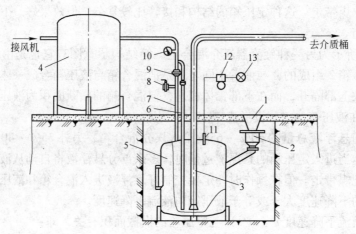

图 10 - 32　风力提升罐安装示意图

1—入料口；2—球形逆止阀；3—运送管路；4—风包；5—罐体；6—吹堵用高压风管；7—高压风管；
8—放气阀；9—高压风阀；10—压力表；11—液位触发器；12—电铃；13—指示灯

11　重介质选煤厂的生产技术管理

选煤厂是由多环节组成的机械化、连续性的流水作业过程，各工艺环节的工艺指标难免会出现波动甚至偏离，设备也会出现磨损甚至故障。随着生产的进行和客观条件的变化，必然要出现一些薄弱的环节或不适合工艺要求的环节和设备，所以生产技术管理的任务就是了解各生产环节的操作、设备、原材料等情况，并进行分析，发现问题和解决问题。不仅保证生产顺利进行，而且挖掘生产中的潜力，使各工艺环节始终处于受控状态并维持在较高的性能上，使各项工艺指标始终保持一个比较好的水平。

选煤生产技术管理与分析是选煤厂的一项具体的、日常的技术管理工作，贯穿于选煤生产的全过程，其具体的分析方法大致有以下几方面：

（1）现场的直接观察。现场的直接观察是根据日常技术检测资料和采用眼睛看、手摸并结合观察现场安装的仪器、仪表所反映的信息对生产情况做出大致的判断。比如物料量的变化、物料分配量的变化、水量的平衡、压力的变化、粒度的变化，设备的声音、振动、温度的变化等。其对象一是现场主要工艺环节的操作者对本环节的分析和判断，二是现场的工程技术人员通过对现场各环节的观察对生产运行情况做出的判断。

现场的直接观察是在长期的经验积累基础上一种智慧的体现，通过这种观察可以粗略地判断各工艺环节是否处于受控状态，如发现某一环节可能处于非受控状态，有些问题可以直接做出判断并安排解决，有些问题进行必要的设备参数调整后仍不能解决就要及时地安排进一步的技术检测，进行进一步的生产分析。

（2）借助技术检测资料对某一环节进行重点分析，找出存在的问题和解决问题的方法。通过现场的直接观察发现某些环节可能的问题要进行进一步的分析，一般是安排技术检测部门进行单机测试，准确的分析该环节的原料情况、工艺参数和设备参数后，一般由技术管理部门牵头进行分析，通过与历史资料的比对，制定出改进措施报相关领导批准后执行。

（3）全厂技术效果的分析和评价。全厂技术效果的分析和评价主要借助于月综合资料和必要的系统大检查资料。对月综合的分析最主要的一个指标是选煤效率，现在一般重介质选煤厂的选煤效率都达到了93%以上。如果选煤效率低了，就要分析各产品的指标和各个环节的指标，找出造成选煤效率低的原因，如果连续几个月选煤效率都低又不能及时从其他指标上找出造成效率低的原因，那就要开展必要的系统大检查（可以分成几个分系统）以及原料煤的详细分析，重点要检查主要分选设备的分选状况以及各环节之间的配合情况。现在很多选煤厂很少开展单机检测，更不开展系统大检查。因而月综合资料整理与分析，成为分析系统工艺状况的重要依据。

因此从重介质旋流器选煤厂生产技术管理的角度出发，本章主要讲述以下几个方面的内容：

（1）重介质旋流器的分选效果分析；

（2）磁性加重介质损失测定与分析、技术管理；

（3）现场生产操作技术管理与实例；

（4）月综合资料的整理与分析；

（5）主要设备性能的周期性管理。

11.1　重介质旋流器的分选效果分析

根据不同的试验目的，分别采取入洗原煤和分选后的精煤、中煤和矸石样。由于重介质旋流器分选的最大上限一般小于或等于 50mm，下限为 0.5mm。一般日常检查时，只做全粒级（大于 0.5mm）的浮沉与化验分析。特别是需要考察重介质旋流器分选细粒级原煤的分选效果时，应根据试验目的和要求，进行不同粒级的筛分、浮沉试验。如果工艺中采用重介质旋流器选煤泥时，还应取煤泥分选样，并根据要求的分选下限进行小浮沉试验分析。

根据入选原煤和产品的密度分析列表 11 – 1，同时利用表 11 – 2 的格式（法）计算出分选产品的产率，以及计算出表 11 – 3 ~ 表 11 – 7 各项数据。

表 11 –1　入料和产品的密度分析（粒度：50 ~ 0.5mm）

密度 /kg·L^{-1}	入　料		精　煤		中　煤		矸　石	
	产率/%	灰分/%	产率/%	灰分/%	产率/%	灰分/%	产率/%	灰分/%
（1）	（2）	（3）	（4）	（5）	（6）	（7）	（8）	（9）
<1.25	0.38	4.79	0.35	3.72	0.00		0.00	
1.25 ~ 1.40	57.68	8.37	95.82	7.10	41.98	9.53	0.12	8.83
1.40 ~ 1.45	5.54	15.61	2.60	15.52	17.69	16.97	0.02	11.87
1.45 ~ 1.50	2.88	20.66	1.01	20.01	11.84	21.56	0.21	19.99
1.50 ~ 1.60	2.03	27.38	0.21	24.95	13.48	28.81	0.27	30.55
1.60 ~ 1.80	2.67	40.80	0.01	34.90	9.17	39.12	0.81	39.47
1.80 ~ 2.00	0.85	55.14	0.00		1.54	53.35	1.98	53.66
>2.00	27.97	89.57	0.00		4.30	81.18	96.59	88.12
合　计	100.00	33.47	100.00	7.48	100.00	21.34	100.00	86.61

表 11 –2　分选产品产率计算表　　　　　　　　　　　　　　　（%）

密度 /kg·L^{-1}	$R-G$	$J-G$	$Z-G$	$(R-G)\times (J-G)\div R$	$(R-G)^2\div R$	$(R-G)\times (Z-G)\div R$	$(J-G)\times (Z-G)\div R$	$(Z-G)^2\div R$
（1）	（2）–（8）	（4）–（8）	（6）–（8）	（11）×（12）÷（2）	（12）×（12）÷（2）	（11）×（13）÷（2）	（12）×（13）÷（2）	（13）×（13）÷（2）
	（10）	（11）	（12）	（13）	（14）	（15）	（16）	（17）	（18）
<1.25	0.38	0.35	0.00	0.35	0.32	0.00	0.00	0.00
1.25 ~ 1.40	57.56	95.70	41.86	95.50	158.78	41.77	69.45	30.38
1.40 ~ 1.45	5.52	2.58	17.67	2.57	1.20	17.61	0.23	56.36
1.45 ~ 1.50	2.67	0.80	11.63	0.74	0.22	10.78	3.23	46.96
1.50 ~ 1.60	1.76	– 0.06	13.21	– 0.05	0.00	11.45	– 0.39	85.96

密度 /kg·L^{-1}	$R-G$	$J-G$	$Z-G$	$(R-G) \times$ $(J-G) \div R$	$(R-G)^2 \div$ R	$(R-G) \times$ $(Z-G) \div R$	$(J-G) \times$ $(Z-G) \div R$	$(Z-G)^2 \div$ R
(1)	(2) - (8)	(4) - (8)	(6) - (8)	(11) × (12) ÷ (2)	(12) × (12) ÷ (2)	(11) × (13) ÷ (2)	(12) × (13) ÷ (2)	(13) × (13) ÷ (2)
	(10)	(11)	(12)	(13)	(14)	(15)	(16)	(17)	(18)
1.60 ~ 1.80	1.86	-0.80	8.36	-0.56	0.24	5.82	-2.50	26.18
1.80 ~ 2.00	-1.13	-1.98	-0.44	2.63	4.61	0.58	1.02	0.23
>2.00	-68.62	-96.59	-92.29	236.97	333.56	226.12	318.71	304.52
合 计	0.00	0.00	0.00	338.15	198.94	314.44	397.75	550.59

注：R—入料中各级产率；G—矸石的各级产率；J—精煤的各级产率；Z—中煤的各级产率。

表 11 -3 均方差及分配率计算

密度 /kg·L^{-1}	产品入料/%			计算入料 $\bar{R}$	离差 $\Delta = \bar{R} - R$	离差方 Δ^2	平均密度 /kg·L^{-1}	分配率/%	
	精煤	中煤	矸石					第一段	第二段
(1)	0.5246 × (4)	0.1921 × (6)	0.2833 × (8)	(20) + (21) + (22)	(23) - (2)	(24) × (24)		(22) ÷ (23)	(21) ÷ [(20) + (22)]
(19)	(20)	(21)	(22)	(23)	(24)	(25)	(26)	(27)	(28)
<1.25	0.18	0.00	0.00	0.18	-0.20	0.04	1.240	0.00	0.00
1.25 ~ 1.40	50.26	8.07	0.03	58.36	0.68	0.47	1.321	0.06	13.83
1.40 ~ 1.45	1.36	3.40	0.01	4.77	-0.77	0.59	1.422	0.12	71.37
1.45 ~ 1.50	0.53	2.28	0.06	2.86	-0.02	0.00	1.471	2.08	81.11
1.50 ~ 1.60	0.11	2.59	0.08	2.78	0.75	0.56	1.536	2.75	95.92
1.60 ~ 1.80	0.01	1.76	0.23	2.00	-0.67	0.45	1.674	11.49	99.70
1.80 ~ 2.00	0.00	0.30	0.56	0.86	0.01	0.01	1.891	65.46	100.00
>2.00	0.00	0.83	27.36	28.19	0.22	0.05	2.293	97.07	100.00
合 计	52.46	19.21	28.33	100.00	0.00	2.16			

注：Δ—离差；Δ^2—离差方；R—入料中的各级产率。

表 11 -4 计算入料的生成

密度 /kg·L^{-1}	精煤/%		中煤/%		矸石/%		计算产率/%	
	产率	灰分	产率	灰分	产率	灰分	产率	灰分
(1)	(20)	(5)	(21)	(7)	(22)	(9)	(30) + (32) + (34)	[(30) × (31) + (32) × (33) + (34) × (35)] ÷ (36)
(29)	(30)	(31)	(32)	(33)	(34)	(35)	(36)	(37)
-1.25	0.18	3.72	0.00	0.00	0.00	0.00	0.18	3.72
1.25 ~ 1.40	50.26	7.10	8.07	9.53	0.03	8.83	58.36	7.44
1.40 ~ 1.45	1.36	15.52	3.40	16.97	0.01	14.87	4.77	16.55
1.45 ~ 1.50	0.53	20.01	2.28	21.56	0.06	19.99	2.86	21.24

密度 /kg·L⁻¹	精煤/%		中煤/%		矸石/%		计算产率/%	
	产率	灰分	产率	灰分	产率	灰分	产率	灰分
(1)	(20)	(5)	(21)	(7)	(22)	(9)	(30)+(32)+ (34)	[(30)×(31)+ (32)×(33)+ (34)×(35)]÷(36)
(29)	(30)	(31)	(32)	(33)	(34)	(35)	(36)	(37)
1.50~1.60	0.11	24.95	2.59	28.81	0.08	20.55	2.78	28.70
1.60~1.80	0.01	34.90	1.76	39.12	0.23	39.47	2.00	39.15
1.80~2.00	0.00	0.00	0.30	53.35	0.56	53.66	0.86	53.55
+2.00	0.00	0.00	0.83	81.18	27.36	88.12	28.19	87.92
合 计	52.46	7.48	19.21	21.34	28.33	86.64	100.00	32.57

表 11 - 5 计算入料的可选性

密度 /kg·L⁻¹	产率/%	灰分/%	密度 /kg·L⁻¹	浮物累计/%			沉物累计/%	
				产率	灰分量	灰分	产率	灰分
(1)	(36)	(37)	(1)	$\Sigma(39)\downarrow$	$\dfrac{\Sigma(39)\times(40)\downarrow}{100}$	$(43)\div(42)\times100$	$\Sigma(39)\uparrow$	$\dfrac{\Sigma(39)\times(40)\uparrow}{(45)}$
(38)	(39)	(40)	(41)	(42)	(43)	(44)	(45)	(46)
<1.25			D_{min}	0.00	0.00	A_{min}	10.00	32.57
	0.18	3.72	1.25	0.18	0.01	3.72	99.82	32.62
1.25~1.40	58.36	7.44	1.40	58.55	4.35	7.43	41.45	68.07
1.40~1.45	4.77	16.55	1.45	63.32	5.14	8.11	36.68	74.77
1.45~1.50	2.86	21.24	1.50	66.18	5.75	8.68	33.82	79.30
1.50~1.60	2.78	28.70	1.60	68.96	6.54	9.49	31.04	83.83
1.60~1.80	2.00	39.15	1.80	70.95	7.32	10.32	29.05	86.90
1.80~2.00	0.86	53.55	2.00	71.81	7.78	10.84	28.19	87.92
>2.00	28.19	87.92	D_{max}	100.00	32.57	32.57	0.00	A_{max}
合 计	100.00	32.57						

注：D_{min}、D_{max}—最小、最大密度；A_{min}、A_{max}—最小、最大灰分。

表 11 - 6 第一段错配量计算

密度 /kg·L⁻¹	占入料/%				密度 /kg·L⁻¹	错配物/%		
	精煤	中煤	矸石 (重产品)	轻产品		轻产品中 的沉物	重产品中 的浮物	合 计
(1)	(20)	(21)	(22)	(48)+ (49)		$\Sigma(51)\uparrow$	$\Sigma(50)\downarrow$	(53)+(54)
(47)	(48)	(49)	(50)	(51)	(52)	(53)	(54)	(55)
<1.25					D_{min}	71.67	0.00	71.67
	0.18	0.00	0.00	0.18	1.25	71.49	0.00	71.49

续表 11 - 6

密度 /kg·L^{-1}	占入料/%				密度 /kg·L^{-1}	错配物/%		
	精煤	中煤	矸石 (重产品)	轻产品		轻产品中 的沉物	重产品中 的浮物	合 计
(1)	(20)	(21)	(22)	(48) + (49)	(1)	Σ (51) ↑	Σ (50) ↓	(53) + (54)
(47)	(48)	(49)	(50)	(51)	(52)	(53)	(54)	(55)
1.25 ~ 1.40	50.26	8.07	0.03	58.33	1.40	13.16	0.03	13.19
1.40 ~ 1.45	1.36	3.40	0.01	4.76	1.45	8.39	0.04	8.43
1.45 ~ 1.50	0.53	2.28	0.06	2.80	1.50	5.59	0.10	5.69
1.50 ~ 1.60	0.11	2.59	0.08	2.70	1.60	2.89	0.18	3.07
1.60 ~ 1.80	0.01	1.76	0.23	1.77	1.80	1.12	0.41	1.53
1.80 ~ 2.00	0.00	0.30	0.56	0.30	2.00	0.83	0.97	28.33
>2.00	0.00	0.83	27.36	0.83	D_{max}	0.00	28.33	28.33
合 计	52.46	19.21	28.33	71.67				

表 11 - 7 第二段错配量计算

密度 /kg·L^{-1}	占入料/%		占本段入料/%		密度 /kg·L^{-1}	错配物/%		
	精煤	中煤	轻产品	重产品		轻产品中 的沉物	重产品中 的浮物	合 计
(1)	(20)	(21)	(57) ÷ 0.7167	(58) ÷ 0.7167	(1)	Σ (59) ↑	Σ (60) ↓	(62) + (63)
(56)	(57)	(58)	(59)	(60)	(61)	(62)	(63)	(64)
<1.25					D_{min}	73.19	0.00	73.19
	0.18	0.00	0.26	0.00	1.25	72.94	0.00	72.94
1.25 ~ 1.40	50.26	8.07	70.13	11.25	1.40	2.80	11.25	14.06
1.40 ~ 1.45	1.36	3.40	1.90	1.74	1.45	0.90	16.00	16.90
1.45 ~ 1.50	0.53	2.28	0.74	3.17	1.50	0.16	19.17	19.33
1.50 ~ 1.60	0.11	2.59	0.15	3.61	1.60	0.01	22.79	22.79
1.60 ~ 1.80	0.01	1.76	0.01	2.46	1.80	0.00	25.24	25.24
1.80 ~ 2.00	0.00	0.30	0.00	0.41	2.00	0.00	25.66	25.66
>2.00	0.00	0.83	0.00	1.15	D_{max}	0.00	26.81	26.81
合 计	52.46	19.21	73.19	26.81				

　　然后把试验计算得来的数据，绘制成产品分配曲线（见图 11 - 1）、入选原煤可选性曲线（见图 11 - 2）、错配物曲线（见图 11 - 3），并从中确定各项工艺性能指标。

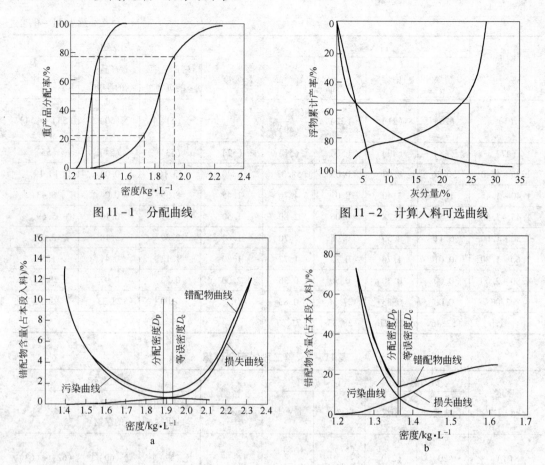

图 11 - 1 分配曲线

图 11 - 2 计算入料可选曲线

图 11 - 3 错配物曲线

a—第一段错配物曲线；b—第二段错配物曲线

11.1.1 重介质旋流器分选可能偏差及实际分选密度

以分配曲线为基础，求得重介质旋流器分选可能偏差 E_p（kg/L）值及实际分选密度 D_{50}（重产品分配曲线上对应于分配率为 50% 的密度，kg/L，亦称分配密度）为：

$$E_p = \frac{1}{2}(D_{75} - D_{25}) \qquad (11-1)$$

式中　D_{75}——重产品分配曲线上对应于分配率为 75% 的密度，kg/L；

　　　D_{25}——重产品分配曲线上对应于分配率为 25% 的密度，kg/L。

11.1.2 重介质旋流器的分选数量效率

以入料可选性曲线为基础，求重介质旋流器的分选数量效率 η（%）：

$$\eta = \frac{\gamma_1}{\gamma_2} \times 100\% \qquad (11-2)$$

式中　γ_1——实际精煤产率，%；

　　　γ_2——理论精煤产率，%，即入料中其累计平均灰分与实际精煤灰分相同的浮煤产率，其值从计算入料实际的可选性曲线上获得。

11.1.3 错配物的总量

以产品的错配物曲线为基础，计算出错配物（占入料）的总量 $Q_0(\%)$：

$$Q_0 = Q_1 + Q_2 \qquad (11-3)$$

式中　Q_1——轻产物中其密度大于分配密度（或等误密度）的物料占入料的百分数，%；

　　　Q_2——重产物中密度小于分配密度（或等误密度）的物料占入料的百分数，%。

11.1.4 计算入料和实际入料各密度的产率均方差

根据选后产品产率确定计算入料和实际入料各密度级的产率的均方差（σ），它是来确定实验数据可信度的一种度量

$$\sigma = \sqrt{\frac{1}{n-m+1}\sum_{j=1}^{n}\left(\gamma_j - \sum_{j=1}^{m}\gamma_i\gamma_{ij}/100\right)^2} \qquad (11-4)$$

式中　n——浮沉实验时密度级数；

　　　m——分选产品数；

　　　γ_j——入料中第 j 个密度级的产率，%；

　　　γ_{ij}——第 i 种产品中第 j 个密度级的产率，%；

　　　γ_i——第 i 种产品的产率，%，产品顺序按灰分自小到大排列。

对重介质旋流器选煤来说，实验数据的均方差按标准应为 $\sigma \leqslant 1$，但对易碎和易泥化的原煤可适当放宽。

11.2 磁性加重质损失测定与分析、技术管理

在重介质选煤工艺中磁性加重质的损失是指两部分：（1）工艺损失（亦称技术损失）；（2）非工艺损失（亦称管理损失）。管理损失又称为车间管理损失（包括生产损失、事故损失等），储存管理损失（包括制备、运输和储存等损失）。

在重介质选煤厂中，正确的分析磁性加重质的各种损失及原因，并采取相应措施，降低磁性加重质的损耗量，对提高重介质选煤工艺效果、降低选煤厂的生产成本是非常重要的。重介质选煤厂磁性加重质损失量的大小，也是衡量和评价选煤厂技术（管理）水平、工艺是否先进的主要指标，应引起高度重视。

介质消耗的管理中，首先应该统一对来料统计。磁性介质粉的供应过程中，水分和磁性物含量都有一定的波动，一般在固定供应地后，水分的波动占主要地位。因此宜对来料的水分与磁性物含量进行每批检测，然后折算到一个固定的计算重量上（比如干基或磁性物含量95%为基准的标矿量）作为基础量。这样可准确体现后续环节的介质损失情况，便于历史性的比对，也便于对介质来料的质量控制。

11.2.1 磁性加重质的工艺（技术）损失

在重介质选煤工艺中，磁性加重质的技术损失主要指两部分：

（1）选后产品经筛子预先脱介、清洗（脱介）和脱水的最终产品中磁性物含量（每吨煤磁性物含量）。

（2）磁性加重质在净化回收作业中的损失量（磁选尾矿中含磁性物量）。

11.2.1.1 最终产品中磁选物损失量的分析

产品中磁性物含量分析，至今还没有一个公认和完善的方法。但长期的生产实践中，已总结出较为实用和可信度较高的方法，即最终产品再次清洗脱介分析法。

按表11-8提供的产品粒度和试样的最小重量原则，分别在脱介筛出口处多次采取最终精煤、中煤和矸石样。试样最大时，可缩分到表11-8提供的标准值。

表11-8 磁性加重质分析煤样的质量

粒度/mm	最小重量/kg	粒度/mm	最小重量/kg
<50	20~30	<13	7.0
<25	10~15	<6	4.0

将试样分别用孔径为1.0mm圆筒筛（或浮沉筛）进行2~3次清洗脱介，直到黏附于产品的磁性粒子全部脱出后，将大于1.0mm的产品全部烘干称重、做好记录。再将清洗下来的筛下物，从全部清水中澄清、沉淀、去水和干燥称重，做好记录和留样进行磁性物含量分析。

在采取精煤、中煤和矸石样时，还要测量、记录当时的精煤、中煤和矸石产量和外在水分含量，以便折算准产品带走的磁性加重质总量。计算实例如下：

设：精煤产量 $Q_1 = 60t/h$；

中煤产量 $Q_2 = 22t/h$；

矸石产量 $Q_3 = 18t/h$。

取精煤分析样：

粒度 50~1mm（干样）重 20.0kg；

粒度 1~0mm（干样）重 2.0kg；

精煤样合计：20.0 + 2.0 = 22.0kg。

取中煤分析样：

粒度 50~1mm（干样）重 23.0kg；

粒度 1~0mm（干样）重 1.3kg；

中煤样合计：23.0 + 1.3 = 24.3kg。

取矸石分析样：

粒度 50~1mm（干样）重 24.0kg；

粒度 1~0mm（干样）重 1.0kg；

矸石样合计：24.0 + 1.0 = 25.0kg。

取精煤、中煤和矸石 1~0mm 试样各100g进行磁性物含量分析，结果如下：

1~0m 精煤含磁性物，1.2%；

1~0m 中煤含磁性物，1.1%；

1~0m 矸石含磁性物，1.2%。

则每吨精煤（产品）带走磁性加重质的量 F_1 为：

$$F_1 = \frac{1.2}{100} \times \frac{2}{22} \times 100 = 1.091 \text{kg/t}$$

精煤带走磁性加重质的总量 G_1 为：

$$G_1 = 1.09 \times Q_1 = 1.09 \times 60 = 65.40 \text{kg/h}$$

每吨中煤带走磁性加重质量 F_2 为：

$$F_2 = \frac{1.1}{100} \times \frac{1.3}{24.3} \times 1000 = 0.59 \text{kg/t}$$

中煤带走磁性加重质的总量 G_2 为：

$$G_2 = 0.59 \times Q_2 = 0.59 \times 22 = 12.98 \text{kg/h}$$

每吨矸石带走磁性加重质量 F_3 为：

$$F_3 = \frac{1.2}{100} \times \frac{1}{25} \times 1000 = 0.48 \text{kg/t}$$

矸石带走磁性加重质的总量 G_3 为：

$$G_3 = 0.48 \times Q_3 = 0.48 \times 18 = 8.64 \text{kg/h}$$

折合每吨带走磁性物加重质量 F_0 为：

$$F_0 = \frac{G_1 + G_2 + G_3}{Q_1 + Q_2 + Q_3} = \frac{65.40 + 12.98 + 8.64}{60.00 + 22.00 + 18.00} = 0.87 \text{kg/t}$$

产品带走磁性加重质的总量 G_0 为：

$$G_0 = G_1 + G_2 + G_3 = 65.40 + 12.98 + 8.64 = 87.02 \text{kg/h}$$

11.2.1.2 磁选机尾矿中磁性物测定及效率

当回收工艺中采用多台磁选机或多次回收作业（包括稀悬浮液浓缩）时，测定磁力回收工艺中磁性加重质的总损失。一般只取最终磁选尾矿样，测定磁选尾矿总流量。即可确定磁力回收作业中磁性加重质的总损失量。但是，有必要知道不同磁选机的工作状况时，应分取多台样。对采用两段磁选机直接串联回收作业的效果分析；可取一段磁选机入料矿浆样、二段磁选机尾矿矿浆样、一段和二段磁选机精矿混合矿浆样及其流量由于磁选机的精矿流量较小，很容易用容积法测定出来。

上述试样采取后，经过称重、烘干、磁性物含量分析等试验，应采取下列数据：

（1）一次和二次磁选机精矿汇合的总流量 V_0'，m^3/h；

（2）一次磁选机入料中的矿浆浓度 R_0，g/L；

（3）一次磁选机入料中固体的磁性物含量 F_0'，%；

（4）一次磁选机与二次磁选机汇总的精矿浓度 R_1，g/L；

（5）一次磁选机与二次磁选机汇总精矿的固体物中磁性物含量 F_1'，%；

（6）二次磁选机尾矿矿浆浓度 R_2，g/L；

（7）二次磁选机尾矿的固体物中磁性物含量 F_2'，%。

由上面试验分析提供的已知数可计算出下列结果：

（1）一次磁选机的入料流量 V'（m^3/h）：

$$V' = \frac{V_0(R_1 - R_2)}{R_0 - R_2} \tag{11-5}$$

（2）一次磁选机入料中固体量 Q'（t/h）：

$$Q' = \frac{VR_0}{1000} \tag{11-6}$$

（3）一次磁选机入料中磁性物量 G'（t/h）：

$$G' = Q' \times \frac{F'_0}{100} \qquad (11-7)$$

（4）一次磁选机与二次磁选机总精矿中回收的总固体量 Q'_0（t/h）：

$$Q'_0 = \frac{V'_0 R_1}{1000} \qquad (11-8)$$

（5）一次磁选机与二次磁选机总精矿中回收的磁性物量 G'_0（t/h）：

$$G'_0 = Q'_0 \times \frac{F'_1}{100} \qquad (11-9)$$

（6）二次磁选机的尾矿流量 V_2（m³/h）：

$$V_2 = V' - V'_0 \qquad (11-10)$$

（7）二次磁选机尾矿中的固体量 Q'_4（t/h）：

$$Q'_4 = Q' - Q'_0 \qquad (11-11)$$

或

$$Q'_4 = \frac{V'_2 R_2}{1000} \qquad (11-12)$$

（8）二次磁选机尾矿中的磁性物量 G'_4（kg/h）：

$$G'_4 = Q'_4 \times \frac{F_2}{100} \times 1000 \qquad (11-13)$$

或

$$G'_4 = (G' - G'_0) \times 1000 \qquad (11-14)$$

（9）一次磁选机和二次磁选机回收磁性加重质的总效率 η（%）：

$$\eta = \frac{G' - G'_4}{G'} \times 100 \qquad (11-15)$$

或

$$\eta = \frac{F'_1 (F'_0 - F'_2)}{F'_0 (F'_1 - F'_2)} \times 100 \qquad (11-16)$$

11.2.1.3 磁性加重质的工艺（技术）损失计算

入选煤量（t/h）= 精煤量 + 中煤量 + 矸石量 + 磁选尾矿（煤泥）量 - 磁性物量

$$= Q_1 + Q_2 + Q_3 + Q'_4 - \frac{G'_4}{1000}$$

磁性加重质的总损失量（kg/t）= 精煤中磁性物量 + 中煤中磁性物量 + 矸石中磁性物量 + 最终磁尾中磁性物量

$$= G_1 + G_2 + G_3 + G'_4$$

折合入选原煤的磁性加重质的损失 P（kg/t）为：

$$P = \frac{G_1 + G_2 + G_3 + G'_4}{Q_1 + Q_2 + Q_3 + Q'_4 - \dfrac{G'_4}{1000}} \qquad (11-17)$$

11.2.2 磁性加重质的管理损失

11.2.2.1 管理操作不善造成磁性加重质的损失

生产车间管理不善造成磁性加重质的损失主要指：生产过程悬浮液的跑、冒、滴、漏，未能及时和有效回收的流失。原因是设备、管道、溜槽和各种容器的磨损未能及时检修，或操作失调造成悬浮液和煤流跑冒事故等。

这部分损失的计算，可采用生产车间每天实际加入生产系统中的磁性加重质（干）量统计法。将生产车间每天加入生产系统的磁铁矿量称量计量。统计单元应不少于实际生产时间 30d。统计时间愈长愈准确。统计中应包括下列内容：

(1) 每天入选的原煤（干）量，t/d；

(2) 每天加入重介质选煤系统的磁铁矿量，t/d；

(3) 加入生产系统的磁铁矿平均外在水含量，%；

(4) 加入生产系统的磁铁矿中平均磁性物含量，%。

根据上面的统计数据计算出：

(1) 统计单元期内入选原煤累计量 q，t；

(2) 统计单元期内实际磁铁矿用量 q_0，t；

(3) 统计单元期内磁铁矿平均外在水含量 W，%；

(4) 统计单元期内磁铁矿平均磁性物含量 F_x，%；

(5) 统计单元期内磁性加重质的工艺损失 P，kg/t。

这样就可以计算出：

(1) 统计单元期内磁性加重质的消耗总量 $G_x(t)$：

$$G_x = q_0 \left(1 - \frac{W}{100 - W} \right) \frac{F_x}{100} \tag{11-18}$$

(2) 统计单元期内磁性加重质的技术加管理总损失，折合每入选 1t 原煤的数量 P_x (kg/t)：

$$P_x = \frac{G_x}{q} \times 1000 \tag{11-19}$$

(3) 统计单元期内磁性加重质的操作管理总损失量 $G'_x(t)$：

$$G'_x = G_x - \frac{Pq}{1000} \tag{11-20}$$

(4) 折合每吨入选 1t 原煤纯操作管理损失 P'_x(kg/t)：

$$P'_x = \frac{G'_x}{q} \times 1000 \tag{11-21}$$

11.2.2.2　磁性加重质的质量，储运、制备技术管理损失

磁性加重质的质量主要指：购入的磁铁矿粉水分含量不应大于 8%，最好在 5% 以下；磁性物含量应大于或等于 95%，还有粒度、密度、导磁系数和含铁量都应符合工艺要求。

因此，对入厂的每批磁铁矿的数量都要过磅，质量要严格检查、分析化验。发现质量不合格、数量不足时，要求供方赔偿或退货。这是管好重介质选煤厂、降低磁铁矿消耗的一个重要环节，千万不可忽视。

在把好磁铁矿质量关的同时，磁铁矿的贮存、运输也是不容忽视的环节。磁铁矿要入库、禁止露天堆放，防止磁铁矿流失和变质。根据磁铁矿贮存库距生产车间的距离，要设专用磁铁矿输送设备，杜绝运输过程的磁铁矿粉损失。

设有磁铁矿加重质制备系统的选煤厂，还要加强磁铁矿制备车间的操作管理。给重介质选煤车间提供合格的高浓度的悬浮液。同时要把制备过程的磁铁矿损失降到最低。

总之，对重介质选煤厂，磁铁矿加重质的消耗量不仅影响生产成本，也标志一个厂的技术管理水平高低、工艺流程是否先进，因此，务必高度重视。一年之内应对全厂磁铁矿的（工艺损失和管理损失）总消耗量做 $1 \sim 2$ 次全面检测。发现问题及时采取措施解决。

磁铁矿加重质的质量、贮运、制备、管理损失量 $E_0(t)$ 的技术公式为：

$$E_0 = E - (P'_x + P)q/1000 \tag{11-22}$$

式中 E——检测时间内磁铁矿总消耗量，t；

$\quad q$——检测时间内入选原煤总量，t；

$\quad P$——检测时间内折合每吨原煤磁铁矿的工艺损失，kg/t；

$\quad P'_x$——检测时间内折合每吨原煤磁铁矿的车间管理损失，kg/t。

故检测时间内折合每吨原煤磁铁矿的质量、贮运、制备、管理损失量 $Y(kg/t)$ 为：

$$Y = \frac{E_0}{q} \times 1000 \tag{11-23}$$

最后，将上述检查、测定和分析的结果汇成选煤厂生产技术指标（表 11 -9）。

表 11 -9 ××重介质旋流器选煤厂生产技术指标

编号								
概 况	分选产品/%						计算入料的可行性	
主选设备型号及规格	精煤		中煤		矸石		理论精煤产率/%	
入选原煤粒度/mm	产率	灰分	产率	灰分	产率	灰分	理论分选密度/kg·L⁻¹	
入选煤种							±0.1 含量/%	
入选原煤灰分/%	均方差						分选效果	
工艺性质	分选密度/kg·L⁻¹						重介质旋流器	一段	二段
处理能力/t·h⁻¹	一段		二段				可能偏差 E_p/kg·L⁻¹		
测定经历时间/h							数量效率 η/%		
磁铁矿消耗量	工艺损失/kg·L⁻¹	管理损失/kg·L⁻¹		总损失/kg·L⁻¹	错配物总量/%	分配密度下		
		车间管理	质量、贮运			等误密度下		
						等误密度/kg·L⁻¹		

11.2.3 介质消耗控制的生产技术管理措施

重介质选煤工艺在高效分选的同时，也带来设备的磨损和介质的消耗。近年来，随着重介选煤工艺的普遍推广，合格介质的供应趋紧，价格节节攀升，因此介质消耗是重介质选煤的一项重要技术经济指标。它不仅关系到生产系统的稳定运行，也影响全厂的经济效益。针对介质消耗管理的问题，各选煤厂在这方面进行了不断地探索和大胆尝试，摸索出一套行之有效的降低介质消耗的生产技术管理措施，取得了显著的效果，现总结如下。

11.2.3.1 磁铁矿粉的管理

A 磁铁矿粉的选择

选择磁铁矿粉的标准应包括磁铁矿粉的比磁化系数、粒度、磁性物含量（纯度）三个方面，具体指标因各厂入洗原煤和工艺状况而有差异。

（1）磁铁矿粉的比磁化系数不仅影响介质消耗的大小，还会影响分选效果。比磁化系数过弱会增大磁选的难度，介质回收效果差；比磁化系数过强，磁颗粒易集结，造成弧形筛脱介困难。但对选煤厂而言，主要防止比磁化系数过弱，造成磁选机回收介质困难的问题。在磁铁矿粉采购中杜绝使用由酸渣加工回收的磁铁矿粉。某选煤厂在日常介质技术管理中，总结了比较简单、有效的经验，值得推广。该厂介质消耗一直比较高，最高时达到 $6 \sim 7 kg/t$ 原煤，为此，该厂对磁铁矿粉的组成进行了进一步的分析，发现磁铁矿粉中含有部分弱磁性的赤铁矿粉（Fe_2O_3）及 SiO_2、硫、磷等其他杂质，而这些杂质在正常磁场强度的情况下，难以在磁选机中回收，同时在系统循环过程中也容易退磁。该厂总结出了通过调节磁选管电流大小的方法，来判断磁铁矿粉的质量情况，取得了较好的效果。该选煤厂对不同进厂批次的磁铁矿粉检测结果见表 11-10。

（2）磁铁矿粉的粒度组成对重介质旋流器（含煤泥重介质旋流器）的分选效果和介质消耗都有影响，应根据重介质选煤工艺的特点，在确保生产系统稳定性和效率最大化的原则下，选择适宜粒度组成的磁铁矿粉。通常，随着生产工艺的不同，对磁铁矿粉粒度的要求也有差异。重庆市南桐矿业公司南桐选煤厂采用"有压不脱泥重介质 + 煤泥重介质"工艺，要求磁铁矿粉中 $-0.074mm$（-200 目）的颗粒含量应在 95% 以上，$-0.044mm$（-320 目）的颗粒含量应在 90% 以上；对于使用煤泥重介质旋流器的分选工艺来说，要求 $-0.01mm$ 的颗粒含量达到 60% 以上。南桐选煤厂介质粒度状况见表 11-11。

表 11-10 不同磁场强度条件下的检测结果

批次	磁性物含量/%		
	1A	1.5A	2.5A
1	78	94.20	95.18
2	92.71	95.84	96.23
3	73.85	94.62	94.73

表 11-11 介质小筛分表

孔径/mm（目）	重量/g	占本级/%
+0.121（+120）	3.5	0.7
0.121~0.074（120~200）	14.5	2.9
0.074~0.044（200~320）	26	5.2
-0.044（-320）	456	91.2
合计	500	100.00

注：真密度为 $4.53g/cm^2$，磁性物含量为 96.10%。

（3）磁铁矿粉的磁性物含量应不小于 95%，真密度应不小于 $4.5kg/cm^3$。

B 加强磁铁矿粉的添加方式管理

无论是使用介质泵自动添加，还是使用磁铁器输送，都必须避免把磁铁矿粉直接添加到悬浮液桶或混料桶。因为直接添加磁铁矿粉到悬浮液桶（混料桶）时，易导致磁铁矿粉利用率低。

11.2.3.2 脱介筛工作效果的管理

产品脱介是重介质工艺介质回收的关键环节之一，产品带介量大的影响是多方面的：影响精煤灰分，增加介质消耗成本，影响工作悬浮液的稳定性，使其下降过快带来跑煤损失。因此，应从改善脱介筛、弧形筛脱介效果入手，在保证磁选机工作效果的情况下，最大限度地减少脱介筛的产品带介量。

A　脱介筛的带介指标

为控制好脱介筛的产品带介量，南桐选煤厂特制定了如表 11 – 12 所示的产品带介控制指标。

B　弧形筛、分配箱的管理

脱介筛脱介效果的前提是弧形筛必须处于良好的工艺状态，理论上弧形筛脱介效率不能小于 90% ，要使弧形筛保持良好的脱介效果，主要取决于以下四个方面的因素：

表 11 – 12　产品带介指标要求

产品	吨产品带介指标/kg·t^{-1}
精煤	≤0.2
中煤	≤0.1
矸石	≤0.1

（1）弧形筛的安装角度。入料量和脱介效果是确定弧形筛安装角度的影响因素，决定精煤、中煤和矸石弧形筛的安装角度。角度过小，将造成物料在弧形筛堆积，减少有效工作面积，增大后续振动筛的脱介负荷；角度过大，将造成切割力不够，脱介困难。在生产管理过程中，由于弧形筛入料量、粒度等因素，导致在保证脱介效果的前提下，安装角度都有差异。因而，在生产过程中，安装角度可根据现场效果进行调整。如南桐选煤厂精煤弧形筛安装角度 48°，中煤、矸石弧形筛安装角度为 50°。

（2）弧形筛的筛条角度和间隙。弧形筛筛条断面一般为梯形，其对物料切割端的角度和间隙对脱介效果有直接的影响。角度越大，脱介效果越好，但是弧形筛调头次数将受到限制，筛条角度过大，将造成无法调头，影响弧形筛的使用寿命，因此必须结合选煤厂实际确定合理的筛条角度。筛条间隙越大，脱介效果越好，但筛缝越大，分级粒度变大，使得已经选好的精煤不能及时取出，使煤泥重介分选系统负荷增大；或增加磁选机工作量，增加磁选机槽体堵塞的几率；增大浮选系统的粒度导致尾矿跑煤，或被迫增加磁选后的粗煤泥截粗环节。某选煤厂经过长时间摸索，确定了弧形筛的筛条角度为 12°，矸石、中煤弧形筛的筛条间隙为 1.0mm，在保证脱介的情况下，减少对煤泥系统的影响，精煤弧形筛的筛条间隙为 1.5mm，以满足脱介的需要。

（3）弧形筛上分料箱的分配状况。在日常生产中，分料箱的均匀度对弧形筛的脱介效果影响明显。南桐选煤厂曾对精煤分料箱进行了改造，取得了较好的效果。改造前后具体结构见图 11 – 4 和图 11 – 5。但在生产管理过程中，应注意精煤、中煤、矸石弧形筛入料箱有差异，由于矸石较重，不适合使用溢流式的分料箱。

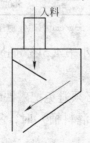

图 11 – 4　改造前分料箱结构

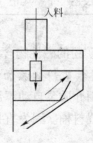

图 11 – 5　改造后分料箱结构

（4）弧形筛的调头情况。弧形筛安装角度等硬件设施确定后，在日常生产技术管理中，应重点关注弧形筛的脱介效果，根据脱介情况及时对弧形筛进行调头，但调头次数不能过于频繁，应确保筛条切割角度足够才换，否则调头后脱介效果还是不好，只能更换新弧形筛。目前大多选煤厂基本上每 7~15 天翻转一次。要经常清理弧形筛上入料箱，使之入料均匀、稳定，保证弧形筛全断面都有给料。

C 振动筛的管理

在生产运行过程中，影响振动筛脱介效果的因素主要有直线振动筛的筛缝、筛板上横角铁的高度和完好度、输送量等。

（1）严格直线振动筛筛缝管理。一般脱介直线振动脱介筛为 0.5mm（不脱泥工艺），磨损范围控制在 0.5~0.7mm 比较合适工艺要求，既能满足脱介的要求，又能避免对煤泥回收产生过大的压力。检查方法为，每月用塞尺对筛板进行多点测量，当筛面有 50% 超过 0.7mm 时就必须更换筛板。

（2）筛板上必须设置好挡料板。筛板上必须沿筛面全宽加 50mm 高的挡料板，以便使物料充分的翻滚，使喷水脱介更充分。在生产中，一旦发现挡料板缺失，必须及时更换。

（3）合理控制处理量。避免筛上物料量超过设计要求，使振动筛脱介效果急剧恶化。从选煤厂脱介筛脱介管理经验看，处理能力超标是影响脱介筛脱介效果的一个关键因素。对于选煤厂来说，由于产品粒度的差异，造成脱介筛处理能力大相径庭。如南桐选煤厂采用不脱泥重介工艺，原生和次生煤泥含量约 25%，生产中发现脱介筛单位面积小时处理能力控制在 2.8t/（m² · h）左右时，脱介效果较好。

D 喷水管理

喷水是决定脱介筛脱介效果的直接因素，在设计上应关注喷水管的高度、喷水压力和喷头分布情况，在生产技术管理过程中，应重点关注系统循环水质量和防堵管理。

（1）严格喷水管道安装。喷嘴高度调整为离筛面 200mm，喷嘴距离应合理，不能存在死区，喷水压力控制在 0.2MPa，使喷水形成水帘。

（2）对于超过处理能力的脱介筛，可以增加一道喷水，把传统的三道喷水调整为四道，克服精煤筛脱介能力的不足。

（3）在喷水管中设置过滤装置，减少喷嘴因木渣等杂物造成的堵塞问题，确保喷水的稳定性、均匀性。过滤装置应周期性清理。

（4）喷水水质情况，对脱介效果影响非常明显，是生产技术管理过程中的关键。在生产中必须努力改善循环水质，循环水浓度必须控制在 1g/L 以内，努力实现清水洗煤，为产品脱介创造良好的条件。

11.2.3.3 磁选机的工艺效果管理

介质净化回收系统主要设备是磁选机。磁选机运行的好坏，磁选效率的高低直接影响介质的回收率。在生产中，影响磁选机磁选效率的主要因素包括：磁选机参数、入料量、入料浓度、清理的状况等。其中，首先必须确定合理的磁选机参数，其次合理控制入料量和入料浓度，最后，必须建立磁选机清理制度，使磁选机处于良好的工艺状态。

A 确定合理的磁选机工艺和参数

（1）使用两段磁选机串联的介质回收工艺。为降低磁选机管理难度，确保磁铁矿粉的及时稳定回收，建议最好采用两段磁选机串联工艺。如果是新建厂，最好直接选用双滚筒磁选机。

（2）磁选机的磁偏角以及滚筒和箱底的间隙对磁选效率影响非常明显。磁偏角指磁系横截面中心线与滚筒垂直中心线之间的夹角。磁偏角角度过小,将影响磁选精矿的排料和精矿品位,使精矿纯度下降,带来大量的煤泥,间接影响重介质旋流器的处理能力。角度过大,缩短尾矿扫选区,将使尾矿带介量增大,使磁选效率下降,造成跑介。滚筒和箱底的间隙过小,将使物料流速加大,使磁选机的磁选效率下降;间隙过大,将使箱体底部的磁场强度减弱,影响介质的回收。一般磁选机磁偏角为15°左右,滚筒和箱底的间隙为30~50mm左右,最佳的磁偏角应该通过生产试验进行确定。

(3)磁选机的磁场强度将直接影响介质的回收效果和纯度。磁场强度过强,将使精矿中弱磁性物增加,煤泥夹带增加,导致精矿品位下降,降低工作悬浮液密度。在原煤煤质好、煤泥含量高,要求分选密度也较高的情况下,使分选密度难以达到要求。磁场强度过小,将使磁选机回收效果下降,严重时,造成介质大量流失,直接影响洗煤的正常生产。前面章节中已对一、二段磁选机磁场强度配置要求进行了说明,主要设计思路是一段保品位,二段保回收。从生产总结经验看,磁选机的磁场强度低于1600Gs(0.16T)时,回收效率明显下降,必须有计划的定期充磁或者更换磁极,以保证足够的磁场强度。

(4)保证合适的给矿浓度,入料粒度。浓度过高,精矿会夹杂一些煤泥,降低精矿的密度,同时大量煤泥重返合格悬浮液中,也不利于旋流器的分选。磁选机入料浓度应小于20%,最佳浓度为15%左右,可考虑向磁选机前布料箱内补加清水进行调节。

B 建立磁选机清理制度

清理制度主要包括以下两种:

(1)确定清理方式,制定定期排料制度。供选煤厂使用的磁选机有全逆流式和半逆流式两种,目前国内主要使用全逆流式磁选机(结构见图11-6)。为克服全逆流式磁选机易堵的问题,厂家专门设置了清料口,通过闸门控制排料的多少。要求在生产过程中该闸门保持一定的开启度,确保磁选机箱体底部不产生堆积。但在生产运行中发现,保持闸门常开易导致一段磁选机约1/4的磁场没有发挥作用,这不仅降低了一段磁选机的磁选效率,而且加大了二段磁选机的工作负荷,使磁选机整体磁选效率下降。针对以上问题,南桐选煤厂采取了每1个月组织在停车状态下清理一次的办法,避免了常开清料口造成的磁选效率下降问题。

(2)不定期清理制度。当脱介筛发现跑粗时,必须及时修补,并及时清理对应的磁选机,避免由于磁选机内由于粗粒物料的沉积而间隙变小,造成磁选机分选效果变差,影响介质回收。

磁选机正常运行情况下的单机检查结果,其磁尾矿中磁性物含量见表11-13。

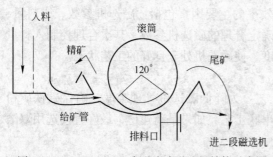

图11-6 CTN-1024全逆流式磁选机结构示意图

表11-13 正常运行情况下磁选机检查结果

项 目	磁选机尾矿磁性物/%
精 煤	0.35
中 煤	0.30
矸 石	0.31

C 减少介耗管理损失

减少介耗管理损失主要包括以下几方面：

（1）加强"跑、冒、滴、漏"的管理。首先，必须合理地设计重介厂房内的地漏系统，使"跑、冒、滴、漏"产生的介质能够得到及时的回收，最大限度地提高介质的回收利用效率。其次，加强管道和箱体的使用周期管理，对需要更换的管道和箱体进行及时的更换。

（2）建立介质系统外循环流程，回收重介系统多余介质。避免采用非常规的办法降低重介系统的密度，造成介质随产品流失。

（3）加强现场巡查，确保稀介泵稳定运行。在所有的稀介泵上都使用变频控制技术，使稀介泵的稳定控制成为选煤厂避免介质管理损失中的重要一环。在生产中，泵上水量过小会造成稀介桶一直有溢流；泵上水量过大会造成稀介桶液位不稳定，直接造成介质损失。当泵不上水时，必须及时地更换泵的相关部件；当泵上水量大时，必须及时地调整小循环门，使泵的部分出料重新回到稀介桶，保持稀介桶内液位稳定。

（4）开停车的操作规范化。在重介系统开启后，主介泵必须打小循环不少于10min，以便让介质和煤泥充分混合，提高介质在弧形筛和脱介筛的脱介效果。在重介系统停车前，主介泵必须打大循环不少于15min，以便使系统中的煤泥充分分流出来，减少系统下次开车可能对系统带来的影响，避免泵的入料管道堵塞，造成介质流失。

（5）合理设置小循环管道。通过把主介泵的小循环管道改至外侧，实现开车前介质的均匀掺混，避免了主介桶内介质和物料的堆积，见图11-7。

11.2.3.4 现场监控管理制度

建立有效的现场监控制度是控制介耗的有效保证。经过长时间的现场摸索，建立了一套从弧形筛、振动筛到磁选机的现场观察方法，并和技术监测相结合，发挥了反应速度快、处理及时的特点。

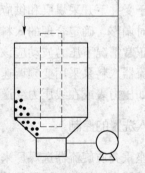

到重介质旋流器

图11-7 主介桶小循环示意图

（1）提高现场观察、判断处理能力：

1）在生产过程中，弧形筛上入料箱的分料必须均匀，不能走料偏向一边。振动筛不能出现甩水、物料黏结成团现象。若发现上述异常现象，必须及时停车进行处理。

2）在生产过程中，必须及时巡查磁选机的运行情况，注意刮板的磨损情况，发现磁选机入料箱分料不均匀或二段磁选机有大量的介质时必须在现场及时处理。避免由于处理不及时，造成介质损失。

3）建立每日介质添加图表，发现介质使用异常，及时作出判断处理。做到早发现，早处理，早解决。

通过现场观察经验的总结，把影响介耗的因素消灭在萌芽状态，避免由于发现不及时，带来介耗的急剧上升。

（2）加强技术监控，定期对产品带介和磁尾带介进行技术检测分析，实现技术监控与现场观察相互补充。

严格控制重介质选煤生产过程中的介耗，是降低选煤厂生产成本，提高综合经济效益的重要保证。因此，介质管理应从细节抓起，确保每一个影响介质消耗的环节保持良好的工艺效果，才能够使介质消耗控制在比较理想的水平。

11.3 现场生产操作技术管理与实例

在确保重介质旋流器设备参数达到工艺效果的前提下，对于一个重介质旋流器工艺的选煤厂来说，在满足精煤质量的情况下，确保精煤回收最大化是现场生产操作技术管理的主题。如何促进精煤选煤效率最大化？通过生产实践表明，入料压力、入洗量、分流量、入洗密度、原煤煤质的稳定以及重介分选工的操作经验是非常关键的因素。

11.3.1 入料压力的控制

重介质旋流器入料压力达到工艺设计要求且保持稳定，是保证旋流器分选精度的基本前提，是保证细粒级矿粒在旋流器内有效分离的重要因素。随着进料压力的增大，离心力也大，故在一定程度上，增大进料压力，可使分选过程加速，提高了分选效果。但过大地增加压力，将增加设备的磨损，缩短使用周期。压力过小，将使离心力变小，使分选效果变坏。对每个重介质旋流器工艺的选煤厂来说，即使使用相同型号的重介质旋流器，由于原煤煤质和粒度的差异，都存在差异的旋流器入料压力。如 $\phi860mm$ 有压两产品重介质旋流器在脱泥工艺中压力达到 0.13MPa 就能够达到较好的分选效果，而在不脱泥，且煤泥含量高达 25% 的工艺中需达到 0.17MPa 时效果较为理想。因而，在生产管理工作中，原煤煤质由于受井下开采煤层和供应客户的变化，易导致入洗原煤的煤质和粒度等变化，这就需要及时调整、确定合理的入料压力，并时刻保持压力的稳定，避免压力过低或波动幅度过大。正常情况下压力波动应该控制在 ±0.1MPa 范围内。

对旋流器入料泵采用变频调速是保证压力的基本条件，同时应设置旋流器入口压力监测设备，如压力表或在线压力变送器。

11.3.2 入洗量的控制

对一座重介质旋流器选煤厂来说，生产工艺一旦确定，入洗量是生产操作中影响选煤效率的关键因素。控制入洗量的关键在于必须根据原煤煤质、精煤等产品指标的变化情况确定合理的入洗量，且不能忽大忽小。入洗量过小，导致系统能耗增加，不经济；过大，导致重介质旋流器分选效果变坏。当产品灰分指标要求一定时，应随入洗原煤的煤质变化相应调节原煤入洗量，以达到良好的分选效果。以南桐选煤厂为例，该厂主要入洗南桐煤矿 4 号、5 号、6 号三种原煤，两段两产品重介质旋流器 $\phi860/\phi550$，当精煤灰分为 11.5% 时，入洗 4 号原煤，精煤回收率一般为 60% ~ 65%，原煤处理量可达 150t/h。当入洗 5 号、6 号原煤配煤时，在精煤灰分不变的情况下，精煤回收率为 48% ~ 55%，原煤处理量仅 120t/h，才能确保旋流器分选效果的稳定。生产过程中，经常会遇到原煤煤质的突然变化，首先，必须结合原煤煤质变化情况及时调整原煤入洗量，然后确定合适的分选密度（入料密度）。要求操作人员掌握不同配比煤质条件下相对应的理论分选密度，合理确定原煤入洗量，调整操作要准确及时。

在生产过程中，对原煤采样做三级浮沉。一般在原煤灰分上升，中煤和矸石排量增加时，原煤小时处理量都应降低。

11.3.3 分流量的确定

悬浮液分流量决定悬浮液中煤泥含量的大小，悬浮液中煤泥含量的大小又决定了悬浮液的黏度及稳定性。当分流量不能满足工艺要求时，将造成悬浮液煤泥含量增多，黏度增大，造成原煤在旋流器中的实际分选密度与所设定密度差别超过一定限定，恶化分选效果。且因悬浮液含泥量大造成脱介筛工况差，产品带介量超标，同样造成产品灰分升高。因此，生产过程中需控制合理的"分流量"，使悬浮液中含泥量控制在合理指标范围内。在入洗原煤煤质、精煤产品指标要求一定时，其分流量应该是稳定不变的。这样也可避免分流量波动对旋流器入洗密度的影响。生产过程中也可通过"分流"量的微调，达到微调悬浮液密度、调控悬浮液液位的目的。如需小幅度上调悬浮液密度时，若介质桶液位变高，则可调大分流量；再有停车时如介质桶内液位偏高，为防止系统管道中悬浮液回流造成外溢，也需分流量调大，将一部分循环悬浮液经磁选机回收，达到降低悬浮液桶液位的目的。值得生产操作中注意的是，生产过程中应极力避免通过"分流"来调节悬浮液密度和液位，因为"分流"的调节易起到牵一发而动全身的效果，不利于整个系统的稳定，特别是对不脱泥煤泥重介系统的工艺来说。

11.3.4 入洗密度的调整

旋流器的入洗密度高低，直接决定精煤等产品质量的高低。一般生产过程中悬浮液的密度，在入洗原煤煤质稳定均一时，应该是稳定不变的，这种情况下根据原煤煤质条件、生产经验设定合理的分选密度也是较易实现的，此时保持悬浮液密度的稳定是保证选煤质量稳定的关键。对于一座选煤厂来说，其入洗的原煤煤质差异是比较大的，这导致入洗密度差异较大。如某选煤厂入洗煤质较好的原煤时，入洗密度达到 1.60kg/L，而入洗较差原煤时，在相同精煤质量要求的情况下，入洗密度仅在 1.45kg/L 左右。因而，在洗煤生产操作过程中，首先应确定合理的入洗密度，然后通过自动跟踪检测与自动控制等稳定入洗密度。

11.3.5 配煤的均值化

对一个选煤厂而言，其工艺是固定的，那就存在着满足设计处理量下的煤质和入洗密度范围等要求。对入洗煤质变化较大、煤种多样的选煤厂来说，应通过有效的配煤，实现入洗煤质均质化，努力实现最好的选煤数量效率。

11.3.6 洗煤操作

11.3.6.1 "八稳"操作法

在现场生产操作技术管理方面，要确保"八个稳定"，简称"八稳"。"八稳"是指稳定压力、稳定密度、稳定液位、稳定入洗量、稳定分流、稳定质量、稳定回收、稳定心态。

（1）稳定压力是指重介旋流器的入料压力在保证工艺要求的范围内要力求稳定，避免大幅波动。稳定压力指两个方面：首先压力必须达到工艺要求的范围，其次，必须确保压力的稳定，避免压力的大幅波动。若出现堵泵等情况造成压力不稳定的，要及时解决。

（2）稳定密度是指正常洗煤过程中，要努力将入洗密度控制在所确定的密度上，在生产中，密度一旦确定，分选密度的波动应控制在 ±5.0g/L 的范围。例如：规定分选悬浮液的密度为 1460g/L，密度应控制在 1455 ~ 1465g/L 的范围内。

（3）稳定液位是指主介桶液位要保持稳定，为稳定密度和主洗入料压力做保证。采用泵给料时，合格悬浮液桶的液位太低，会造成入料压力降低、悬浮液密度急剧波动，从而影响分选效果。合格悬浮液桶的液位一般应保持在筛箅子上下 200mm 之间。采用定压箱给料时，要注意保持定压箱内液面始终在定压箱的溢流口处，因为定压箱内液面下降，会使旋流器入料压力降低，分选效果变坏，但又要防止定压箱溢流量过大，以防溢流带走精煤；再者，溢流量过大，还会增加加重质的损失量，所以，必须在生产操作中控制液位的稳定，避免大幅波动。

（4）稳定入洗量是指尽量做到稳定给料量，注意经常检查，防止由于原煤水分或给料机本身不稳定造成入洗量过大或过小。通过入洗量的稳定和控制，满足不同煤质情况下的分选要求，同时也减少对密度和液位的稳定的影响。

（5）稳定分流是指在保证悬浮液性质的情况下，满足煤泥重介质旋流器正常工作压力、密度要求的基础上，必须努力确保分流的稳定，通过合理的微调，坚持加减水控制为主，分流为辅的方针，避免分流对主洗密度和液位的影响。

（6）稳定质量是指在生产过程中必须努力确保每一批产品质量的稳定，避免质量忽高忽低对产品质量和回收的影响。

（7）稳定回收是指在质量要求的范围内努力提高回收率，避免回收的大起大落。

（8）稳定心态是指在洗煤操作中必须理性分析，果断采取措施，不能"见风就使舵"，以感性认识为准。稳定心态是一切操作与控制的思想保证。

11.3.6.2 洗煤操作观察分析法

A 中煤、矸石分析法

a 观察分析法

生产过程中，可以通过中煤筛和矸石筛的观察了解原煤煤质的情况和精煤的质量、回收情况，以便采取相应的操作。

（1）中煤观察法。对中煤筛的观察主要在两个方面：

1）在入洗量、入料密度不变的情况下观察中煤量的多少，判断原煤煤质的好坏。

2）中煤中细颗粒中的煤质情况。细颗粒主要指 0.5 ~ 3mm。若细颗粒中发亮、易碎的煤比较多，说明精煤回收力度不够，可酌情提高入洗密度；反之，降低入洗密度。在生产过程中，对细颗粒中发亮、易碎煤多少的判断需从现场中不断总结，形成类似"手感"的"观感"。

（2）矸石观察法。对矸石筛的观察主要在两个方面：

1）在入洗量不变的情况下矸石量的多少。

2）矸石中的成分组成。必须通过矸石的组成，了解各煤层的顶底板情况，通过各煤层顶底板的差异，掌握入洗原煤煤质的情况，而后进一步确定分选密度和入洗密度。现以南桐选煤厂为例，若矸石筛上白色矸石较多（铝土矿），说明 4 号层成分多，原煤煤质较好，在操作过程中质量较好控制，更应多关注精煤的回收，主动提高入洗密度。若矸石中黑色矸石较多，说明原煤 5 号、6 号层成分多，在操作过程中质量较难控制，更应多关注精煤的质量。

在洗煤过程中，应把对中煤、矸石筛观察情况进行综合分析，以便相互印证，得出更准确的判断，做出更及时的密度调整，以确保精煤产品质量的稳定和精煤回收率的提高。

b 中煤浮沉数据对比法

在洗煤开始阶段的 2h 内，由于精煤快灰反应滞后，且快灰仪由于硫分等因素变化不能准确反映在线精煤灰分时，可把中煤快浮数据作为掌控最初生产阶段精煤质量和回收情况的重要参考。南桐选煤厂在此方面总结了有效的经验，下面列举南桐选煤厂中煤浮沉数据对比法。

中煤浮沉数据对比法的出发点：南桐选煤厂中煤脱介筛筛上物做三级浮沉，即 $-1.4kg/L$、$1.4 \sim 1.8kg/L$、$+1.8kg/L$。对一座选煤厂来说，在其某一段时间内的原煤煤质应该是相对稳定的，这里所指的某段时间可能是一个星期内、一个月内或半年内。通过总结某段时间内对应精煤灰分情况下的中煤各级上浮情况，建立起相互联系，以便于在以后的洗煤过程中通过和生产过程中的中煤上浮做比较，发现各级上浮的变化情况和趋势，在快灰未出来之前，把精煤质量的切入点找对，以促进精煤质量的稳定和回收的提高。

对一个工艺效果稳定的重介旋流器来说，中煤上浮的变化主要体现在 $1.4 \sim 1.8kg/L$ 和 $+1.8kg/L$ 密度级的变化上，其实 $-1.4kg/L$ 密度级的变化较小。因此，可以结合 $1.4 \sim 1.8kg/L$ 及 $+1.8kg/L$ 密度级的上浮情况来分析精煤的回收和质量情况：

(1) 当 $1.4 \sim 1.8kg/L$ 密度级的上浮含量比近阶段过高时，在原煤煤质和 $-1.4kg/L$ 密度级上浮较以往变化不大且快灰仪显示灰分较平时小的情况下，应逐步地加强精煤回收，提高入洗密度。

(2) 当 $1.4 \sim 1.8kg/L$ 密度级的上浮含量比近阶段过低时，在原煤煤质和 $-1.4kg/L$ 密度级上浮较以往变化不大且快灰仪显示灰分较平时高的情况下，说明应把握好粗精煤的灰分，防止中煤收得太好，造成灰分偏高，影响产品的质量。

(3) $+1.8kg/L$ 密度级的上浮含量过高时，应注意精煤收得过好，造成粗精煤灰分高，影响产品的质量。

(4) $+1.8kg/L$ 密度级的上浮含量过低时，应注意精煤收得不够，避免精煤灰分低，造成精煤损失。

在这里需要强调的是中煤上浮中 $1.4 \sim 1.8$ 以及 $+1.8kg/L$ 密度级上浮的"正常标准"是相对的不是绝对的。由于受原煤煤质和系统的影响，它们并不是固定值，在不同的时期它们是变化的。但对于某一段时间，它们又是相对不变的。正是通过某一段时间它们的相对不变，才为上述的分析、比较提供了依据。对中煤上浮的分析也是建立在再洗旋流器中心管调节装置不变的基础之上。

B 在线快灰仪与密度计的结合使用分析判断法

在线快灰仪已广泛的应用到各选煤厂精煤产品的质量检测中，并发挥了积极的效果。在生产过程中由于原煤硫分等因素的变化，导致快灰仪不能准确反映精煤实际灰分，但可以避免生产过程中出现极端灰分。除此之外，对于有两个独立生产系统的选煤工艺来说，可以通过快灰仪显示灰分、厚度的变化趋势，结合密度计显示变化、中煤上浮、精煤快灰等情况，判断精煤灰分和回收情况，促进精煤质量的稳定和精煤产率提高。

a 快灰仪和密度计结合使用平衡法

通过生产过程中快灰仪和密度计的结合使用，可以有效促进两系统灰分平衡，具体方法如下：

（1）如果快灰仪的灰分显示正常，当提高一个系统的密度时，快灰仪的灰分显示明显升高，同时，厚度变化不大，说明该系统较另一系统密度高，不能再提高密度。

（2）如果快灰仪的灰分显示正常，当提高一个系统的密度时，快灰仪的灰分显示不明显升高，同时，厚度变化明显变大，说明该系统较另一系统密度低，可以提高该系统密度。

反之：如果快灰仪的灰分显示偏高，当稍降一个系统的密度时，快灰仪的灰分显示下降不明显，同时，厚度变化明显变小，说明该系统较另一系统密度低，不能再降密度。

如果快灰仪的灰分显示偏高，当稍降一个系统的密度时，快灰仪的灰分显示下降明显，同时，厚度变化不大，说明该系统较另一系统密度高，可以降该系统的密度。

b　影响在线快灰仪测量结果因素的分析及使用注意事项

在线快灰仪的主要物理指标是灰分的测量精度。而影响精度的因素较多，下面就其中的主要几个问题进行分析：

（1）计数测量系统不稳的影响。闪烁探测器的增益系统和分辨率随着环境稳定改变是测量系统不稳定的主要原因。经实际测定，当温度从 30℃ 变到 38℃ 时（通常一天的温差），对标准测试块灰分测量值相差 0.40%，如表 11-14 所示。

表 11-14　温差变化对灰分测量的影响

恒定温度/℃	30	38
标准测试块的平均灰分/%	10.59 ± 0.11	10.95 ± 0.12
测量时间/h	3	10

为此，对 NaI（TI）闪烁探测器实行恒温控制，设置温度是 38℃。当环境温度从 -5℃ 到 38℃ 变化时，探测器内温度变化小于 1℃。通常日温差条件下，探测器内温度变化只有 0.1～0.2℃。除此之外，准备了一个用石墨和铅组成的标准测试块，石墨和铝的厚度搭配使之被 γ 灰分仪测得的灰分值与待测煤的灰分值相近，每过一段时间对该测试块作校验测量，根据校验测量结果自动修正某些参数，修正测量系统的长时间不稳的影响。

（2）传送带厚度变化的影响。传送带厚度变化会引起灰分测量值变化。变化大小为：

$$\Delta A_d = \frac{2\Delta D}{X\rho + \Delta D} \times \frac{\mu_{BL} - \mu_L}{\mu_Z - \mu_C} \times 100\% \qquad (11-24)$$

式中　ΔA_d——灰分测量值的变化；

ΔD——输煤皮带的质量厚度与其平均值之差；

$X\rho$——被测煤的质量厚度（g/cm²），其中 X 是煤层厚度，ρ 是它的堆积密度；

μ_{BL}——输煤皮带对 Am 低能 γ 的质量衰减系数；

μ_L——煤对 Am 低能 γ 的质量衰减系数；

μ_Z，μ_C——煤中高 Z 元素和低 Z 元素对 Am 低能 γ 的质量衰减系数。

例如，经 γ 吸收减弱测厚法测定，某选煤厂安装 γ 煤灰分仪的入仓传送带的平均质量厚度是 1.47g/cm²，约 60s 循环一周，大体上是前半个周期厚，后半个周期薄，相差约 0.13g/cm²，传送带上的煤厚一般为 159g/cm²。

经测定 $\mu_{BL} = 0.207cm^2/g$，煤 $\mu_Z = 0.39cm^2/g$，$\mu_C = 0.185cm^2/g$，灰分等于 10 左右的煤

$\mu_L = 0.195\mathrm{cm}^2/\mathrm{g}$。把上述数字代入上述公式，可得出由于传送带薄、厚两部分相差 10%，引起灰分质量分数测量值相差 0.1%。虽然影响并不严重，但反映出厚度变化的快灰仪的影响。在生产操作中应关注皮带的周期变化对显示灰分的影响，以便在洗煤操作中应对。

（3）煤的水分变化对测量结果的影响。灰分的测量值会因煤的水分变化而有所不同，水分为 C_w 时的灰分测量值与不含水的干煤的灰分测量值之差近似为：

$$\Delta A_d = \frac{2C_w(\mu_{lw}\mu_m - \mu_{mw}\mu_L)}{(\mu_Z - \mu_C)\mu_m} \tag{11-25}$$

式中　μ_{lw}——水对 Am 低能 γ 的质量衰减系数；

　　　　μ_{mw}——水对 Cs 中能 γ 的质量衰减系数；

　　　　μ_L——煤对 Am 低能 γ 的质量衰减系数；

　　　　μ_m——煤对 Cs 中能 γ 的质量衰减系数；

μ_Z，μ_C——煤中高 Z 元素和低 Z 元素对 Am 低能 γ 的质量衰减系数。

目前南桐选煤厂精煤产品的灰分基本上控制在 11.20% 以上，应该说水分对快灰仪的影响是成反比的，水分越高，快灰仪显示的灰分应该比实际值偏低。

（4）铁含量变化对测量结果的影响。当铁含量增加时，快灰仪显示的灰分值比实际偏大，反之，当铁含量减少时，快灰仪显示值比时间偏小。应该说，铁含量的增减变化会造成较大的测量误差。所以说，杜绝使用金属板和钉子等金属物品连接 -2.7 皮带。

（5）硫分对测量结果的影响。经估算，如果煤中可燃的硫重量每变化 0.1%，将引起灰分的测量值变化 ±0.2%。

（6）煤的颗粒度影响。煤颗粒的整体粒度情况与快灰仪显示灰分成反比，颗粒越粗，快灰仪显示的灰分比实际值越偏低。

c　工艺注意事项

（1）必须注意快灰仪标准块的卫生情况，当发现有积煤或物品时必须及时清除。

（2）当长时间未校输煤皮带对 Am 低能 γ 的质量衰减系数时，重介质分选工必须考虑皮带磨损对快灰仪显示数值的影响。皮带磨损得越严重，快灰仪显示值比实际值越偏低。

（3）生产中必须时刻关注精煤产品的脱水情况，关注水分对快灰仪的影响，以便在洗煤过程中及时适应。

（4）当煤种和配煤发生变化时，必须注意硫分对快灰仪的影响。

（5）必须关注快灰仪上皮带运输机上栏板的磨损情况，减少煤炭厚度对快灰仪准确度的影响。

11.3.7　不脱泥重介质旋流器选煤工艺中煤泥重介质旋流器的操作要求

总体原则：在稳定压力的前提下，通过微调分流和加水控制煤泥桶液位和密度，其中主要靠微调加水来控制。

煤泥重介质旋流器的生产操作分密度的确定、密度的稳定、快灰出来后对密度的调整三部分。

11.3.7.1　确定密度

（1）总结以往操作经验：

1）原煤煤质差异对煤泥密度的影响。

2）在同一煤质情况下，不同精煤产品对煤泥密度的影响。

3）分析当班原煤煤质情况，并和以往经验相结合。

煤泥重介质旋流器的运行记录表的要求：半个小时记录一次，记录时间、产品名称、密度的稳定情况。

（2）通过粗精煤灰分初步确定入料密度：在总结以往操作经验的基础上，预测不同密度下的粗煤泥精煤灰分的区间，选择在合格范围内居中的灰分对应的密度作为当天的起始操作密度。

11.3.7.2　稳定密度

确定了煤泥重介质旋流器的起始密度后，必须通过弧形筛下分流和喷水的调节，迅速实现入料密度的稳定，为准确采样创造条件，以便通过快灰及时指导以后的操作。

稳定的手段：微调为主，大调为辅。起初基本保证煤泥桶的液位和密度靠分流和喷水的"大动作"来实现，但之后绝大多数时间必须通过喷水的微调来控制密度，以实现煤泥重介质旋流器入料密度的稳定。同时，也为主洗旋流器入料密度的稳定间接创造了条件。

在微调过程中应注意：

（1）密度的微调中，分流和喷水的条件必须以1%为单位，"节约使用"。

（2）密度的微调同时需要重介质分选工有良好的"手感"。

（3）为有利于混料桶（悬浮液桶）液位和密度的稳定，必须尽量保持煤泥桶液位的稳定，避免大幅波动。

11.3.7.3　快灰出来后对密度的调整

待粗精煤泥快灰出来后，密度室司机必须对灰分进行判断，根据灰分情况对操作密度进行相应的调整。

快灰出来后对密度的调整必须注意以下几点：

（1）必须分析前一阶段密度的稳定情况，以判断该次快灰的代表性。

（2）若前一阶段密度较为稳定，说明该次快灰的代表性强，可依据快灰对密度进行相应的调整：若灰分高，可降低密度；若灰分低，可提高密度。

（3）若前一阶段密度不稳定，说明该次快灰无代表性，司机可做出不调整密度的决定。

11.3.7.4　注意事项

（1）严禁过低密度操作。

（2）严禁私自调低频率，降低旋流器压力的行为。

（3）不能以主介泵混料桶（悬浮液桶）液位不足、密度低为由，擅自减少分流，影响煤泥重介旋流器的压力和液位稳定，导致煤泥重介质旋流器在低压力或低密度下运行。在正常情况下，主介泵混料桶（悬浮液桶）液位不足和密度低的问题，只能通过补充介质解决。

11.3.8　重介分选工技术操作规程（以南桐选煤厂操作规程为例）

（1）洗煤前需掌握的内容：

1）了解生产调度对当班精煤等各级产品和副产品的质量指标要求。

2）了解入洗原煤煤质情况，包括灰分、硫分、快浮等，甚至要了解所属的煤层及煤层各密度级的特点。

3）了解上一班组的生产情况，主要是入洗原煤性质、各级精煤质量、副产品质量等情况，为洗煤积累资料。

4）掌握现场核心设备更换情况，主要包括主洗重介质旋流器、煤泥重介质旋流器、弧形脱介筛、介质泵等的更换情况，了解更换对洗煤入洗密度的影响。

5）了解检测设备的状况，主要了解密度计、快灰仪等有无校正，在线快灰仪所对应的胶带运输机胶带有无更换等，掌握检测设备变换对生产操作的影响。

（2）洗煤操作过程：

1）首先要根据生产管理部门对精煤质量的具体要求，结合入洗原煤的性质和前一班组的精煤质量、密度计显示密度和在线快灰仪的显示数据等情况，确定合理的重介质旋流器最初入洗密度。

2）洗煤时，应首先根据以往经验和对原煤煤质进行直观判断，确定合理给料量。

3）确定了合理的给料量和初始密度后，准备开始洗煤。

4）开始洗煤后，首先使旋流器压力、分流量满足旋流器和悬浮液的性质要求，并确定是否需补充加重质以满足入洗密度要求，然后尽快把入洗密度调节到初步确定的范围，且稳定好该入洗密度。

5）入洗密度达到初步要求后，即可开始给煤入洗。

6）根据中煤脱介筛、矸石脱介筛的煤质状况和在线快灰仪的显示快灰情况，判断入洗密度是否需要调整。

7）待生产期间的中煤上浮和原煤上浮出来后，再通过中煤上浮和原煤上浮的情况，并结合在线快灰仪来分析自己前面初步操作的判断是否正确。一旦分析认为需要做调整时，再作出及时的调整。并把密度稳定好，等待快灰的到来。对原煤煤质硫分差异大的情况来说，在线快灰仪仅适合作为参考，但不能忽视它的作用。

8）快灰出来之后，通过快灰的高低情况，并结合前面的操作，对后面的操作作出积极的判断。首先，如果快灰合格且前面的操作较为稳定，快灰的数据代表了前面的实际操作，就可以稳定当前的操作，等待下一趟快灰的到来。反之，就需要作出及时的调整。其次，如果快灰不合格且前面的操作较为稳定，快灰的数据代表了前面的实际操作，就可以调整当前的操作。反之，如果快灰不合格，且前面的操作不稳定，快灰的数据不能代表前面的实际操作，就需要根据经验作出调整或不调整的决定。

9）在使用在线快灰仪指导生产过程中，要注意摸索规律，掌握煤流厚度、硫分波动等因素对在线测试数据的影响，减少错误数据对生产的误导。快灰仪测得的数据和真实数据存在一定的偏差，但若煤质、入洗量比较稳定，可以用快灰仪测得的数据来反映真实数据的波动情况。在发现在线数据与化验数据差较大时，应尽快查明原因，问题解决之前应以化验数据和中煤筛指导生产。

10）在操作过程中必须做好分流和密度的控制，作好密度的初调和微调，稳定密度。在确保密度稳定过程中，应以"微调"为主，"大调"为辅。

11）在生产过程中必须时刻观察原煤、中煤和矸石的变化情况，以及快灰仪的灰分、厚度显示趋势情况。特别要总结提高对中煤、矸石的观察能力，通过矸石筛的观察了解所洗煤层,通过中煤筛的观察,掌握"带精煤"情况,结合最终产品测试数据,随时对主洗密度进行合理调整。在此期间,要勤学习、勤观察、勤分析、勤总结,不断积累经验,提高操作水平和对设备、系统的掌控能力。

(3)停止洗煤前的操作要求:在开始停车前,应首先停止给料,加大分流,使煤介桶(悬浮液桶)液位达到停车要求位置后,方可停车,以避免悬浮液从煤介桶(悬浮液桶)溢出,造成不必要的损失。

(4)洗煤过程中的特别要求:

1)在密度过低或过高,且无法迅速调节到位时,应果断断煤,待密度正常后再开始给料。

2)随时观察煤介液位情况,应控制在筛面 ±200mm 左右。过低液位时,应及时补充加重质,过高液位且密度较高时,应考虑排出一些磁选机精矿。

3)入洗密度和煤介桶(或悬浮液桶)液位突然急剧下降时,应首先考虑重介系统是否发生"跑、冒、堵、漏",及时通知现场管理人员检查并处理。

4)在线快灰仪显示灰分急剧升高时,且显示灰分远高于要求灰分时,应首先怀疑是否发生重介质旋流器或相应箱体堵塞等问题。

5)实事求是作好各项记录,客观反映生产过程,以便于分析总结。

11.4 月综合资料的整理与分析

在企业生产管理过程中,往往很少对分选旋流器进行单机检测,但对每月生产情况分析的月综合资料大多都坚持每月做的,因而,掌握对月综合资料的整理和分析是很有必要的。通过整理和分析,可了解入洗原煤的可选性,并可掌握系统核心设备的分选情况,以及系统目前存在的不足。如果当月经济技术指标有异常可借助月综合资料进行分析。如月综合发车的综合精煤灰分与当月精煤综合(筛分浮沉)灰分误差达 0.5% 时,应查明原因。

11.5 主要设备周期性管理

重介质选煤工艺过程对设备的磨损是比较严重的。对设备的易磨、易损件务必建立技术周期性考核管理档案,做到及时检查、校正周期、定期检修更换。这是保证生产正常、提高选煤效率和质量、降低加重质(磁铁矿)消耗、促进选煤厂各项技术经济指标提高的关键之一。例如:

(1)重介质旋流器磨损过大时,对分选效果的影响是非常明显的,在日常生产中必须引起高度的重视。必须定期对旋流器磨损情况进行检查,当旋流器参数磨损超过3%时,必须及时更换。通常情况下,旋流器进行整体更换的效果最好,有利于确保最佳分选效果。但在实际生产中,由于旋流器各部件磨损周期不一致,比如底流口的磨损周期小于锥体,锥体的磨损周期小于柱体,同时进行更换将导致不必要的损失。因而建议在生产中出现图 11-8 所示情况时,可以考虑不同时更换,但出现图 11-9 所示情况时,必须对其进行更换。

(2)重介质旋流器给料泵叶轮等部件的过大磨损,会造成旋流器入料压力和流量不足,严重时无法进行分选,还会造成堵管、堵泵事故。在日常生产中,给料泵的磨损主要体现在前后衬板、叶轮的磨损上。由于前后衬板的磨损,易导致泵的叶轮与前衬板的间隙

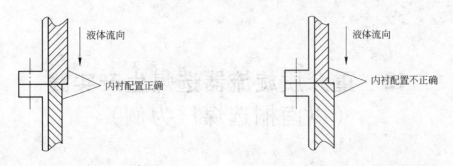

图 11 - 8　旋流器内衬连接示意图（一）　　　图 11 - 9　旋流器内衬连接示意图（二）

增大，导致泵的无用功增大，间接影响旋流器的入料压力。通常情况下，前衬板到叶轮的间隙为 3mm，若间隙增加到 15mm 以上，且无法再次调节时，必须考虑更换叶轮或前衬板。

（3）脱介筛的筛板磨损过大时，会造成大量粗煤泥进入合格悬浮液，给细粒煤的分选造成困难，还会使大量粗煤泥进入稀介回收系统，使磁选机工作不正常，严重时会造成磁选机分选槽内堵塞，同时增加了粗煤泥回收作业的负荷。一般情况下，0.5mm 脱介筛筛板间隙增大到 0.7mm 时必须及时更换。

（4）脱介弧形筛磨损过大时，会造成粗煤泥进入合格悬浮液，给细粒级的分选造成困难，间接降低了系统的处理能力。除此之外，更应关注弧形筛脱介效果。弧形筛脱介效果差，将使进入稀介系统的磁性物增加，导致系统介质消耗增加。在生产过程中特别要注重精煤弧形筛和中煤弧形筛的周期管理，当弧形筛脱介困难时，易导致脱介筛脱介困难，将严重影响精煤产品的质量，使系统选煤效率下降；当中煤弧形筛脱介困难时，易导致部分细粒级精煤进入中煤稀介系统，损失到中煤泥中。在弧形筛日常生产周期性检查中，必须每天对弧形筛运行情况进行检查和记录。检查主要分生产过程的运行观察和停产检查。运行观察主要是看弧形筛的脱介效果和下游环节的"跑粗"情况，停产检查主要是利用停产期间对筛孔间隙进行直接的测量。通常情况下，对矸石弧形筛来说主要关注筛孔磨损度，当超过 40% 时，必须及时更换；对中煤和精煤弧形筛来说，主要关注脱介效果，根据脱介情况及时调头和更换。某些选煤厂为确保弧形筛脱介效果，基本上每 7 ~ 10 天调一次头，每 1.5 ~ 2 个月更换一次。

（5）除定期对磁选机滚筒表面的磁场强度变化进行检测外，更应关注、考核其磨损和堵塞情况。因为现在使用的磁选机磁场强度多在 0.25 ~ 0.3T 之间，衰退周期长。目前市场上大多数磁选机产品能够保证五十年内磁力降低不超过 1%，且可根据生产厂家提供的资料定期检测和充磁。而磁选机堵塞和表面磨损情况在日常生产中易经常发生，且当堵塞严重时，除造成磁选机分选效果差之外，易加快磁选机表面的磨损，当磨损严重时，易使稀介质进入磁选机内部，使磁选机表面磁场强度急剧下降，较严重时，造成磁铁脱落，带来巨大的损失。

其他如悬浮液输送管道、溜槽和主要容器磨损后，会造成悬浮液大量流失，不仅生产无法进行，也造成磁铁矿加重质的大量耗损。

因此，在重介质选煤厂，对悬浮液过流设备，一要采取耐磨材料（内衬），二要建立设备的易磨损、易损坏部件的考核档案，并做到设备配品、备件整全、检修及时。这是保证重介质选煤厂正常生产的关键，也是改善、提高选煤厂各项技术经济指标的重要条件。

12　重介质旋流器选煤生产实践
（以南桐选煤厂为例）

单一低密度双段有压重介质旋流器与多功能煤泥重介联合分选的工艺，在中国西南地区高硫煤矿区应用效果好，其中南桐选煤厂的应用效果尤为突出。现主要介绍一下南桐选煤厂不脱泥有压重介 + 煤泥重介 + 浮选的工艺特点。

12.1　选煤厂概况

南桐选煤厂地处重庆市万盛区，属于重庆能投集团下属南桐矿业有限责任公司下的二级单位，南桐选煤厂入洗 25 号主焦煤，粒度小于 25mm，原煤硫分为 3.7% ~ 4.2%，是典型的海陆交替相沉积高硫煤，洗选后精煤硫分在 1.4% ~ 1.8%；尽管硫分高，但由于其黏结指数的优异性，仍有很不错的市场需求。入洗能力 120 万吨/年，采用单一低密度系统两段两产品主再洗旋流器工艺，分为单双号两个系统，每个系统主再洗旋流器配置为 $\phi860mm/\phi550mm$，煤泥系统采用多功能煤泥重介质旋流器，对精煤弧形筛下分流的合格悬浮液和精煤脱介筛下的稀介质进行分选，选出的粗煤泥经浓缩旋流器浓缩和煤泥筛回收后，余下的部分细煤泥到浮选进行分选回收。南桐选煤厂工艺流程见图 12 – 1。

12.2　工艺特点

12.2.1　工艺设计

南桐选煤厂原设计能力为 90 万吨/年，双系统，每个系统 45 万吨/年，采用主选 $\phi600mm$ 旋流器。后扩充到 120 万吨/年，每个系统为 60 万吨/年，主选旋流器采用 $\phi860mm$。没有采用过大直径的旋流器，主要意图是顾及到加强细粒级煤（末煤）的分选。该厂入选原煤中小于 3mm 粒级的含量达 65% 以上，小于 0.5mm 粒级占原煤的 25% 左右。入选煤中的成分硫，主要为硫化铁硫，5 号层最多，波动在 1.58% ~ 8.43% 之间，占全硫的 81.92%；有机硫以 6 号层最多，占全硫的 47.15%，波动在 0.52% ~ 3.86% 之间，属高硫难选煤。

从理论与生产实践证明：随着重介质旋流器直径的增大或型号不同，对细粒级（末煤）的分选效果差别极大。必须优先考虑，选择技术先进、可靠、具有分选下限低、高效的重介质旋流器脱硫选煤新工艺。

因此南桐选煤厂的工艺尽管分成两个环节复杂、管线加长、设备台数增加，但它正好满足了对细颗粒高效分选的需要，技术经济指标上有显著的优势。该厂选精煤效率提高 1%，年收益（扣除精煤和中煤差价）净增 1060 万元，如果精煤回收率年增 1%，每年多产精煤 12000t，扣除精煤和中煤的差价，每年净增 1560 万元。另外两个系统的设置也有生产上的兼顾性，不至于某处环节出问题就全厂停产。

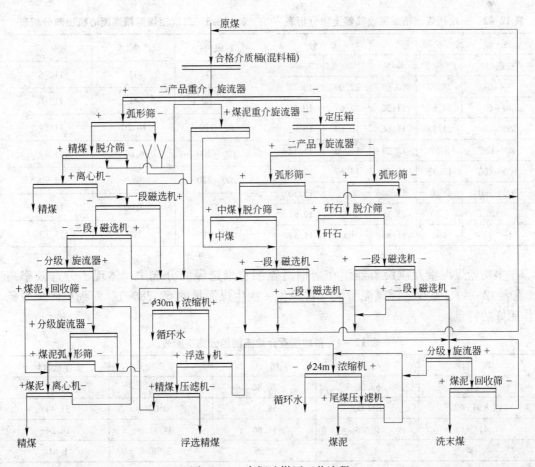

图 12 - 1　南桐选煤厂工艺流程

12.2.2　分选效果

采用多功能煤泥重介质旋流器工艺，实现了煤泥有效分选，分选下限达到 0.074mm，经检测分析入浮煤泥量减少 62.28%。通过两段分级浓缩、回收，能将溢流产物中 +200 目精煤泥回收到最终精煤产品中，见表 12 - 1 ~ 表 12 - 3。

表 12 -1　多功能旋流器分选表

粒度/目	入　料			溢　流			底　流		
	产率/%	灰分/%	硫分/%	产率/%	灰分/%	硫分/%	产率/%	灰分/%	硫分/%
>40	16.07	12.65	1.93	15.27	11.55	1.90	4.15	38.17	4.24
40 ~ 60	17.45	13.60	1.91	14.71	12.05	1.88	9.90	48.60	3.65
60 ~ 80	11.63	15.70	1.83	9.87	12.24	1.20	15.02	61.27	2.87
80 ~ 120	13.85	19.94	1.84	12.29	12.56	1.81	27.80	67.56	2.75
120 ~ 200	13.30	20.90	2.37	13.78	14.35	1.82	26.84	69.60	8.66
200 ~ 320	6.37	22.76	2.94	9.31	16.75	1.79	11.18	69.74	12.85
<320	21.33	27.46	2.02	24.77	26.58	1.87	5.11	67.47	24.00
合　计	100.00	19.08	2.04	100.00	16.41	1.79	100.00	64.31	6.72

表12-2 一次粗煤泥精煤回收筛筛上物分析表

系 统	单 号		双 号	
粒级/目	产率/%	A_d/%	产率/%	A_d/%
+40	28.67	10.67	22.00	10.72
40~60	24.67	11.30	22.67	10.61
60~80	21.33	11.66	20.67	10.92
80~120	8.67	12.27	10.00	11.42
120~200	13.33	13.36	14.67	12.20
200~320	2.00	18.46	7.33	15.30
-320	1.33	23.58	2.66	19.91
合 计	100	11.86	100	11.59

表12-3 二次粗煤泥精煤离心机出料分析表

粒级/目	产率/%	灰分/%
+40	32	11.76
40~80	41	11.16
80~120	14.20	11.59
120~200	6.60	11.87
200~320	3.60	12.90
-320	2.60	18.97
合 计	100	11.73

多功能煤泥重介质旋流器组在南桐高硫细粒难选煤的分选中，体现了分选效率高（见表12-4）、减少入浮煤泥量大（占原生+次生煤泥量的62.28%）、对细粒降硫脱硫作用好的特点。

表12-4 多功能重介旋流器组分选平衡表

项 目	入 料	精 煤	重产物	去浮选物料
$Q/t \cdot h^{-1}$	63.00	36.86	6.30	19.84
占入料 r/%	100.00	58.51	10.00	31.49
A_d/%	19.08	11.80	64.31	18.24
S_{td}/%	1.82	1.56	3.98	1.61

通过生产的统计资料分析如下：

（1）多功能小直径旋流器组分选了0.75~0mm的物料，有效分选下限0.075mm，有效分选的物料中-0.5mm物料占原煤的13.65%，占应处理的-0.5mm总量（原生和次生煤泥）的62.28%。

（2）浮选处理了-0.5mm的物料占原煤的8.30%，占-0.5mm总量的37.72%。其组成主要是-0.075mm煤泥重介分选后的极细粒级，占入浮的90%。浮选处理量大大减少。

（3）煤泥重介降硫率达到14.3%，能使总精煤硫分下降4.38%而常规浮选基本没有降硫效果。

（4）目前煤泥浮选回收系统总装机功率451.3kW，运行功率322.84kW，年用电79.23万kW·h，电费62.89万元；另耗用浮选药剂、滤布等各种材料费240.36万元，年处理煤泥9.56万吨，此环节单位煤泥加工费用31.72元/吨。若没有多功能重介质旋流器工艺，则每年会多入浮选煤泥15.78万吨，除了浮选机、压风机、压滤机等设备投资会成倍增加外，直接运行费用将多支出500.54万元。

12.2.3 脱硫效果

多功能小直径的分选优势得以充分发挥，回避了大量煤泥浮选时硫在精煤中的富集现象。表 12 – 5 计算了 2007 年和 2008 年的全硫脱除效率情况，说明该工艺结构对以无机硫为主的高硫煤的分选是非常适应的。

表 12 – 5 全硫降硫效率统计表

年份	月份	原煤硫分 S_{td}/%（A）	可选性曲线查出理论硫分 S_{td}/%（B）	实际精煤硫分 S_{td}/%（C）	A – B /%	A – C /%	全硫降硫效率/% (A – C)/(A – B)
2007	1	3.73	1.74	1.82	1.99	1.90	95.78
	2	3.58	1.84	1.84	1.73	1.73	100.00
	3	3.95	1.77	1.76	2.18	2.19	100.30
	4	3.97	1.88	1.87	2.09	2.09	100.36
	5	3.67	1.54	1.85	2.12	1.81	85.37
	6	3.74	1.69	1.66	2.05	2.08	101.36
	7	3.28	1.47	1.55	1.81	1.72	95.37
	8	3.78	1.41	1.54	2.37	2.24	94.51
	9	3.88	1.44	1.58	2.44	2.31	94.47
	10	3.51	1.41	1.62	2.10	1.89	89.92
	11	3.52	1.45	1.53	2.07	1.99	96.36
	12	3.95	1.52	1.61	2.43	2.34	96.23
2008	1	4.17	1.55	1.66	2.62	2.51	95.79
	2	4.07	1.61	1.70	2.46	2.36	96.19
	3	3.90	1.55	1.66	2.35	2.24	95.19
	4	4.17	1.67	1.76	2.50	2.41	96.34
	5	4.66	1.57	1.72	3.09	2.94	95.16
	6	4.18	1.58	1.76	2.60	2.43	93.25
	7	4.40	1.57	1.77	2.84	2.63	92.68

南桐选煤厂重介工艺的降硫效果主要通过三个因素来体现：

（1）选煤入洗粒度上限控制在 25mm 以下。原煤准备中的破碎使大块得到解离，精煤中 +13mm 块精煤量少，只占 3.33%，其相对较高的块煤硫分（2.13%）对总精煤影响不大。

（2）有压重介运行中，泵以 0.16MPa 的压力把煤介混合料输送至旋流器，对煤的破碎效应不大，精煤中 3～0.5mm 级含量达到 50.47%，灰硫都最低，就是得到重介高效分选的结果。

（3）粗煤泥有 63% 是用多功能重介质旋流器组分选，该工艺能有效选出细粒黄铁矿，有 14.29% 的降硫效果，因此对全硫脱除率有贡献，而如果用浮选，不光投资和运行费用高，由于黄铁矿的天然可浮性，浮选精煤中硫还会富集，对总体脱硫不利。

12.2.4 介质消耗

介质消耗管理是个系统工程，在合格介质（磁铁矿粉）成本不断攀升的今天，介耗控制在低水平不仅有直接的节约价值，更有稳定好悬浮液分选密度后带来的工艺效益，南

桐选煤厂通过使用二段磁选回收工艺，介耗始终处于较低水平。表 12 - 6 显示了该厂
2007 ~ 2009 年介耗消耗情况。

表 12 - 6 介质消耗情况统计表

年份	每吨原煤介耗/kg · t⁻¹											
	1 月	2 月	3 月	4 月	5 月	6 月	7 月	8 月	9 月	10 月	11 月	12 月
2007 年	1.23	1.61	1.5	1.42	1.48	1.2	1.33	1.19	1.39	1.14	1.09	1.63
2008 年	1.59	1.46	1.11	1.24	0.97	1.07	1.27	1.10	1.12	1.13	1.20	1.05
2009 年	1.20	1.32	1.32	1.21	1.24	1.25	1.23	1.26	1.30	1.25	1.20	1.29

12.2.5 选煤效率

南桐选煤厂的"重介质旋流器 + 多功能煤泥重介质旋流器 + 浮选"工艺对精煤的回
收较为彻底。有压重介质旋流器结合多功能煤泥旋流器工艺对细粒含量大、易碎的难选煤
体现了很好的分选精度。最终反映在选煤效率指标上，2007 ~ 2010 年，南桐选煤厂整体
精煤选煤数量效率保持在 95% ~ 98% 之间，处于较理想稳定的水平。

参 考 文 献

[1] Peng Rongren. Washing Coal by Heary Cyclone Medium [J]. 3rd International Conference on Hydrocyclones Oxfo – rd, English, 1987.

[2] Peng Rongren. Development and Achievements of China's Heavy Medium Coal Separation Technology [J]. Procedings of the UN International Symposium on Coal Preparation and Beneficiation, 1993, Yanghon, Shandong, China.

[3] 彭荣任. 重介质旋流器选煤 [C]. 全国重介质选煤学术论文, 1980.

[4] 王祖瑞, 等. 重介质选煤的理论与实践 [M]. 北京: 煤炭工业出版社, 1988, 32~49.

[5] 彭荣任. 重介质选煤过程中悬浮液流程的计算 [J]. 选煤技术, 1976, 4.

[6] 克利马 M S, 等. 微细磁铁矿重介质旋流器工艺的发展 [J]. 第十一届国际选煤会议论文集, 1991.

[7] Ципнерич M B, Обогащне углей Втяжелых [M]. 1959.

[8] 彭荣任. 用浮选尾矿 (矸石粉) 作加重质的重介质旋流器选煤 [C]. 全国第二届重选设备及工艺经验会论文集. 中国选矿科技情报网, 1986.

[9] 彭荣任. 重介质旋流器分选 50~0mm 不脱泥原煤 [J]. 煤炭科学技术, 1989.

[10] 煤炭科学研究总院唐山分院. φ650mm 无压两产品重介质旋流器选煤工艺及设备的研究报告 [J]. 1991.

[11] 彭荣任. 中心 (无压) 给料圆筒形重介质旋流器选煤机理及效果分析 [C]. 选煤学术论文, 1996.

[12] 彭荣任. DBZ 型浮选尾矿重介质旋流器选煤 [J]. 煤炭科学技术, 1984 (1).

[13] 彭荣任. 重介质旋流器分选 50~0mm 级难选煤 [J]. 选煤技术, 1990 (5).

[14] 煤炭科学研究总院唐山分院. φ500/350 三产品重介质旋流器选煤研究报告 [J]. 1984.

[15] 煤炭科学研究总院唐山分院. 旋流器内速度场研究报告 [J]. 1988.

[16] 煤炭科学研究总院唐山分院. φ710/500 型三产品重介质旋流器选煤技术工艺及设备的研究报告 [J]. 1991.

[17] 格雷厄姆 C C, 等, 重介质流变性的研究 [C]. 澳大利亚第二届选煤会议论文译文集, 1984.

[18] 约瑟夫·门杰勒斯. 旋流器直径对分选性能和经济效益的影响 [C]. 第九届国际选煤会议论文译文集.

[19] 达扬, 等. 煤浆悬浮液和重悬浮液流变特性参数的测定 [C]. 第十一届国际选煤会议论文译文集.

[20] 彭荣任. 重介质选煤工艺与设备的改革 [J]. 选煤技术, 1977 (1).

[21] 中梁山矿务局选煤厂. 筒形无压重介质旋流器精选高硫极难选煤工业性试验报告 [J]. 1995 (6).

[22] 煤炭科学研究总院唐山分院. NWSX – 710/500 型三产品重介质旋流器选煤工艺及设备的研究 [J]. 1992.

[23] 彭荣任. φ600mm 旋流器不分级煤 [J]. 煤炭科学杂志, 1978.

[24] 彭荣任. φ600mm 直径重介质旋流器工业性试验 [J]. 选煤技术, 1979 (4).

[25] 煤炭科学研究总院唐山分院. 多产品低下限高效重介质旋流器脱硫选煤新工艺研究报告 [J]. 1996 (11).

[26] 拉塞尔·杰·肯普尼奇, 等. 澳大利亚重介质旋流器分选末煤的经验 [C]. 第十二届国际选煤会议论文译文集, 1995.

[27] 彭荣任. 磁性介质的退磁 [J]. 选煤技术, 1979 (6).

[28] 彭荣任. 提高重介质旋流器选煤效果的途径 [J]. 选煤技术, 1982 (2).

[29] 斯瓦洛夫斯基 L. 水力旋流器 [J]. 国外金属矿山, 1989 (3).

[30] 煤炭科学研究总院唐山分院. 选煤用重悬浮液性质的研究报告 [J]. 1990.

[31] 彭荣任. 论非磁性介质旋流器选煤在我国的应用 [C]. 选煤学术论文, 1983.

[32] 彭荣任. 从洗矸中回收煤炭的新工艺 [C]. 全国选煤学术论文, 1984.

[33] 彭荣任. 从洗矸中回收煤炭 [J]. 煤炭科学, 1984 (4).

[34] Kempnich R J, Lepaga A J. An Examination of the Performance of A Dyna Whirlpool Separation for the Treatment of Small Coal. Australia, 1979.

[35] Davis J J, Napier – Mnuu T J. The Influence of Meidum Viscosity on the Performance of Dence Medium Cyclones in Coal Preparation [J]. 3rd Internation Conference on Hydroclones Oxford, England, 1987.

[36] 彭荣任. 老厂改造用 DBZ 型旋流器的流程 [J]. 选煤技术, 1985 (3).

[37] 彭荣任. 重介质旋流器选不分级原煤的探讨 [C]. 煤炭研究总院论文集, 1987.

[38] 彭荣任. 我国重介质选煤的发展 [C]. 中国选煤技术发展现状, 中国选煤科技情报中心, 1988.

[39] 张建平. 重介质选煤过程中风力运送加重质 [C]. 全国重介质选煤学术会论文集, 1980.

[40] Richard Killmeyer P. Dense – Medium Cycloning of Coal at Low Specific Gravities [J]. Pitteburgh Energy Technology Center, 1982.

[41] Monredon T C. Hsieh K T. Rajamani R K. Fluid Flow Model of the Hydrocyclones: an Investigation of Device Diumnsion [J]. International Journal of Minera Processing, 1992.

[42] 彭荣任. 50~0mm 级原煤重介质旋流器分选工艺 [C]. 中国选煤技术发展现状, 中国选煤科技情报中心, 1988.

[43] 彭荣任. 重介质选煤技术在我国的新发展 [J]. 煤炭科学技术, 1992 (10).

[44] 张建平. 风力运送加重质 [J]. 选煤技术, 1979 (3).

[45] Lathioor R A, Oslorne D G. Dence Medium Cyclone Cleaning of Fine Coal [C]. 2rd International Conference on Hydrecyclones Bath, England.

[46] 彭荣任. 重介质旋流器分选 45~0mm 高硫难选煤 [J]. 选煤技术, 1993 (5).

[47] 彭荣任. 我国重介质选煤技术的最新发展 [C]. 煤炭研究总院论文集, 1993.

[48] 丛桂芝, 周玉森, 彭荣任. 高效重介质旋流器脱硫选煤新工艺 [J]. 洁净煤技术, 1997 (3).

[49] 彭荣任. 论我国高硫煤的综合加工和洁净利用 [J]. 煤炭学报, 1997.

[50] 彭荣任. 论中国高硫难选煤的分选 [J]. 选煤技术, 1992 (6).

[51] 《电机工程手册》编写组. 仪器仪表, 第八卷, 电机工程手册 [M]. 北京: 机械工业出版社, 1982.

[52] 白守义. 电感式磁性物含量测量仪 [J]. 选煤技术, 1990.

[53] 白守义. 我国重介质选煤自动化现状及发展 [J]. 煤矿自动化, 1993.

[54] 白守义. 重介质选煤产品质量自动控制的探讨 [C]. 第四届全国煤矿自动化学术会议论文集, 1994.

[55] 白守义, 等. 末煤重介分选系统产品质量在线监控 [C]. 煤炭部中煤选煤协会论文集, 1999.

[56] 第十五届国际选煤大会报告 [J]. 2006.

[57] 周少雷, 等. 中国的选煤技术 [C]. 第十五届国际选煤大会论文集, 2006.

[58] Swanson A, Atkinson B, Weale W. Design an Operational Date for the Optimum Utilisation of Large Diameter Dense Cyclones [C]. 15rd Internation Coal Preparation Congress and Exhilition, 2006.

[59] 煤炭科学研究总院唐山分院. 重介质旋流器分选南桐选煤厂 0.5(1.0) ~ 0.045mm 煤泥试验报告 [J]. 1992.

[60] 彭荣任. 重介质旋流器分选 0.5 (1.0) mm 高硫难选煤, 1991.

[61] 彭荣任, 等. 重介质旋流器选煤 [M]. 北京: 冶金工业出版社, 1998.

[62] 李善业. 南桐选煤厂介质消耗的精细化管理 [J]. 煤炭加工与综合利用, 2008.

[63] 欧泽深，等．耐磨管道在重介质旋流器选煤系统中的应用、重介质选煤技术［M］．北京：中国矿业大学出版社，2006．

[64] 彭荣任，等．小直径重介质旋流器选高硫难选煤［C］．第十五届国际选煤大会论文集，2006．

[65] 孙丽梅，等．中国选煤厂"选煤后工程"模式的开发研究［C］．第十五届国际选煤大会论文，2006．

[66] 杨喆．在线式差压密度计的研究和使用［J］．唐山瑞安普科技有限公司产品资料文献．

[67] 彭荣任．最新的选煤设备——PRN 型逆旋流器选煤泥［J］．2010．

冶金工业出版社部分图书推荐

书　名	作　者				定价(元)
矿用药剂	张泾生				249.00
现代选矿技术手册（第2册）					
浮选与化学选矿	张泾生				96.00
现代选矿技术手册（第7册）					
选矿厂设计	黄丹				65.00
矿物加工技术（第7版）	B. A. 威尔斯				
	T. J. 纳皮尔·马恩　著				
	印万忠　等译				65.00
探矿选矿中各元素分析测定	龙学祥				28.00
新编矿业工程概论	唐敏康				59.00
化学选矿技术	沈旭	彭芬兰			29.00
钼矿选矿（第2版）	马晶	张文钲	李枢本		28.00
铁矿选矿新技术与新设备	印万忠	丁亚卓			36.00
矿物加工实验方法	于福家	印万忠	刘杰	赵礼兵	33.00
碎矿与磨矿技术问答	肖庆飞	罗春梅			29.00
矿产经济学	刘保顺	李克庆	袁怀雨		25.00
选矿厂辅助设备与设施	周晓四	陈斌			28.00
复杂难处理矿石选矿技术					
——全国选矿学术会议论文集	孙传尧	敖宁	刘耀青		90.00
尾矿的综合利用与尾矿库的管理	印万忠	李丽匣			28.00
生物技术在矿物加工中的应用	魏德洲	朱一民	李晓安		22.00
煤化学产品工艺学（第2版）	肖瑞华				45.00
煤化学	邓基芹	于晓荣	武永爱		25.00
泡沫浮选	龚明光				30.00
选矿试验研究与产业化	朱俊士				138.00
重力选矿技术	周晓四				40.00
选矿原理与工艺	于春梅	闻红军			28.00
重力选煤技术	杨小平				39.00
煤泥浮选技术	黄波				39.00
选煤厂固液分离技术	金雷				29.00